CYCLES OF TIME

Roger Penrose

宇宙の始まりと終わりはなぜ同じなのか

ロジャー・ペンローズ

竹内薫 訳

新潮社

Photographs by Kenji Sugano / Shinchosha
Design by Shinchosha Book Design Division

序文

宇宙がどのようにして誕生したかという問題は、宇宙に関する最も深遠な謎の一つである。

一九五〇年代初頭、私が数学科の大学院生としてケンブリッジ大学にやってきた頃には、定常モデルと呼ばれる魅力的な宇宙論が優勢だった。この理論では、宇宙には始まりがなく、全体として常にほとんど同じ状態にあるとされた。宇宙が膨張しているにもかかわらず同じ状態を保っていられるのは、非常に薄い水素ガスの形で新しい物質が絶えず生成することで、膨張による不足分を補っているからだと説明された。私の友人であり、ケンブリッジ時代の恩師である宇宙論研究者のデニス・シャーマは、当時、定常宇宙論を強く支持していた。私は彼から新しい物理学がもたらす興奮を学び、この画期的な理論の美しさと力に強い印象を受けた。

けれども、定常宇宙論は時の試練に耐えることができなかった。私がケンブリッジにやってきてから約一〇年後、ようやく定常宇宙論に精通してきたと思えるようになった頃に、アーノ・ペンジアスとロバート・ウィルソンが、宇宙が電磁放射に満たされているという（彼ら自身にとっても意外な）事実を発見したのだ。その放射はあらゆる方向から来ていて、今日では「宇宙マイクロ波背景放射（CMB）」と呼ばれている。ペンジアスらによる発見からまもなく、ロバート・ディッケが、この放射の正体は、宇宙が大爆発（「ビッグバン」）から始まったとする理論から予想される「閃光」であると指摘した。今日では多くの人が約一四〇億年前にビッグバンが起きたことを信じている。ちなみに、ビッグバンについて最初に真剣に考察したのはジョルジュ・ルメートルというカトリックの司祭で、一九二七年のことだった。ルメートルは、一九一五年にアインシュタインが発表した一般相対論の方程式の研究と、宇宙が膨張していることを示唆する初期の観測結果から、ビッグバン宇宙論を提案したのだった。さて、宇宙マイクロ波背景放射に関するデータが確実なものになってくると、デニス・シャーマは、大いなる勇気と科学的誠実さをもって、それまでの自分の見解を公式に撤回し、その後は、宇宙がビッグバンから始まったという説を強く支持するようになった。

あれから、宇宙論は思弁的な学問から精密科学へと成熟を遂げた。宇宙マイクロ波背景放射についてもさまざまな高精度実験が行われるようになり、その詳細なデータの集中的な解析が、この革命の主要な部分を形づくった。けれどもなお、宇宙については多くの謎が残っていて、宇宙論はいまだに推測にもとづく部分が大きい。私は本書で、古典的な相対論的宇宙論の主流派モデルだけでなく、その後のさまざまな進展や、難しい問題の出現についても語りたい。なにより、熱力学の第二法則とビッグバンの基礎には、深遠な「奇妙さ」がある。この奇妙さについて、私なりの推論をしてみたい。その推論は、われわれの宇宙のさまざまな様相をまとめ上げるものになるだろう。

私が主流派とは違ったアプローチをとるようになったのは二〇〇五年の夏のことだったが、理論の詳細の多くはさらに最近になってできたものだ。この理論を説明するにはある種の幾何学を駆使する必要があるが、本書では、本文で方程式などを使用するのは極力控え、最後に補遺としてまとめた。補遺は、専門家だけが読めばよい。私がここで提案する理論は、主流派の理論とはかけ離れたものであるが、ごく健全な幾何学と物理学にもとづいている。この理論は、かつての定常宇宙モデルとも全然違うが、よく似た点もあることがわかってきている！

デニス・シャーマにこの理論を説明したら、なんと言ってくれただろう？

目次

第二部　ビッグバンの奇妙な特殊性

第三部　共形サイクリック宇宙論

宇宙の始まりと終わりはなぜ同じなのか

プロローグ

トムは川岸に立って、水の流れを見つめている。目を細めているのは、上からはどしゃぶりの雨が叩きつけてくるし、下からは水しぶきが跳ね上がってくるからだ。山腹を駆け下りてきた川の流れは激しく、渦をまいている。「すごいね」と、彼は横にいるプリシラおばさんに言った。プリシラおばさんはケンブリッジ大学の天体物理学の教授だ。二人は今、昔のすばらしい水力紡績工場を見学しに来ている。工場は古いが、稼働できる状態で保存されている。「いつもこんな感じなのかな？　これだけ水の勢いがあれば、古い機械もブンブン動き続けられるよね」

「ふだんの流れは、こんなに激しくないと思うわ」と、プリシラおばさんは言った。トムの隣で川岸の手すりにつかまって流れを覗き込んでいた彼女は、川音に負けないよう、いくぶん声をはりあげている。「今日の流れは特別に激しいのよ。このところ雨がよく降っていたからね。ほら、あそこを見て。川の流れを分けて、かなりの量の水を別の水路に流しているでしょう？　川の水がぜんぶ工場のほうに来てしまわないようにするためよ。ふだんは、そんなことはしないわ。この工場は、水の流れがもっと穏やかなときに、それを最大限に活用できるように設計されているのよ。今、この川の流れがもっているエネルギーは、工場の機械を動かすのに必要なエネルギーに比べて大きすぎるというわけね」

水は、ぱっと高くしぶきをあげたり、表面を巻き込んで渦を作ったりしながら、勢いよく流れ下っていく。トムはその様子に数分間も見とれていた。「水には、ものすごいパワーがあるよね。二〇〇年も前の人たちが、この水のエネルギーで機械を動かすことを思いついて、大勢の人間の代わりに機械に立派な毛織物を作らせたんだから、本当に頭がいいよ。でも、山を流れ下ってくる水を最初に山のてっぺんまで運び上げたエネルギーは、どこにあったんだろうね?」

「太陽よ」と、プリシラおばさんは即答した。「太陽の熱が海の水を蒸発させると、その水蒸気は空高くのぼっていき、やがて雨になって地上に降ってくる。高い山はたくさんの雨水をたくわえるから、その水の流れが川をつくる。だから、この工場の機械を動かしているエネルギーは太陽から来たと言えるのよ」

トムは考え込んでしまった。プリシラおばさんは、ときどきよくわからないことを言って彼を悩ませるのだ。その上、彼にはもともと疑り深いところがある。おばさんはああ言うけれど、ただの熱に、どうして水を空にもち上げることができるのだろう? それに、太陽の熱は今もここに届いているはずだけど、こんなに寒いじゃないか? 「昨日は、結構暑かったよね」と、彼は慎重に言った。「でも、太陽の熱が僕の身体を空にもち上げようとしているようには感じなかったよ。もちろん、今もね」

プリシラおばさんは声をあげて笑った。「そうね。そういうことはないわね。太陽の熱は、海の水の小さな分子にエネルギーを与えているのよ。分子はふだんからでたらめに動き回っているのだけれど、エネルギーをもらうと、そのスピードが速くなるの。こうした『熱い』分子のなかには、水面から空中に飛び出していけるほど速いものもある。ここまで速い分子はほんの一部なんだけど、海はとても広いから、全体では膨大な量の水分子が空中に飛び出していくことになる。空中に飛び出した水分子は上空で集まって雲をつくり、やがて雨になって落ちてくる。その多くが高い山に降って、川をつくるというわけね」

トムはまだすっきりしなかった。気がつくと、雨の降り方は少し弱くなったようだ。「この雨は、ちっとも『熱い』と思えないんだけど」

「それは、こういうことよ。まずは、太陽の熱エネルギーが、水分子の運動エネルギーに変換される。でたらめに動き回っている水分子の一部は、水蒸気の形で空中に飛び出していけるほど速くなっている。飛び出した分子のエネルギーは、今度は、重力ポテンシャルエネルギーというものに変換されるの。ボールを高く投げ上げることを考えてみて。勢いよく投げれば、それだけボールは高く上がるでしょう？　でも、いちばん高いところまで上がったら、上向きの動きは止まるわね。ここで、すべての運動エネルギーが、重力ポテンシャルエネルギーに変わったの。太陽の熱エネルギーをもらって空中に飛び出していった水分子も、ボールと同じ。水分子の運動エネルギーは、山の上では重力ポテンシャルエネルギーに変わっているの。水分子が川になって山を流れ下ってくるときには、重力ポテンシャルエネルギーが再び運動エネルギーに変わっている。このエネルギーを利用して工場の機械を動かしているのよ」

「それじゃあ、空の高いところにある水分子は、熱くはないんだね？」

「そのとおり。海から飛び出した水分子が上空で動きを止める頃には、凍りついて、小さな氷の結晶になっていることもあるのよ。たいていの雲は、こういう結晶からできているの。水分子のエネルギーは、熱運動ではなく地上からの高さになっているから、水分子は上空ではちっとも熱くないの。雨粒になって、空気抵抗のせいで減速されながら降ってくるときも、まだとても冷たいわ」

「すごいや！」

「本当に、そうね」。少年が興味を示したことに励まされ、プリシラは勢い込んで話を続けた。「この川の冷たい水のなかにも、猛スピードででたらめに走り回る水分子の運動という形の熱エネルギーがあって、その大きさは、山を駆け下りながら渦を巻く水の流れがもっているエネルギーよりはるかに大きいというのだから、面白いと思わない？」

「それを信じないといけないってこと？」

トムは再び考え込んだ。最初のうちは混乱するばかりだったが、プリシラおばさんの言葉が呼び水となって、すばらしいアイディアがひらめいた。彼は興奮して言った。「ねえ、今の話を聞いて、いいことを思いついたよ！　こんな小さい川じゃなくて、もっと大きい湖にある水分子の運動エネルギーを全部じかに利用できるような、特殊な工場を作れるんじゃないかな？　小さい風車みたいなものを、たくさん使うといいと思うよ。ほら、どの向きから風が吹いてきても回転できるように、羽根車の先端にお椀がついている風車があるでしょう？　あれのすごく小さいのをたくさん作って湖に沈めて、猛スピードで運動している水分子を受けて回るようにすれば、水分子の運動エネルギーを利用して、いろんな機械を動かせるでしょう？」

「すばらしいアイディアだわ、トム。でも、残念ながら、それはうまくはいかないわ！　熱力学の第二法則という、基本的な物理法則があるからよ。大雑把に言うと、すべてのものは時間がたつにつれてどんどん無秩序になっていくという法則なの。この法則をあなたのアイディアに当てはめると、熱い分子や冷たい分子のでたらめな運動から有益なエネルギーを得ることはできないということになってしまうのよ。あなたが提案した仕かけは、『マックスウェルの悪魔』と呼ばれるものなのよ」

「おばさんまで、そんな言い方をしないでよ！　僕が名案を思いつくたびに、おじいちゃんに『ちっこい悪魔』と呼ばれていたのを覚えてるでしょう？　あれ、本当に嫌だったんだよ。もう一つ言わせてもらうと、その第二法則ってやつは、あんまりいい法則じゃないね」と、トムは不機嫌そうに言った。そのとき、生来の疑り深さが頭をもたげてきた。「だって、信じられないよ。そういう法則っていうのは、頭を使えば、抜け道を見つけられると思うんだ。それにおばさんは言ったじゃないか。太陽の熱が海水を暖めると、水分子のでたらめな運動のエネルギーが大きくなって海から飛び出すんでしょう？　それが山の上までのぼっていって、雨になって、川になって、工場の機械を動かしているんでしょう？」

「そのとおりよ。だから第二法則は、太陽からの熱は、単独では仕事をできないと言っているの。仕事をするためには、上空に冷たい空気があって、海からのぼっていった水蒸気が山の上で凝縮して雲になる必要があるの。実を言うとね、地球全体のエネルギー収支を考えると、太陽からエネルギーをもらってなどいないことになるのよ」

トムは、いぶかしげな表情を浮かべて言った。「上空の冷たい空気が、仕事となんの関係があるのさ？　空気が『冷たい』っていうことは、『熱い』空気ほど多くのエネルギーをもっていないっていうことなんでしょう？『あまりエネルギーをもっていない』空気が、なんの役に立つの？　僕にはさっぱりわからないよ。少なくとも、おばさんの言うことには矛盾があるよね」。反論しているうちにだんだん自信が出てきたので、彼はさらに言葉を続けた。「おばさんはさっき、工場の機械を動かしているのは太陽のエネルギーだと言ったよね？　なのに今は、全体で見ると、地球は太陽からエネルギーをもらっていないと言っている。矛盾してるよ！」

「矛盾はないのよ。だって、地球が太陽からエネルギーをもらっているなら、どんどん熱くなってしまうはずでしょう？　地球は、日中に太陽からもらったエネルギーのすべてを、夜の間に冷たい宇宙空間に放射しているのよ。地球温暖化のせいで、ごく一部のエネルギーは地球にとどまっているかもしれないけどね。ポイントは、暗くて冷たい空のなかで、太陽という一点だけが極端に温度が高いということなの」

トムは話の筋を見失いそうになっていた。集中力を失いそうになっていた彼の耳に、プリシラおばさんのこんな言葉が飛び込んできた。「……だから、私たちが第二法則に屈しないでいられるのは、太陽のエネルギーに明らかな秩序があるからなのよ」

トムはプリシラおばさんの顔を見た。もう、ついていけそうにない。「僕にはわからないよ」と彼は言った。「どうして第二法則とやらを信じる必要があるのかもわからない。そもそも、太陽がもっている秩序は、どこから来たのさ？　おばさんの言う第二法則によると、時間がたつにつれて太陽は無秩序になっていくわけでしょう？　つまり、どんどん秩序を失っていくわけだよね。逆に言うと、太陽が最初にできたときにはものすごく大きい秩序をもっていたことになるよね。第二法則は、そう言っているわけだよね」

「それは、暗黒の宇宙のなかで、太陽が非常に温度の高い点であるということと関係があるの。私が言う秩序は、この温度の極端なアンバランスから来ているのよ」

トムはまだプリシラおばさんの顔を見つめている。やっぱり理解できないし、なんだか、おばさんの言うことが信じられなくなってきた。「それを秩序と見なす、ということだよね。でも、どうしてそう考えなければならないのか、わからないよ。百歩譲って、そう考えなければならないとしても、そのおかしな秩序がどこから来たのか、まだ教えてくれていないよ」

「どこから来たかと言われれば、太陽のもとになった、宇宙空間に一様に広がっていたガスから、と答えることになるわね。重力がこうしたガスを塊にして、その塊が重力凝縮を起こして恒星になる。はるかな昔、太陽もこうやって生まれてきたの。一様に広がっていたガスが凝縮して、どんどん高温になっていったのよ」

「また話が広がっちゃったよ。時間も遡っちゃったし……。おばさんの言う『秩序』は、いちばん初めはどこから来たのさ？」

「どんどん遡っていくと、最終的にはビッグバンにたどり着くわね。とてつもない大爆発が起きて、宇宙を誕生させたのよ」

「そんな大爆発に秩序があるようには思えないよ。全然わかんないよ」

「あなただけじゃないわ！　理解できないと言う人は大勢いるのよ。実際、それを本当に理解している人は一人もいないの。その秩序がどこから来たのか、ビッグバンにどのような秩序があるのかという問題は、宇宙論の最大の謎なのよ」

「ビッグバンの前に、もっと大きな秩序をもつものがあったのかもしれないよ。秩序はそこから来たのかも」

「実際に、そういう理論を提唱している人もいるのよ。私たちが住んでいる今の宇宙は膨張しているけれど、その前にはつぶれていく段階があって、そこから『跳ね返って』ビッグバンが起きたという理論があるわ。まだあるわよ。前の宇宙がつぶれていくときに小さいブラックホールがたくさんできて、こうしたブラックホールがそれぞれ『跳ね返って』、無数の新しい膨張宇宙の種になったという理論とか、新しい宇宙は『偽の真空』から生まれてくるという理論とか……」

「どれも、とんでもなくクレイジーだと思うな」とトムは言った。

「そうそう、最近、こんな理論も聞いたわ……」

第一部　熱力学の第二法則と根底にある謎

第一章　どんどんランダムになる

熱力学の第二法則とは、どんな法則なのだろう？　物理的挙動に関して、どれほど重要な役割を果たしているのだろう？　われわれに、どんな深遠な謎を見せてくれるのだろう？　本書のあとの章では、この謎がどんなふうに難しいのかを明らかにしていきたい。この謎を解き明かすためには、とんでもないところまで考察を進めていく必要があるようなのだが、その理由についても説明していく。われわれは、宇宙論の未踏の領域に挑むことになる。そこで出会う問題を解くためには、これまでとはまったく違ったやり方で宇宙の歴史を見つめる必要があると私は信じている。しかし、こうした問題について考えるのはもっと先でいい。今はただ、あらゆるところに顔を出すこの法則に親しむことだけを考えよう。

われわれはふつう、「物理法則」と聞くと、二つの異なるものが等しいという主張を思い浮かべる。たとえば、ニュートンの運動の第二法則は、粒子の運動量（質量×速度）の時間変化率が、その粒子にはたらく力の総和に等しいと言っている。また、エネルギー保存の法則は、ある時刻の孤立系のエネルギーの総和が、ほかのどの時刻のエネルギーの総和とも等しいと言っている。同じように、電荷保存の法則も、運動量保存の法則も、角運動量保存の法則も、それぞれ、ある時刻の孤立系の電荷、運動量、角運動量の総和が、ほかのどの時刻の電荷、運動量、角運動量の総和とも等しいと言っている。アインシュタインの有名な法則$E=mc^2$は、ある系のエネルギー（E）が、常に、その質量（m）に光速（c）の二乗をかけたものに等しいと言っている。さらに、ニュートンの運動の第三法則は、物体Aが物体Bに及ぼす力は、常に、物体Bが物体Aに及ぼす力と大きさが等しく逆向きであるとしている。ほかにも多くの物理法則が、二つの異なるものが等しいと主張している。

つまり「等式」だ。熱力学の第一法則も等式で表される。実を言うと、熱力学の第一法則の内容はエネルギー保存の法則と同じで、それを熱力学の文脈で表現しているだけである。ここで「熱力学」という言い方をするのは、熱運動（系を構成する個々の粒子のランダムな運動）のエネルギーを考慮しているからである。このエネルギーは系の熱エネルギーであり、系の温度は一自由度あたりの熱エネルギーとして定義できるのだが、この点についてはあとでもう一度考察しよう。今、空気中を飛ぶ弾丸が空気抵抗を受けて減速したとしても、エネルギー保存の法則（熱力学の第一法則）が破られたわけではない。弾丸の減速により運動エネルギーが失われても、その分、空気の分子や弾丸を構成する分子が摩擦によって加熱され、ランダムな運動がわずかに激しくなるからだ。

熱力学の第一法則が等式で表されるのに対して、第二法則は不等式で表される。系の無秩序さ、すなわち「ランダムさ」の尺度をエントロピーと呼ぶことにすると、孤立系のある時点でのエントロピーは、それ以前の時点でのエントロピーよりも大きくなる（少なくとも小さくはならない）というのが、その内容だ。等式に比べると、これは歯切れの悪い表現に思われるかもしれないが、われわれはさらに、一般的な系のエントロピーの定義そのものに曖昧さや主観的なところがあることも見いだすだろう。それだけではない。われわれは、ほとんどの定式化において、エントロピーは全体として時間とともに増大する傾向にあるものの、ゆらぎのなかで一時的に減少する例外的な瞬間があると結論づけることになるだろう。

「熱力学の第二法則」と連呼するのは面倒なので、これからは単に「第二法則」と呼ぶことにしよう。第二法則には、上述のような曖昧さが内在しているように見えるものの、われわれが考える力学法則の具体的な系をはるかに超えた普遍性がある。第二法則は、ニュートンの力学理論にも、アインシュタインの相対性理論にもあてはまる。また、離散的な粒子のみを扱う理論にも、マックスウェルの電磁気理論の連続場にもあてはまる（後者については第六章、第十三章、第十四章でざっと説明し、補遺A1でもっと詳しく説明する）。それはまた、各種の仮説的力学理論（現実的な力学的体系に適用するとうまくいくが、この宇宙にも適用できると信じるにたる理由がないような理論）にもあてはまる。

ニュートン力学も、そうした理論の一つである。ニュートン力学では、系は決定論的に時間発展し、法則は時間について可逆である。すなわち、ある力学的体系が許容する未来への発展について、時間の流れを反転させると、同じように許容される別の発展が得られるのだ。

もっとなじみのある言葉で説明しよう。今ここに、一つの運動を記録した映画フィルムがあるとしよう。この運動が、時間について可逆な力学法則（たとえば、ニュートンの力学法則）にしたがっているなら、フィルムを逆回しにしたときに映し出される運動も、同じ力学法則にしたがっている。そんなことを言うと、読者諸氏は当惑されるかもしれない。卵がテーブルから転げ落ち、床に叩きつけられてぐしゃりと割れるという映像は、許容される力学過程と言えるだろう。しかし、このフィルムを逆回しにした映像はどうだろう？　最初に床の上でぐちゃぐちゃになっているものがあり、そこから殻の破片やくずれた黄身や白身が魔法のように集まってきて、すべてが殻のなかに

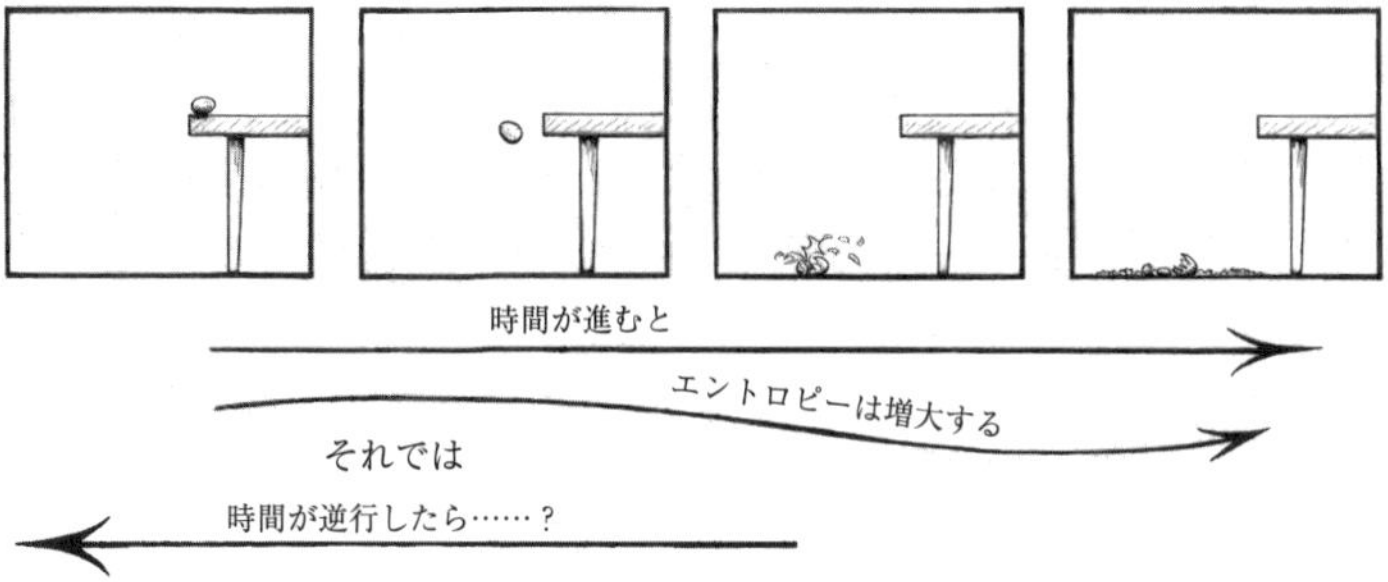
時間が進むと
エントロピーは増大する
それでは
時間が逆行したら……？

【図 1.1】時間について可逆な力学法則にもとづいて卵がテーブルから転がり落ち、床に叩きつけられる。

おさまって卵になったら、ひとりでにテーブルの上に飛び上がることになる。こんな物理過程を現実に見ることがあるとは思えない（図1・1）。

しかし、卵を構成する個々の粒子をニュートン力学の観点から見ると、力を受けて加速することも（これはニュートンの運動の第二法則にしたがっている）、粒子どうしの弾性衝突も、完全に時間について可逆である。現代物理学の標準理論によれば、相対論的粒子や量子力学的粒子の洗練されたふるまいにも、同じことが言えるはずだ。ただし、一般相対論のブラックホールの物理学からは、いささか微妙な問題が生じてくる。量子力学についても同じである。この話は厄介なので、ここでは深入りしないでおこう。これらの微妙な問題のいくつかは、あとで決定的に重要になるので、第十六章でもう一度考えたい。当面は、完全にニュートン力学的な考え方で十分である。

フィルムを順方向に回したときの状況も、逆方向に回したときの状況も、ニュートン力学に矛盾していない。けれどもわれわれは、この事実に順応しなければならない。けれども、ぐしゃりと割れた卵がひとりでに元どおりになるという状況は、第二法則に矛盾している。それは、途方もなく起こりそうにない出来事の連続であるため、現実的に起こる可能性はないと切り捨ててしまってかまわない。第二法則が本当に述べているのは、大雑把に言うと、系は常にますます「ランダム」になっていくということだ。だから、ある状況を設定し、そのダイナミクスを未来に向かって発展させると、時間がたつにつれて、系はいっそうランダムに見える状態へと発展していくだろう。いや、厳密に言うなら、上の説明に合わせて、「よりランダムな状態へと発展していく可能性が圧倒的に高い」などと言うべきだろう。実際には、第二法則にしたがい、系は時間がたつにつれてどんどんランダムになっていくと考えなければならない。けれどもこれは、そうなる可能性が圧倒的に高いというだけのことであり、絶対に確実ということではないのだ。

それでもわれわれは、強い確信をもって、自分たちが経験するのはエントロピーの増大である（別の言い方をするなら、ランダムさの増加である）と断定することができる。そんな言い方をしてしまうと、「時間がたつにつれて、系はどんどん無秩序になっていく」という第二法則は、どうしようもない絶望を宣告しているように思われるかもしれない。第一部のタイトル『熱力学の第二法則と根底にある謎』とは裏腹に、この宣告にはなんの「謎」もないような気がする。それは、ものごとを完全に放っておいたらこうなるという明白な特徴にすぎない。第二法則は、ありふれた存在がもつ、避けようのない、うんざりするような特徴を表現しているだけのように見える。実際、この観点から見た熱力学の第二法則は、きわめて自然な概念の一つであり、ごく当たり前の経験を反映している。

「この地球上に、信じられないほど洗練された生命が出現したことは、第二法則が要請する無秩序の増加と矛盾しているのではないか?」と心配になった読者もいるかもしれない。実のところ、ここにはなんの矛盾もないのだが、その理由については後述する（第八章参照）。われわれが知るかぎり、生物学は、第二法則が要請する全体的なエントロピーの増大と、まったく矛盾していない。第一部のタイトルで言う「謎」は、物理学の謎であり、そのスケールは桁違いに大きい。物理学の謎と、われわれが生物学を通じてたえず突きつけられている謎めいた秩序との間になんらかの関係があることは明らかだ。しかし、生命の存在が第二法則とまったく矛盾していないことは、断言してよい。

ここで一つ、はっきりさせておくべきことがある。それは、物理学における第二法則の位置づけだ。第二法則は、ニュートンの法則などの力学法則から導き出されるものではなく、これらと並び立つ、独立の法則である。任意の瞬間における系のエントロピーの定義は、時間の向きに関して対称だ。それゆえ、卵が机から転がり落ちるところを撮影したフィルムの例で言えば、フィルムをどちら向きに回すかにかかわりなく、任意の瞬間におけるエントロピーの大きさは同じになる。力学法則が時間について対称であり（実際、ニュートン力学はそうである）、系のエントロピーが時間の流れのなかで常に一定であるわけではないなら（床に落ちて割れる卵については、明らかにそうである）、力学法則から第二法則が導き出されるはずがない。それは、こういうわけだ。ある状況でエントロピーが増大するなら（たとえば、卵が割れるとき）、これは第二法則にしたがっているが、時間の向きを反転させた状況ではエントロピーは減少しなければならず（たとえば、割れた卵が奇跡的にもとどおりになる）、これは第二法則に真っ向から反している。それでも、どちらの過程も（ニュートンの）力学法則とは矛盾していないため、第二法則は力学法則から導き出されるものではないと結論づけることができるのだ。

第二章　状態の数とエントロピー

第二法則によれば系のエントロピーは増大するため、割れた卵が自然にもとどおりになる可能性は極端に低く、真剣に考える必要はない、と物理学者は断言する。この「エントロピー」という概念は、「ランダムさ」の大きさをどのようにして決めているのだろうか？　エントロピーの概念をもう少し明確にして、第二法則の内容をもっとよく説明できるようにするために、割れる卵よりも物理的に単純な例を考えることにしよう。

赤いペンキを容器に入れ、これに青いペンキをたして、よく混ぜることを考えてみてほしい。第二法則によると、容器のなかのペンキは、最初のうちは赤い部分と青い部分にはっきりと分かれているが、かき混ぜられると境界が崩れて、ついには一様な紫色になるだろう。ペンキが混ざるという現象の基礎にあるミクロの物理過程は、時間について可逆である。にもかかわらず、いったん一様な紫色になったペンキをどんなにかき混ぜても、最初のように赤と青にはっきり分かれた状態にすることはできないと考えられる。実際には、赤と青のペンキを同じ容器に入れると、かき混ぜたりしなくても、時間がたてば自然に紫色になってくる。ここでペンキを少し温めると、もっと確実だ。ただ、かき混ぜれば、なにもしないで見ているよりもずっと早く紫色になる。エントロピーという言葉を使って表現すると、最初の赤い部分と青い部分にはっきり分かれたペンキのエントロピーは比較的小さく、最終的に一様な紫色になったペンキのエントロピーは非常に大きい。ペンキが混ざるこの過程は、第二法則と矛盾しない状況の具体例であるだけでなく、第二法則とはどのようなものなのか、その感覚をつかめるようにもしてくれる。

ここで起きていることをもっと明確に説明できるようにするために、エントロピーの概念を厳密にしていこう。そもそも、ある系のエントロピーとは、どのようなものなのだろう？　基本的には、この概念はごく初歩的なものである。けれどもそこには、オーストリアの偉大な物理学者ルートヴィヒ・ボルツマンらによる、きわめて巧妙な洞察が関係している。それは、さまざまな可能性の数を数えるということだ。状況を単純にするために、ペンキの例を理想化して、赤や青のペンキが混ざっていくときに、個々の分子がとりうる場所には、有限の（ただし非常に大きい）数の可能性しかないものとしよう。具体的には、赤いペンキの分子を赤玉、青いペンキの分子を青玉、ペンキを入れる容器を立方体の大箱とし、その各辺をN等分して、合計$N \times N \times N = N^3$個の小箱に区切る。個々の小箱も立方体で、そのなかには赤玉か青玉が一個だけ入るものとする（図1・2参照。印刷の都合上、赤玉は白、青玉は黒で示す）。

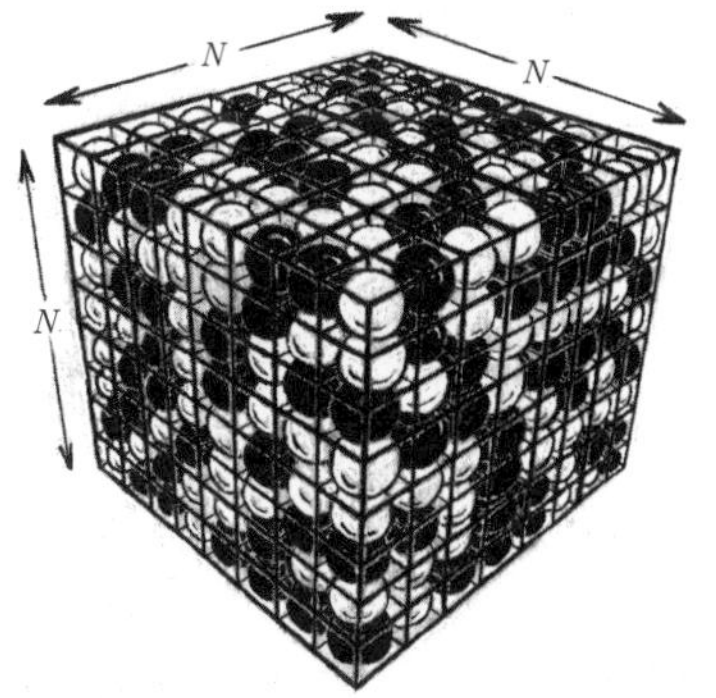

【図 1.2】立方体の大箱をN等分して、$N \times N \times N = N^3$個の小箱に区切ったもの。個々の小箱も立方体で、そのなかには赤玉か青玉が1個だけ入る。

赤と青のペンキの混ざり具合は、容器のなかの場所ごとに異なっている。特定の場所がどんな色

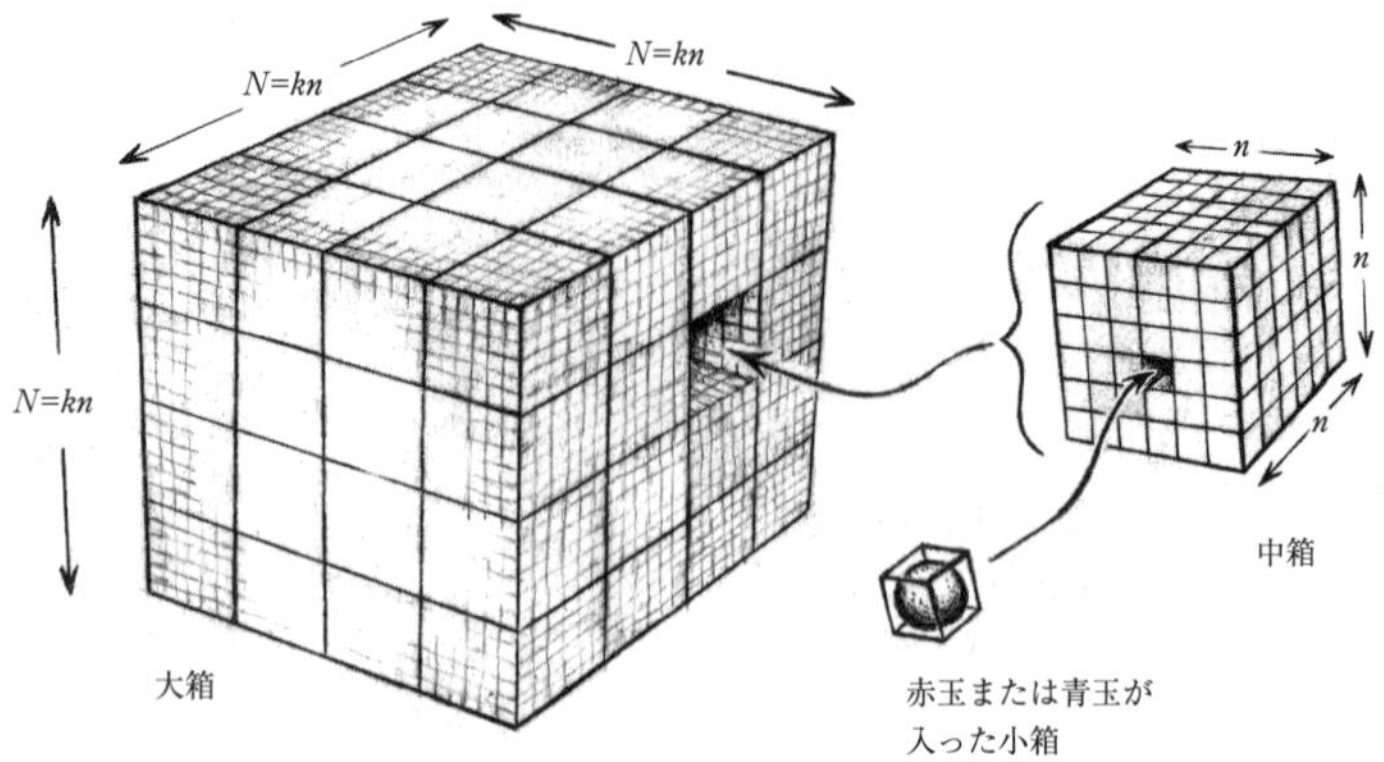

【図 1.3】1 個の大箱には $k \times k \times k = k^3$ 個の中箱が入っていて、1 個の中箱には $n \times n \times n = n^3$ 個の小箱が入っている。

に見えるかは、その場所の周囲に赤玉と青玉がどんな比率で存在しているかという、ある種の「平均」をとることによって決まってくる。今、色を考える場所を、大箱全体に比べると非常に小さいが、小箱に比べれば非常に大きい、立方体の中箱として考えよう。大箱のなかには中箱がぎっしりと並んでいて、中箱のなかにはさらに細かい小箱がぎっしりと並んでいる（図1・3）。中箱の一辺の長さは小箱の一辺の長さのn倍で、一個の中箱には$n \times n \times n = n^3$個の小箱が入っている。ここで$n$は非常に大きい数であるが、$N$に比べれば非常に小さい。すなわち、

$$N \gg n \gg 1$$

である。話を簡単にするため、Nはnの倍数、すなわち、

$$N = kn$$

であるとしよう。ここでkは整数で、大箱の各辺に並んでいる中箱の個数を表している。つまり、大箱のなかには中箱が$k \times k \times k = k^3$個並んでいることになる。

中箱の概念を利用すると、その場所の「色合い」を考えることができる。赤玉や青玉は非常に小さく、肉眼で一つ一つ見ることはできないとしよう。このとき、中箱の色合いは、そのなかに入っている赤玉と青玉の色を「平均」したものになる。中箱に入っている赤玉の数をr、青玉の数をbとするなら（ゆえに、$r+b=n^3$である）、その場所の色合いはrとbの比によって決まる。r/bが一よりも大きいならば赤みを帯び、一よりも小さいならば青みを帯びることになる。

この$n \times n \times n$個の小箱のすべてでr/bの値が〇・九九九と一・〇〇一の間になるとき（つまり、rとbの大きさが〇・一％の精度で等しくなるとき）、われわれの目には全体が一様な紫色になったと見えるとしよう。$n \times n \times n$個の小箱のすべてがこの状態になる必要があるというのだから、一見、かなり厳しい要請に思われるかもしれない。けれども、nが非常に大きいときには、圧倒的に多くのボールの並べ方が、この条件を満たしているのだ！　そしてまた、ペンキ缶のなかの分子の数は、日常的な尺度では手も足も出ないほど多いことを心にとめておかなければならない。

たとえば、一般的なペンキ缶には10^{24}個程度の分子が入っているだろうから、$N=10^8$と仮定したとしても、まったく不合理ではない。また、一辺が10センチのデジタル写真をディスプレー上に表示するとき、色が完全にきれいに見えるためには一画素の大きさが10^{-2}センチ（=〇・一ミリ）程度でなければならないことを考えると、$k=10^3$と仮定するのは、きわめて合理的である。大箱の一辺に並ぶ小箱が$N=10^8$個で、大箱の一辺に並ぶ中箱が$k=10^3$個であるなら、中箱の一辺に並ぶ小箱は$n=10^5$個である。$\frac{1}{2}N^3$個の赤玉と$\frac{1}{2}N^3$個の青玉を容器のなかに並べるとき、全体が一様な紫色に見える並べ方は約$10^{23,570,000,000,000,000,000,000}$通りもある。これに対して、最初の状態（すべての青玉が上、すべての赤玉が下に並んでいる状態）と同じになる並べ方は$10^{46,500,000,000,000}$通りしかない。したがって、赤玉と青玉が完全にランダムに並ぶときには、一様な紫色に見える確率はほぼ１と言ってよいのに対して、すべての青玉が上に集まる確率はわずか$10^{-23,570,000,000,000,000,000,000}$程度なのである。なお、すべての青玉が上にあることを要求せず、たとえば、九九・九％だけでよいとしても、この数字はたいして変わらない。

　われわれは「エントロピー」を、こうした確率、あるいは、「全体として同じように見える」並べ方の数の尺度のようなものとして考えていくことになる。とはいえ、これらの数字の桁数には非常に大きな差があるため、そのまま使用するのは非現実的だ。そこで、これらの数字の（自然）対数をエントロピーの尺度とすることが考えられる。幸い、このやり方は理論的にも十分な理由がある。対数の概念に馴染みのない読者のために、10を底《てい》とする常用対数について考えてみよう（常用対数は「$\log_{10}$」と表記する。あとで単に「log」と表記する対数が出てくるが、これはeを底とする自然対数である）。常用対数を理解する基礎になるのは、

$$\log_{10}1=0,\ \log_{10}10=1,\ \log_{10}100=2,\ \log_{10}1000=3,\ \log_{10}10000=4,\ldots$$

という式だ。つまり、10のべき乗［訳注：$10^0=1,\ 10^1=1,\ 10^2=100,\ 10^3=1000,\ 10^4=10000$など］の常用対数を知りたいと思ったら、０の個数を数えればよいのである。10のべき乗でない正の整数については、大雑把になるが、桁数を数えて1を引くことにより常用対数の整数部分（小数点より前の部分）が得られると言っておこう。たとえば、２、53、９１４０の常用対数をとると、

$\log_{10}2 = \mathbf{0}.301\ 029\ 995\ 66\cdots\cdots$

$\log_{10}53 = \mathbf{1}.724\ 275\ 869\ 60\cdots\cdots$

$\log_{10}9140 = \mathbf{3}.960\ 946\ 195\ 73\cdots\cdots$

となる。太字にしてあるのが常用対数の整数部分で、たしかに、常用対数をとった数字の桁数から1を引いた数になっている［訳注：2は一桁なので1－1＝0, 53は二桁なので2－1＝1, 9140は四桁なので4－1＝3］。常用対数の性質のうち最も重要なのは、かけ算をたし算に変換できることである（同じことは自然対数についても言える）。すなわち、

$$\log_{10}(ab) = \log_{10}a + \log_{10}b$$

となるのだ（aとbが両方とも10のべき乗である場合、上述の説明から、この関係式が成り立つことは明らかだ。$a = 10^A, b = 10^B$とすると、$a \times b = 10^{A+B}$になるからだ）。

この関係は、対数を用いてエントロピーの概念を表す上で重要だ。一つの系が、完全に独立な二種類の成分からできているときに、各成分のエントロピーをたし合わせるだけで系全体のエントロピーを求められるようにしたいからである。この意味で、エントロピーの概念は「加法的」だ。たとえば、第一の成分の並べ方がP通りあり、第二の成分の並べ方がQ通りある場合、二種類の成分からなる系全体では、その積であるPQ通りの並べ方があることになる（第一の成分のP通りの並べ方のそれぞれにつき、第二の成分の並べ方がQ通りずつあるからだ）。任意の系の状態のエントロピーを、その状態を実現する場合の数の対数に比例するものと定義すれば、独立の系に加法的な性

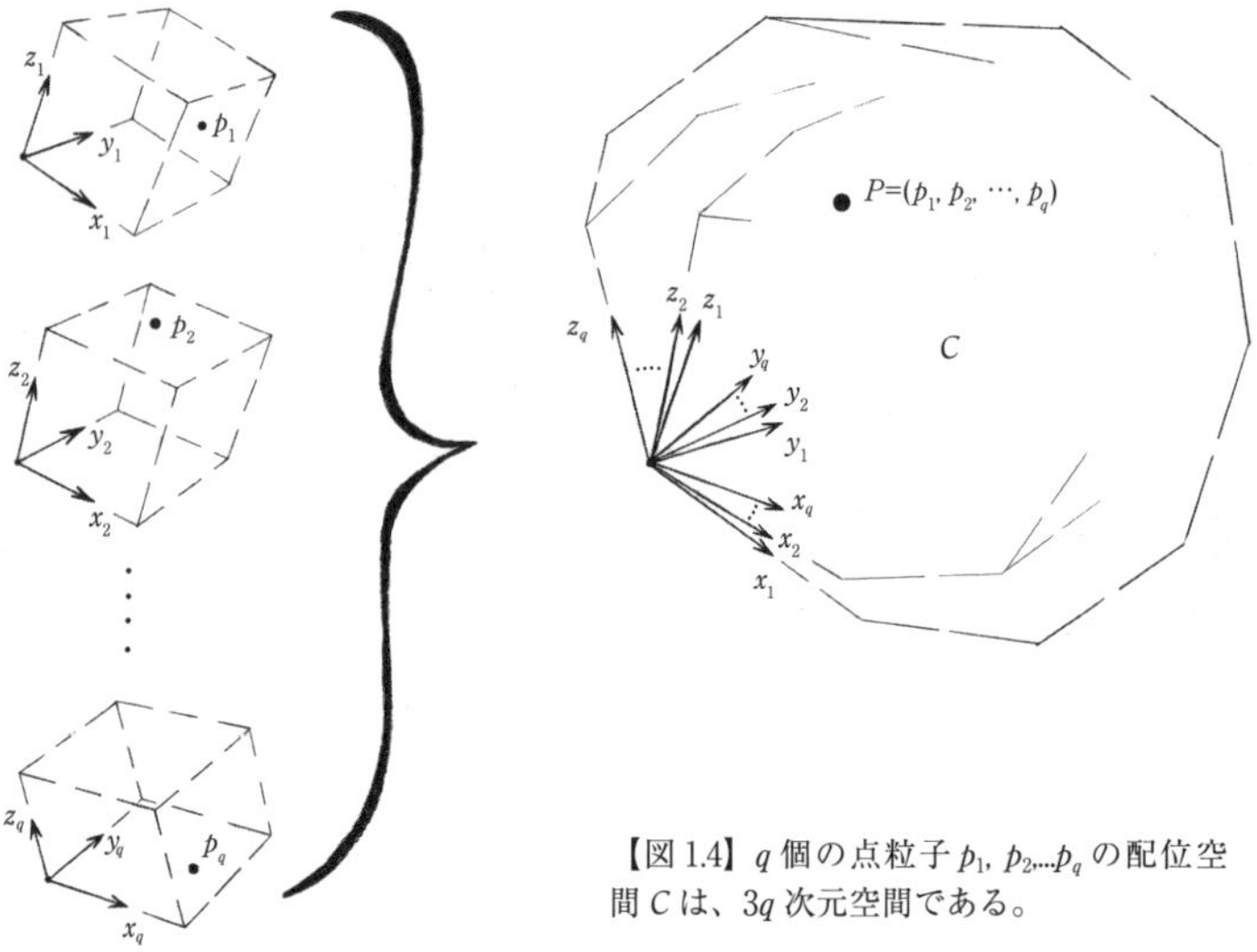

【図 1.4】q 個の点粒子 $p_1, p_2, ...p_q$ の配位空間 C は、$3q$ 次元空間である。

質をもたせることができる。

　とはいえ、「系のその状態を実現する場合の数」という言い方は、いささか曖昧だ。そもそも、（たとえばペンキ缶のなかにある）分子がとりうる場所のモデルをつくるとき、有限の数の小箱を考えるのは現実的ではない。ニュートンの力学理論では、細かく見ていけば、個々の分子がとりうる場所は無限にあるからだ。その上、個々の分子が非対称な形をしている場合は、空間のなかでさまざまな向きをとりうるだろう。ひずみなど、ほかの種類の内部自由度をもっていて、これらも考慮しなければならないかもしれない。このような向きやひずみは、それぞれ、系の異なる配位として数えなければならないだろう。ここで、系の配位空間というものを考えることにより、こうした問題のすべてを取り扱うことが可能になる。それでは、配位空間について説明しよう。

　自由度 d の系の配位空間は d 次元空間だ。たとえば、その系が内部自由度のない q 個の点粒子p_1、p_2……p_qからなる場合、配位空間は$3q$次元空間になる。それぞれの粒子の位置を決定するには三つの座標が必要で、全体では$3q$の座標が必要になるからだ。配位空間のPという一点は、p_1、p_2……p_qのすべての位置を決定する（図1・4参照）。内部自由度のある複雑な状況では、個々の粒子の自由度は多くなるが、全体的な考え方は同じである。もちろん私は、こんな高次元の空間で起こることを皆さんが鮮明に思い浮かべられるとは思っていない。その必要はない。二次元空間（たとえば、一枚の紙の上）や、ふつうの三次元空間の領域で起こることを想像してもらえれば、十分だ。ただし、われわれがなにかを思い描くときにはある種の制約がついて回ることは、常に心にとめておく必要がある。こうした制約のいくつかについては後述する。また、配位空間が純粋に抽象的な数学的空間であることも忘れてはならない。われわれが日常的に経験する物理的な三次元空間や四次元時空とは違うのだ。

エントロピーを定義するにあたって、説明しておかなければならない点がもう一つある。それは、われわれは厳密にはなにを数えようとしているのかという問題だ。整然と並んだ小箱に赤玉と青玉を入れていくような有限のモデルでは、玉の並べ方の数は有限だった。けれども、点粒子の位置を考える場合には、位置を示すのに連続的な変数が必要になるため、無限の数の並べ方を考えなければならない。そうなると、一つ、二つ、三つ……と数えてゆくわけにはいかず、配位空間内の高次元の体積を考えて、これを大きさの尺度とする必要がある。

高次元空間の「体積」を理解するには、低次元から考えてゆくとよい。たとえば、二次元の湾曲した表面にある領域の「体積」は、単に、その領域の面積になる。一次元空間の場合には、単に、一本の曲線の一部の長さを考える。同じように、n次元の配位空間では、ふつうの三次元の領域の体積に相当するn次元のものを考えればよい。

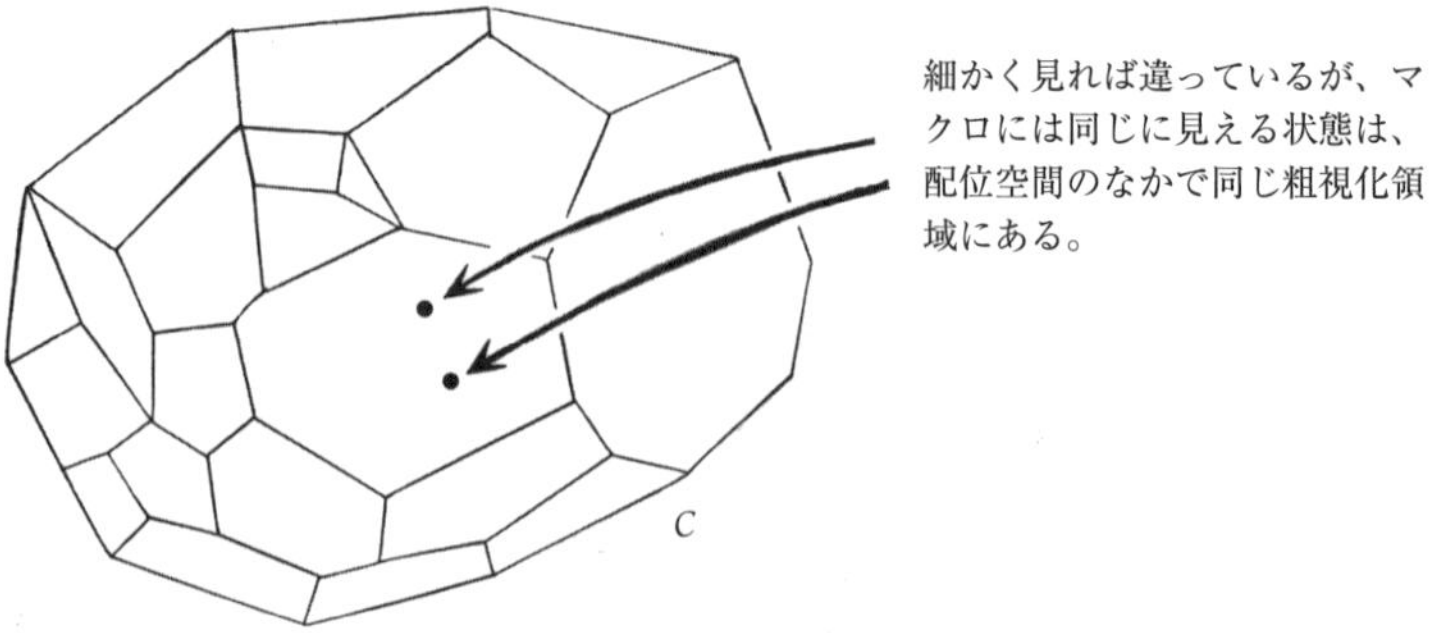
細かく見れば違っているが、マクロには同じに見える状態は、配位空間のなかで同じ粗視化領域にある。
C

【図 1.5】配位空間 C の粗視化

では、エントロピーの定義を考えるときには、配位空間のどの領域の体積を測ればよいのだろうか？　基本的には、われわれが考える特定の系につき、その状態と「同じに見える」状態の集まりに相当する配位空間中の全領域の体積を測ればよい。もちろん、「同じに見える」という表現は、ひどく漠然としている。ポイントは、密度分布、色、化学組成などを示すマクロな変数を残らず集めたものを考え、系を構成するすべての原子の厳密な位置などの細かいことは考えないということだ。配位空間Cを、このような意味で「同じに見える」領域に分割することを、Cの「粗視化」と言う。それぞれの「粗視化領域」は、マクロな測定では互いに区別できないような状態を示す点からなっている。図1・5を参照されたい。

もちろん「マクロ」な測定という表現も、まだかなり漠然としている。われわれが求めているのは、上述のペンキ缶を単純化した有限のモデルで使った「色合い」の概念に相当するものだ。「粗視化」の概念に漠然としたところがあるのは否定しない。けれども、エントロピーの定義に関してわれわれが知りたいのは、配位空間内のそうした領域の体積、より厳密には、粗視化領域の体積の対数なのだ。もちろん、この言い方でもまだ十分に明確であるとは言えない。しかし、エントロピーにはすばらしいロバストネスがある。これは主として、粗視化領域の体積の間に途方もなく大きな差があるからだ。

第三章　位相空間とボルツマンによるエントロピーの定義

エントロピーの定義はまだ終わっていない。これまで述べてきたことは、問題の半分でしかないからだ。少し違った例を考えると、これまでの記述が不十分であったことがわかる。赤と青のペンキが入った缶の代わりに、水とオリーブオイルが半分ずつ入っている瓶について考えるのだ。この瓶の中身をよくかき混ぜよう。なんなら、瓶ごと激しく振ってもよい。それから瓶を放置すると、混ざっていたオリーブオイルと水はすぐに分離し、上半分はオリーブオイルだけ、下半分は水だけになる。それでも、水とオリーブオイルが分離していく間、エントロピーは増大しつづける。ここでペンキの例とは違った動きが見られるのは、オリーブオイルの分子どうしが互いに強く引き合い、集合して、水分子を押しのけるからである。

単純な配位空間の概念は、こうした状況でのエントロピーの増大を説明するには不適切だ。この例のような場合には、個々の粒子（分子）の位置だけでなく、その運動も考慮する必要がある。どのような場合でも、ニュートンの法則がはたらいていると考えられる系の時間発展を知るためには、粒子の運動を考慮する必要がある。オリーブオイルの分子について言えば、分子どうしが強く引き合う結果、距離が近づくほど速度が大きくなって、互いのまわりを激しく軌道運動するようになる。

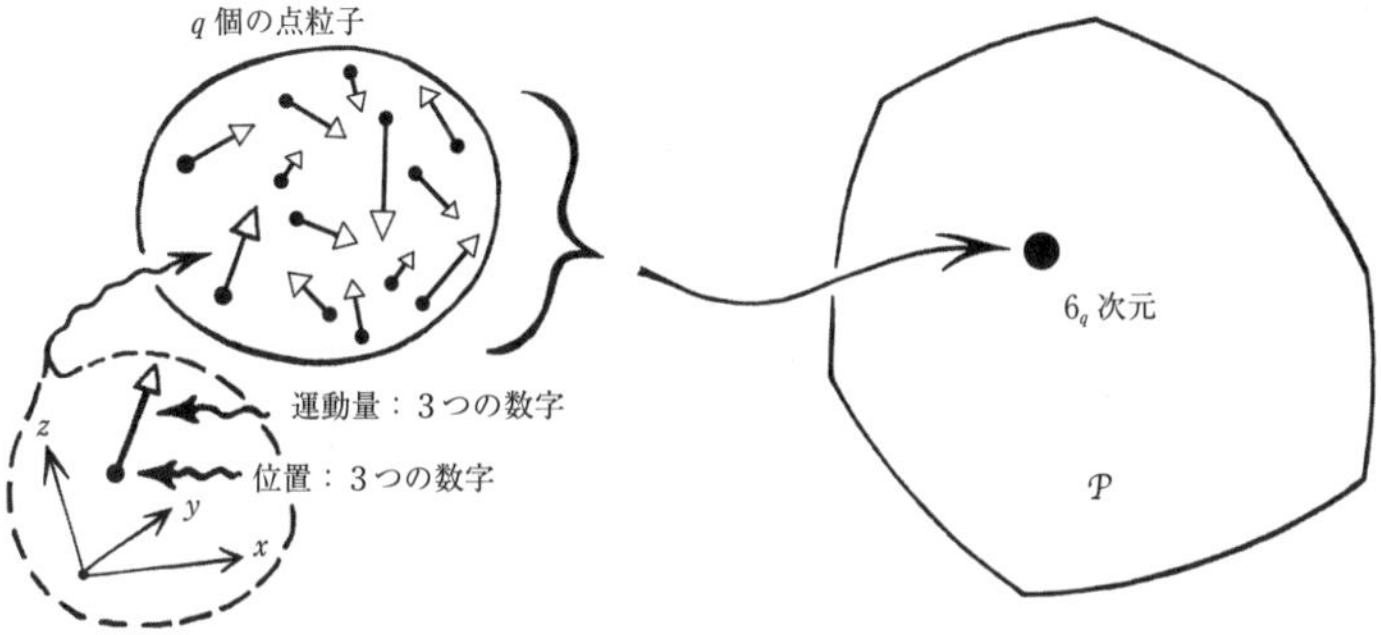

【図 1.6】位相空間 $\mathcal{P}$ は配位空間 C の２倍の次元をもつ

オリーブオイルの分子どうしが集まってゆく状況を表すためには、分子の位置だけを指定する配位空間では次元数がたりない。増えた分の場合の数（すなわちエントロピー）を表すためには、分子の位置だけでなく「運動」も指定できる、次元数の多い空間が必要だ。

　われわれには、上述の配位空間 C に代わる空間が必要だ。それは、「位相空間」という空間である。位相空間 $\mathcal{P}$ は C の二倍の次元をもち（！）、系を構成する粒子（分子）の状態は、位置座標と、それに対応する「運動」座標によって表される（図１・６参照）。「運動」座標なら測度として速度（空間内の向きを記述する角座標なら角速度）が適していると思われるかもしれない。しかし、ハミルトニアン理論[1]の形式との深いつながりから、運動を記述するのに必要なのは運動量（角座標の場合には角運動量）であることがわかっている。われわれに馴染みのある状況では、この「運動量」の概念については、質量と速度の積だということだけ知っていればよい（この点については第一章で述べた）。こうして、系を構成するすべての粒子の（瞬間的な）運動と位置を、位相空間 $\mathcal{P}$ のなかで点 p が占める場所として表すことが可能になった。われわれが考えている系の状態が、$\mathcal{P}$ のなかで点 p が占める

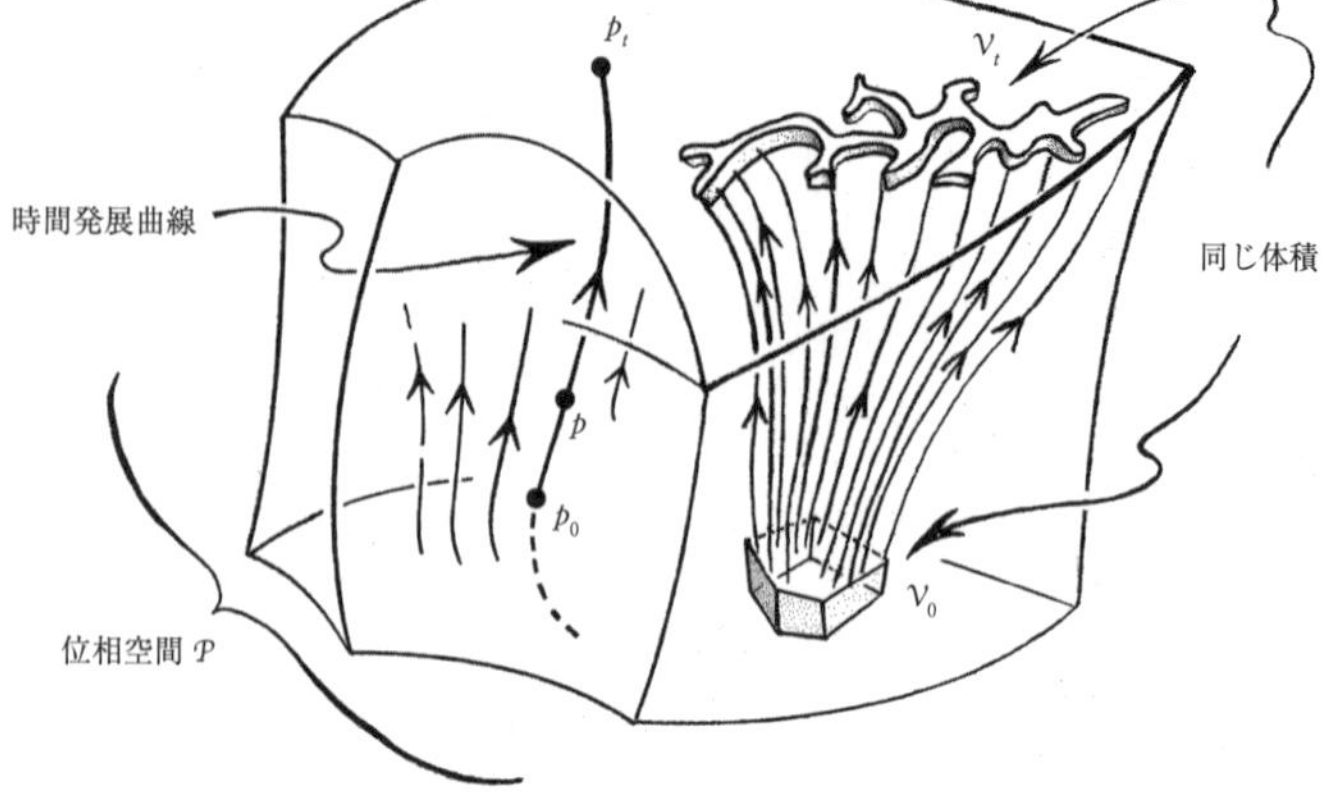

【図 1.7】位相空間 $\mathcal{P}$ のなかで、時間発展曲線に沿って動く点 p

場所として記述できると言ってもよい。

系のふるまいを支配する力学法則としては、ニュートンの運動法則を考えてもよいが、上述のハミルトニアン理論の体系に入る、より一般的な状況を扱うこともできる（たとえば、マックスウェルの電磁気学の連続場など。第十二章、第十三章、第十四章、補遺A1参照）。これらの法則は、任意の時点での系の状態が、それ以外の時点（過去でも未来でもよい）での系の状態を完全に決定できるという意味で、決定論的である。別の言い方をすると、系の力学的な時間発展は、位相空間$\mathcal{P}$のなかの点pが、これらの法則にしたがって、曲線（時間発展曲線）の上を動くこととして表現することができる。この時間発展曲線は、系全体の力学法則にしたがった一意的な時間発展を表している。その出発点となる初期状態は、位相空間$\mathcal{P}$のなかの特定の点p_0として表される（図1・7参照）。藁ロールのように、位相空間$\mathcal{P}$の全体を時間発展曲線で埋めつくすと（これを専門用語で「葉層化」と言う）、$\mathcal{P}$のなかのすべての点が、いずれかの時間発展曲線の上にくることになる。時間発展曲線には向きがあるものとし（つまり、われわれが曲線に向きを与えなければならないのだ）、図では矢印をつけてこれを示す。力学法則によれば、系の時間発展は、時間発展曲線の上を動く点pによって記述される。今の場合には、p_0という特定の点から出発して、矢印が示す方向に動いてゆく。こうして、点pによって表される系の特定の状態が、未来に向かってどのように時間発展していくかが示されるのだ。p_0から出発して矢印とは逆の向きに時間発展曲線をたどることは、逆向きの時間発展に相当し、p_0として表される状態が過去の状態からどのようにして生じてきたかが示される。力学法則によれば、この時間発展もまた一意的である。

位相空間には一つの重要な特徴がある。それは、量子力学の登場によって、位相空間には自然な「ものさし」［訳注：専門用語では「測度」］があることになり、位相空間内の体積を本質的に無次元量として理解できるようになったことだ。これは重要だ。後述のとおり、ボルツマンによる定義では、エントロピーは位相空間の体積として与えられるため、互いに次元数が大きく異なる高次の体積どうしを比較できる必要があるからだ。おなじみの古典力学（つまり、量子的ではない力学）の観点からすると、これは奇妙に思われるかもしれない。ふつうは、長さ（一次元の「体積」）は常に面積（二次元の「体積」）よりも小さいものさしをもち、面積は三次元の体積よりも小さいものさしをもつと考えるからだ。けれども、量子力学で用いる位相空間の体積は、$\hbar=1$となるような質量と距離の単位によって測られる、ただの数字なのだ。ここで、$\hbar$はディラック定数（別名「換算プランク定数」）で、プランク定数hとの間には、

$$\hbar = h/2\pi$$

という関係が成り立っている。国際単位系では、$\hbar$は非常に小さく、途方もなく大きな数字になる。

$$\hbar = 1.05457... \times 10^{-34} \text{ジュール秒}$$

である。そのため、われわれがふつうの状況で出会う位相空間のものさしは、途方もなく大きな数字になる。

この数字が整数であると考えると、位相空間に「粒性」が与えられ、量子力学における「量子」の離散性が出てくる。けれども、ふつうの状況では、この数字は途方もなく大きくなることが多いため、われわれが粒性や離散性に気づくことはない。例外は、第八章で登場するプランクの黒体放射スペクトルである（図2・6および註（2）を参照されたい）。この現象が観察され、一九〇〇年にマックス・プランクの理論的分析により説明されたことで、量子力学革命が始まった。ここでは、異なる個数の光子、ゆえに、異なる次元の位相空間を同時に含む平衡状態を考える必要がある。このような問題を厳密に論じることは本書が意図するところではないが[3]、量子論の基礎については第十六章でもう一度考察したい。

系の位相空間の概念については理解してもらえたと思うので、次に、これとの関係で第二法則がどのように働いているかを説明しよう。上述の配位空間についての議論と同様、ここでも$\mathcal{P}$の粗視化が必要になる。すなわち、同じ粗視化領域にある二つの点は、マクロな変数（たとえば、温度、圧力、密度、流体の流れの向きや量、色、化学組成など）について「区別できない」と見なすのだ。ある状態のエントロピーSを位相空間$\mathcal{P}$のなかの点pによって定義すると、ボルツマンによる見事

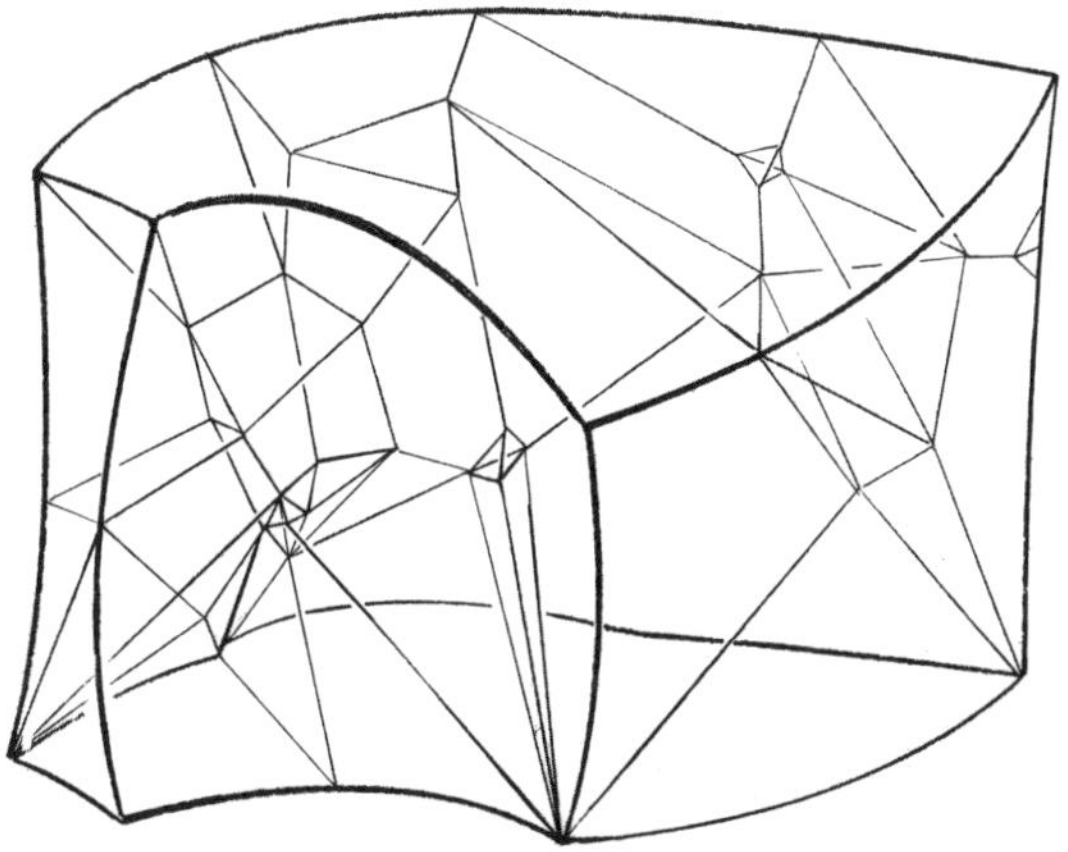

【図 1.8】高次元における粗視化のイメージ

な式

$$S = k' \log_{10} V$$

となる。ここでVは、点pを含む粗視化領域の体積である。k'は小さい定数で、私が上のボルツマンの式で常用対数$\log_{10}$の代わりに自然対数$\log$を用いていれば、ボルツマン定数kになっていた。k'とkの間には$k' = k\log 10$という関係があり、$\log 10 = 2.302585...$である。ボルツマン定数kは、

$$k = 1.3806... \times 10^{-23} \mathrm{JK}^{-1}$$

という小さい値であるから、$k' = 3.179... \times 10^{-23} \mathrm{JK}^{-1}$である（図1・8参照）。物理学者がふだん用いる定義と矛盾しないようにするため、今後は自然対数を使うことにして、ボルツマンのエントロピーの式も

$$S = k \log V$$

と書くことにしよう。ここで、$\log V = 2.302585... \times \log_{10} V$ である。

第四章では、このエレガントな定義がどんなに理にかなっていて、含蓄に富んでいるか、そして、第二法則とどのように関連しているかを見ていくことになる。その前に、この定義を利用して巧妙に解決できる問題を一つだけ味わっておこう。ある状態のエントロピーの低さは、その状態の「特別さ」を示す良い尺度にはならないと言われることがある。これはまことに正しい。もう一度、第一章のテーブルの上から卵が転がり落ちる過程について考えてみよう。割れた卵が床の上でぐちゃぐちゃになっている最終状態は、エントロピーは高くなっているものの、まだ、きわめて特別な状態であると言ってよい。なぜなら、ぐちゃぐちゃに見えるものを構成する粒子の運動のすべてを逆転させると、床の上のぐちゃぐちゃがみるみるうちにきれいな卵になり、空中に飛び上がって、テーブルの上にちょこんと着地するからだ。実際、これは非常に特別な状態であり、卵がテーブルの上にあって、エントロピーが低かった初期状態にひけをとらない特別さがある。しかし、床の上のぐちゃぐちゃの状態が「特別」であるといっても、それは「エントロピーが低い」と評価されるタイプの特別さではない。エントロピーの低さは、目に見える特別さであり、マクロな変数の特別な値として現れていなければならない。系の状態に割り当てられるエントロピーを考えるとき、粒子の運動の間の微妙な相関など、まったく考慮されないのだ。

エントロピーが比較的高い状態のなかには、第二法則に反して、エントロピーの低い状態へと発展できるものもあるが（たとえば、割れた卵の時間を逆回しにするなど）、そうなる可能性は非常に小さい。それこそが、エントロピーと第二法則の概念の要点であると言ってもよい。粗視化の概念を利用したボルツマンのエントロピーの定義では、低エントロピーが要請するタイプの「特別さ」の問題を、ごく自然かつ妥当な形で扱うことができる。

ここでもう一つ、言っておきたいことがある。それは、リウヴィルの定理という、数学の重要な定理のことだ。この定理によると、物理学者が考えるふつうのタイプの古典力学系（上で述べてきたような標準的なハミルトニアン系）では、位相空間のなかの体積は時間発展に関して保存される。図1・7の右側の部分には、この様子が描かれている。位相空間$\mathcal{P}$のなかの領域$\mathcal{V}_0$がVという体積をもっていて、時間発展曲線に運ばれてt時間後に領域$\mathcal{V}_t$に達するとき、$\mathcal{V}_t$の体積は$\mathcal{V}_0$と同じくVである。これは第二法則とは矛盾していない。粗視化領域は時間発展に関して保存されないからである。最初の領域$\mathcal{V}_0$がたまたま粗視化領域であった場合には、もっと大きな粗視化領域を一つまたは複数通って、t時間後の$\mathcal{V}_t$は不規則な形になっていることだろう。

このセクションの最後に、ボルツマンの式に対数を用いるという重大な問題についてもう一度お話しして、第二章で少しだけ見てきた問題に関する補足をしたい。この問題は、本書の後半、特に第十六章で、非常に重要になってくる。想像してほしい。われわれは今、実験室で実験をしていて、そこで起こる物理現象を見守っている。この実験に関係する構造のエントロピーの定義について考えよう。ボルツマンの定義によるエントロピーとして、どんなものを考えるべきだろう？　われわれは、実験室内の実験に関係のあるすべての自由度を考えに入れ、これらを使って位相空間$\mathcal{P}$を定義するだろう。位相空間$\mathcal{P}$のなかには、これに関連した粗視化領域$\mathcal{V}$がある。その体積はVで、ここからボルツマンのエントロピー$k\log V$が得られる。

けれども、われわれの実験室は、ずっと大きい系、たとえば銀河系の一部として考えることもできる。そこには、桁はずれに多くの自由度がある。こうした自由度のすべてを考えに入れると、位相空間は格段に大きくなる。それだけではない。実験室内のエントロピーの計算にかかわる粗視化領域も、格段に大きくなる。実験室内に関係のある自由度だけでなく、銀河系全体にある自由度が含まれるからである。これは当然だ。なぜなら、われわれが今考えているエントロピーの値は銀河系全体についてのもので、実験に関係するエントロピーは、そのうちの小さな一部にすぎないからだ。

外部自由度を定義する変数（銀河系の状態を定義する変数から、実験室内の状態を定義する変数を除いたもの）からは、巨大な「外部」位相空間$\mathcal{X}$が与えられる。外部位相空間$\mathcal{X}$のなかには、実験室の外の銀河系の状態を記述する粗視化領域$\mathcal{W}$がある。図1・9を見てほしい。銀河系全体についての位相空間$\mathcal{G}$は、変数の完全集合、すなわち、実験室の外の変数（位相空間$\mathcal{X}$を与える変数）と実験室のなかの変数（位相空間$\mathcal{P}$を与える変数）の両方によって定義される。数学者は、この位相空間$\mathcal{G}$を$\mathcal{P}$と$\mathcal{X}$の積空間[4]と呼び、

$$\mathcal{G}=\mathcal{P}\times\mathcal{X}$$

と表記する。その次元は$\mathcal{P}$の次元と$\mathcal{X}$の次元の和となる（$\mathcal{G}$の座標は、$\mathcal{P}$の座標の後ろに$\mathcal{X}$の座標を続けたものであるからだ）。積空間の概念を図1・10に示す。ここでは$\mathcal{P}$は平面で、$\mathcal{X}$は線である。

外部自由度と内部自由度が完全に独立で、$\mathcal{P}$の粗視化領域が$\mathcal{V}$、$\mathcal{W}$の粗視化領域が$\mathcal{X}$であるとき、$\mathcal{G}$のなかの粗視化領域は、

$$\mathcal{V}\times\mathcal{W}$$

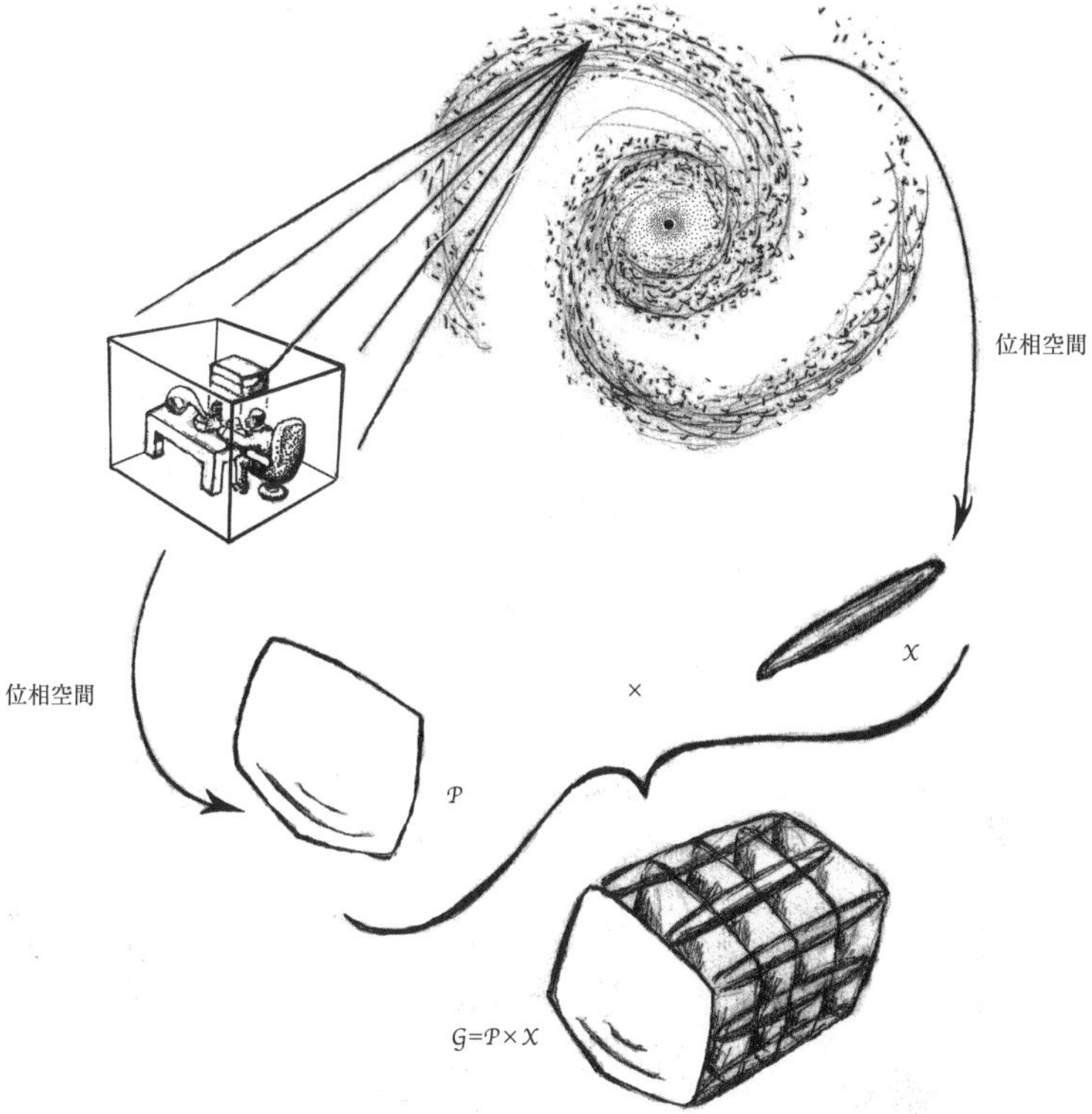

【図 1.9】実験室のなかにいる人が考える位相空間は、銀河系内のすべての外部自由度を含む位相空間のほんの一部にすぎない。

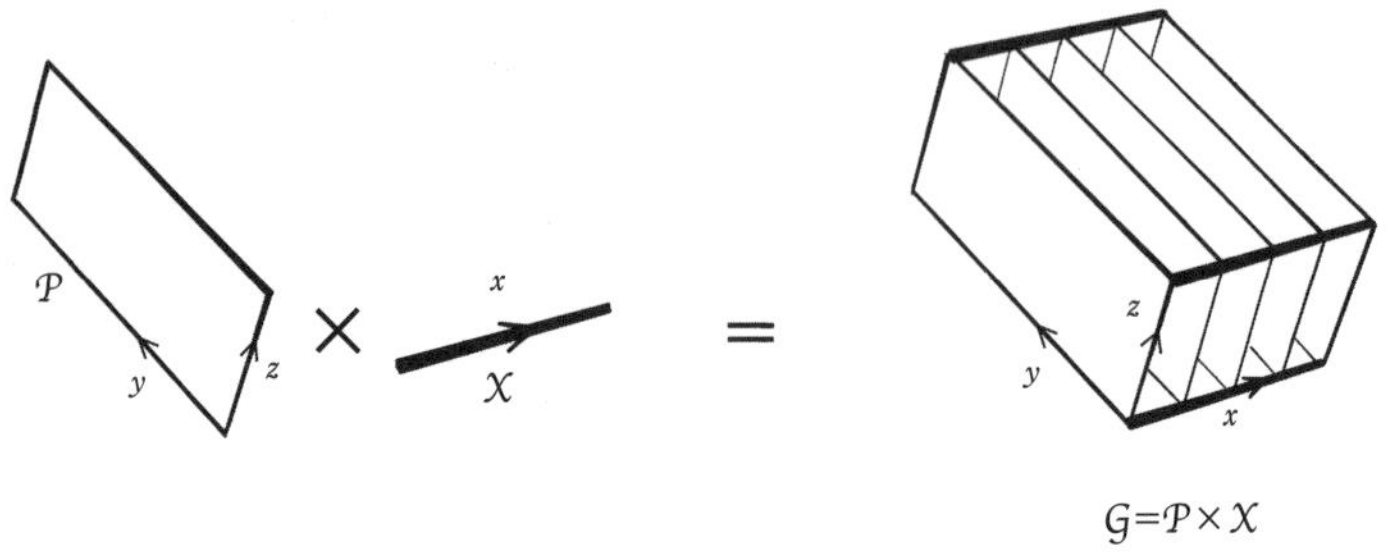

【図 1.10】 平面 𝒫 と線 𝒳 の積空間 𝒢

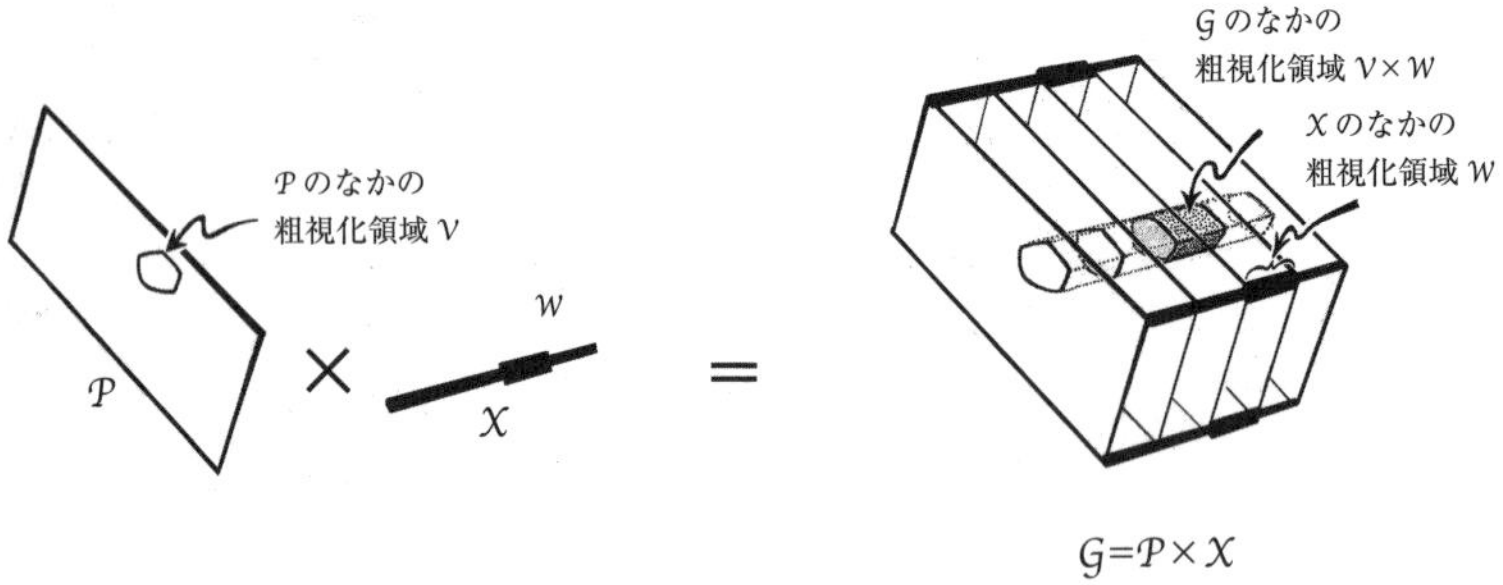

【図 1.11】 積空間のなかの粗視化領域は、要素のなかの粗視化領域の積として表される。

という積で表される（図1・11参照）。さらに、積空間のなかの体積要素は、それを構成する位相空間の体積要素の積であるから、積空間$\mathcal{G}$のなかの粗視化領域$\mathcal{V}\times\mathcal{W}$の体積は、$V$（$\mathcal{P}$のなかの粗視化領域$\mathcal{V}$の体積）と$W$（$\mathcal{X}$のなかの粗視化領域$\mathcal{W}$の体積）の積$VW$となる。したがって、対数が「積を和にする」性質により、ボルツマンのエントロピーは、

$$k\log(VW)=k\log V+k\log W$$

となる。これは、実験室のなかのエントロピーと、実験室と外のエントロピーの和である。つまり、独立の系のエントロピーは単純にたし合わせることができ、エントロピーの値は、物理系の一部で、ほかの部分とは独立な任意の部分に割り当てることができるのだ。

われわれが考えているのは、$\mathcal{P}$が実験室の内部に関連した自由度であり、$\mathcal{X}$が実験室の外部の銀河に関連した自由度であり、両者が互いに独立である状況だ。この状況で、実験者が外部自由度を無視するとき、実験に割り当てるエントロピーの値は$k\log V$となり、実験室の外にある銀河系の自由度に割り当てるエントロピーの値$k\log W$という形で外部自由度も考慮したときのエントロピーの値$k\log(VW)$とは違っている。実験室の外の部分は、実験者にとっては、なんの役割も果たしていないため、実験室のなかで第二法則が果たす役割について考える際には無視してよい。しかし、第十六章で宇宙全体のエントロピーのバランスや、ブラックホールによる寄与について考えるときには、これらの問題を無視することはできず、われわれにとって根本的な重要性を帯びてくることを知るだろう！

第四章　エントロピーの概念のロバストネス

このセクションでは、宇宙全体のエントロピーに関する問題は少し忘れて、単純にボルツマンの式の価値を味わいたい。ボルツマンの式は、物理系のエントロピーが実際にはどのように定義できるか、正確に理解させてくれるからである。ボルツマンが一八七五年に提案したこの定義は、それまでの定義に比べて大きく進んだものであったので、[5]なんの仮定もしなくても（問題の系が定常状態にある必要もない）、完全に一般的な状況にエントロピーの概念をあてはめることが可能になった。にもかかわらず、この定義にはある種の曖昧さがある。これは主として「マクロな変数」の概念に関連したものである。たとえば、液体の状態のうち、現時点では「測定不能」と考えられている細かい特徴の多くが、将来的には測定可能になるかもしれない。たとえば、液体中のさまざまな位置で、圧力、密度、温度、液体全体の速度などを決定できるようになるだけでなく、液体分子の運動をもっと詳しく測定できるようになるかもしれない。もしかすると、液体分子一個一個の運動さえも測定できるようになるかもしれない。その場合、位相空間の粗視化はもっと細かく行わなければならないだろう。結果的に、新しい技術で測定した液体の特定の状態のエントロピーは、古い技術で測定したときのエントロピーより小さくなると考えられる。

一部の科学者は、このように新しい技術を使って系を詳細に調べるときには、常に測定装置のエントロピーが増加すると主張してきた[6]。測定装置のエントロピーの増加量は、詳細に測定された系のエントロピーの減少量を差し引いてもまだ余るという。したがって、系を詳細に測定しても、全体のエントロピーは増加することになる。これは実にもっともらしい主張であるが、それを考慮に入れたとしてもなお、ボルツマンのエントロピーの定義には曖昧さがある。系全体の「マクロな変数」を構成するものに客観性が不足していることは、そのような考察によってはまったく明らかにされないからだ。

この曖昧さの極端な例は、一九世紀の偉大な数理物理学者ジェームズ・クラーク・マックスウェルによって予想された（彼の電磁気学の方程式は第一章と第三章に登場している）。マックスウェルは、第二法則にしたがう気体があるとき、小さなドアを開閉して気体分子の交通整理をする小さな「悪魔」を考えると、第二法則が破られることを示した。しかし、マックスウェルの悪魔本人の体を含めた系全体を一つの物理的存在と考えると、普通の顕微鏡では見えないほど小さい悪魔の体の構造まで考慮に入れることになり、やはり第二法則にしたがっていることになる。

もっと現実的にいきたいなら、マックスウェルの悪魔の代わりに非常に小さい機械を想像すれば、その構造全体が第二法則にしたがっていると言うことができる。けれども私には、このような考察ではマクロな変数がどんなものからできているかという問題は解決できていないように思われ、そうした複雑な系においては、エントロピーの定義そのものが、どこかしら謎めいたものであり続けているような気がする。実際、液体のエントロピーのように、明確に定義されているように見える物理量が、その時代の技術水準に依存するなんて、おかしいではないか！

けれども一般には、ある系について測定されるエントロピーの値は、技術の進歩にはほとんど影響されない。これは驚くべきことだ。進んだ技術により粗視化領域の境界線が引き直された場合にも、系のエントロピーの値は、全体としてはほとんど変化しない。ある系のエントロピーを詳しく測定した値には、そのときの測定装置の精度の関係で、常にある程度の主観性が入っていることを心にとめておかなければならない。しかし、だからといって、エントロピーは物理的に有用な概念ではないなどと考えるべきではない。現実問題として、この主観性は、通常の状況では、非常に小さい影響しか及ぼさない。個々の粗視化領域の体積を比較すると途方もなく大きな違いがあるため、それらの境界線を細かく引き直しても、通常は、系のエントロピーの値に目につくほどの変化は生じないからだ。

この点を実感してもらうために、赤と青のペンキを混ぜることを、同数の赤玉と青玉を10^{24}個の小箱に入れることとして単純化したモデルに戻ろう。われわれは、大箱のなかのさまざまな場所で、中箱（すなわち$10^5 \times 10^5 \times 10^5$個の小箱）に入る赤玉と青玉の比の値が〇・九九九と一・〇〇一の間になるときに、紫色に見えるとした。ここで、より精度の高い測定ができる装置を使って、赤玉と青玉の比を、もっと細かいスケールで、もっと正確に判定できるようになったと考えてみよう。そして、赤玉と青玉の比の値が〇・九九九九と一・〇〇〇一の間になる場合（したがって、赤玉と青玉の数が〇・〇一％の精度で等しくなる場合）にはじめて、混合物が一様な紫色になったと判定できることにしよう。これは、以前要求した精度の一〇倍である。また、色合いを判定するのに必要な領域の寸法は、以前の半分でよい（ゆえに、体積は八分の一でよい）としよう。このように精度が格段に高くなったにもかかわらず、「一様な紫色」の状態がもつエントロピー（この条件を満たす状態の数の対数という意味でのエントロピー）の値は、以前の値とほとんど変わらない。つまり、この種の状況では、技術の改良は、エントロピーの値には、事実上、なんの影響も及ぼさないのである。

これは子ども騙しのモデルにすぎず、もっと言えば、位相空間ではなく配位空間の子ども騙しのモデルである。けれどもこれは、「粗視化領域」を定義する「マクロな変数」の精度の変化がエントロピーの値をたいして変えないという事実を強調する役に立つ。エントロピーがこのようにロバストである基本的な理由は、単純に、われわれが出会う粗視化領域が途方もなく大きいから、より詳しく言うなら、個々の粗視化領域の大きさの比が非常に大きいからである。日常的な状況として、われわれが入浴するときのエントロピーの増大について考えてみよう。われわれが体を洗うときにはエントロピーが少なからず増大する（！）のだが、話を単純にするために今回は無視して、高温の湯と水を混ぜて浴槽にちょうどよい温度の湯をはるところだけ考えよう。湯と水が別々の水栓から出てくる単水栓でも、湯と水が混ざって単一の水栓から出てくる混合栓でもかまわない。湯だけの温度は約五〇℃、水だけの温度は約一〇℃、浴槽に入れる湯量は合計一五〇ℓとしよう。高温の湯と水を半分ずつ浴槽に入れると、エントロピーの増加量は約二一四〇七J/Kとなる。これは、位相空間のなかのある粗視化領域から、その10^{27}倍も大きい粗視化領域へと移動することを意味する！このスケールの数字になると、粗視化領域の境界線を引く位置がそれなりに変化しても、なにかが変わったという印象はない。

ここで言及しておくべき問題がもう一つある。私はこれまで、粗視化領域が明確に定義され、はっきりした境界線をもっているかのように説明してきたが、厳密に言えば、どんな種類の「マクロな変数」を選んでも、そんなことはないのである。粗視化領域の境界線があり、位相空間のなかの非常に近いところにある二つの点が境界線の向こう側とこちら側に位置しているとすると、二つの点はほとんど同じ状態を表していて、マクロに見れば同じということになる。けれども、この二つ

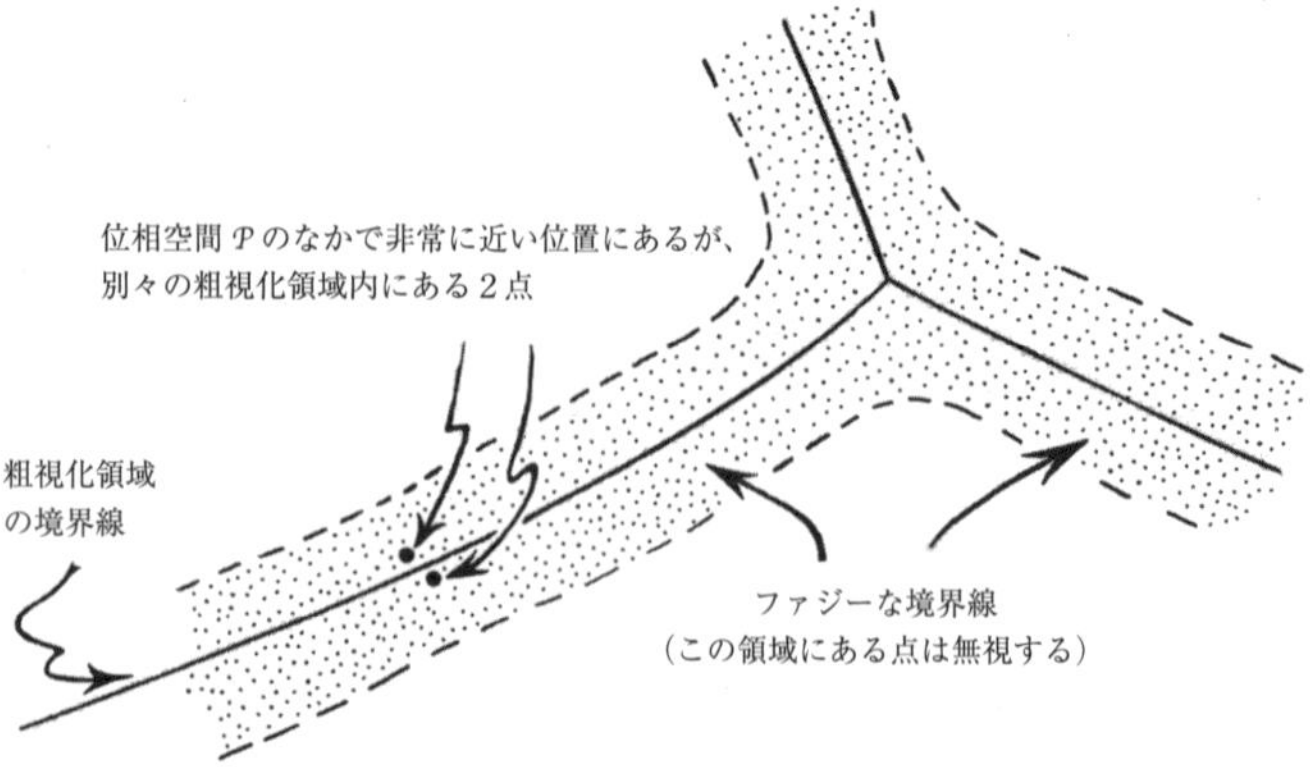

【図 1.12】粗視化領域どうしを隔てる境界線の「ファジーさ」

の点は別々の粗視化領域内にあるため、「マクロに区別可能」であることになってしまうのだ[7]！　この問題は、次のようにして解決できる。まずは、粗視化領域どうしを隔てる境界線には「ファジー」な領域があるとする。また、なにをもって「マクロな変数」とするかという主観性の問題に関しては、位相空間の「ファジーな境界線」内の点については気にしないことにする（図1・12参照）。粗視化領域の内部の広大さに比べて、ファジーな境界線内の点が位相空間内で占める体積は非常に小さいと考えることは合理的だ。そうすると、境界線に近い点がどの領域に属していると考えても、ほとんど問題にならない。なぜなら、通常は一つの状態に割り当てられるエントロピーの値に事実上なんの違いも生じないからである。ここでもまた、（その定義が申し分なく堅固であるとは言いがたいにもかかわらず）粗視化領域が広大で、その大きさがひどく不均衡であるために、系のエントロピーの概念が非常にロバストであることがわかる。

そうは言っても、「マクロな区別不能性」などという荒っぽい概念が不十分に見え、エントロピーに関してまったく間違った答えを与えてしまうように見える微妙な状況もいろいろある。その一つは、スピンエコーという現象に伴うものだ。スピンエコーは、一九五〇年にアーウィン・ハーンが最初に発見した現象で、核磁気共鳴（NMR）などに利用されている。この現象によれば、最初に特異的な磁化状態にあり、よく整列した核スピンをもつ物質が[8]、変化する外部電磁場の影響下でこの磁化を失うと、さまざまな速度のスピン歳差運動が複雑に集まるため、核スピンは非常に乱雑になる。けれども、外部電磁場を注意深く反転させると、すべての核スピンが最初と同じ状態に戻り、驚くべきことに、特異的な磁化状態を取り戻すのだ！　マクロな測定について言えば、この中間段階（核スピンが乱雑になっている状態）に移行する際にエントロピーが増大したように見え、これは第二法則と整合性があるが、逆向きの外部電磁場がかかり、核スピンが失ったはずの秩序を取り戻すときには、エントロピーが減少して第二法則とはなはだしく矛盾しているように見える[9]！

真相はこうだ。中間段階のスピン状態は非常に無秩序に見えるかもしれないが、そこにはきわめて厳密な「隠れた秩序」があるのだ。この秩序は、外部磁場の運動パターンが逆転したときにはじめて現れる。CDやDVDでも、これに似たことが起きている。通常の荒っぽい「マクロな測定」では、ディスクに貯蔵された大量の情報を明らかにすることはできないが、ディスクの情報を読み出すために設計された専用のプレーヤーがあれば、貯蔵された情報を容易に読み出すことができる。たいていの状況では、通常のマクロな測定でたりるのだが、「隠れた秩序」を検出するためには、もっと洗練された測定が必要になるのだ。

本当を言えば、この一般的な「隠れた秩序」を見いだすために、微小な磁場の測定のような高度に技術的なことを考える必要はない。本質的にこれに似たことは、はるかに単純そうな装置でも起こる（図1・13参照。もっと詳しく知りたい方は、原註（10）も参照されたい）。装置は二つのガラス製の円筒から構成されている。一方の円筒は、他方の円筒のなかにすっぽりと入っていて、両者の間には非常に狭いすき間がある。外側の円筒は固定されているが、内側の円筒にはハンドルが取り付けてあり、外側の円筒に対して回転できるようになっている。円筒どうしのすき間には、グリセリンなどの粘性流体が均一に注入してある。さあ、実験を始めよう。円筒のすき間を満たす粘性流体のなかに、円筒の軸に平行な一本の線になるように、真っ赤な染料を注入する（図1・14参照）。円筒のハンドルを一方向に数回まわすと、この線が広がり、最終的には円筒のまわりに一様に分布する。このとき、粘性流体の全体が淡いピンク色になっていて、もとの赤い線はもう見えない。ピンク色になった粘性流体の状態を確認するために、どんなにもっともらしい「マクロな変数」を選んだとしても、染料が全体に一様に広がっている今、エントロピーは増大したように見える（この状況は、第二章で考察した、赤と青のペンキを混ぜることとよく似ているように見えるかもしれない）。しかし、ハンドルを同じ回数だけ逆方向にまわすと、奇跡のように赤い色が現れてきて、しまいには最初と同じくらいはっきりした線になるのだ！　はじめにハンドルを一方向にまわしたときに、見た目のとおりに本当にエントロピーが増大していて、次に逆方向にまわしたときに、エントロピーがもとの値に近いところまで戻っていたとしたら、われわれは第二法則に著しく反することをしてのけたことになる！

どちらの例についても、実際には第二法則に矛盾したことは起きておらず、エントロピーの定義がこうした状況を扱えるほどには洗練されていないのだ、と考えるのがふつうである。私自身は、「物理的エントロピーが厳密かつ客観的に定義されることを要請し、それがあらゆる状況に適用でき、第二法則が普遍的に成り立つことを求めるならば、面倒な問題に首をつっこむことになる」と

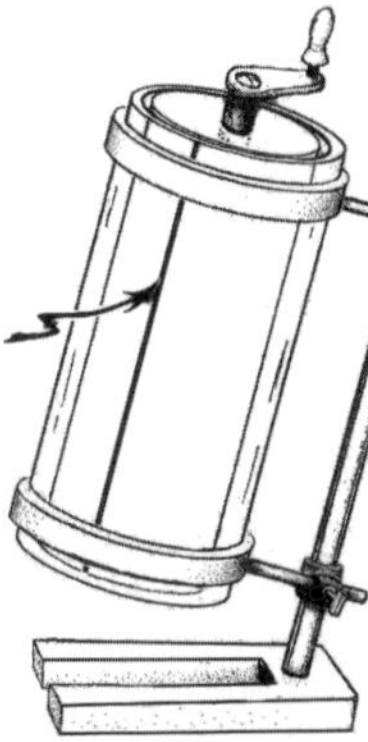

【図 1.13】ガラス製の円筒を 2 つ重ねたすき間に粘性流体を入れ、さらに赤い染料を流して線をつける。

【図 1.14】ハンドルを一方向に数回まわすと、赤い線が広がって全体が淡いピンク色になる。その後、同じ回数だけ逆にまわすと、最初のような赤い線が再び現れる。これは第二法則に反しているように見える。

考えている。多くの人が、明確に定義され、物理的に厳密なエントロピーの概念が常に存在していることを求めている。そのようなエントロピーは完全に客観的で、それゆえ、なんらかの絶対的な意味で自然界に「厳然と存在」していることになる。[11]この「実際のエントロピー」は、時間の経過のなかで減少することがほとんどない。私には、人々がなぜそんなものを求めるのか、理解できない。「実際のエントロピー」の概念は、常に必要なのだろうか？　二つの円筒の間に挟まれた、わずかに着色された粘性流体に適用できたり、完全に無秩序になったように見えたが、以前の秩序の「記憶」を正確に保持している核スピンに適用できたりするものが？　私には、その必要があるとは思えない。エントロピーが非常に役に立つ物理的概念であることは明らかだ。けれども私は、物理学における真に根本的で客観的な役割をエントロピーに担わせる必要はないと考えている。われわれが実際の宇宙でよく出会う系において「マクロな」量をふつうに測定すると、場合によって、粗視化領域の大きさ（位相空間中の状態数）にとんでもなく大きな差が生じる。エントロピーの物理的概念の有用性は、主としてそこにあると考えるのがよいと思う。けれどもここには深遠な問題がある。それは、われわれの知る宇宙ではなぜ、粗視化領域の大きさにそれほどの違いがなければならないのかという問題だ。これらの巨大な違いから、われわれの宇宙に関して、驚くべき事実が明らかになる。それは、われわれのエントロピーの概念には主観性という厄介な問題があって、この物理的概念の有用性の基礎にある謎の輪郭を曖昧にしているにもかかわらず、宇宙は明らかに客観的で、「厳然と存在」しているように見えるという事実である。この点については、すぐあとで考察する。

第五章　未来に向かってとめどなく増大するエントロピー

系が未来に向かって時間発展するときには、第二法則が要請するとおり、エントロピーは増大する。そうなる理由を考えてみよう。系は、エントロピーが十分低い状態から始まるとしよう。その時間発展は、位相空間$\mathcal{P}$のなかの点pの動きによって記述される。点pは、非常に小さい粗視化領域$\mathcal{R}_0$のなかの点p_0として始まる（図1・15参照）。上述のとおり、個々の粗視化領域のサイズには途方もなく大きな差がある。また、位相空間$\mathcal{P}$は非常に大きな次元をもつため、一つの領域に隣り合う粗視化領域は膨大な数にのぼると考えられる（この点で、おなじみの二次元または三次元のイメージは誤解を招きかねないが、次元が増えるにつれて、一つの領域に隣り合う領域の数が増えていくことは理解できる。典型的には、二次元では隣に六つの粗視化領域があり、三次元では一四の粗視化領域がある。図1・16参照）。そのため、点pが描く時間発展曲線が出発点p_0のある粗視化領域$\mathcal{R}_0$を出て隣の粗視化領域$\mathcal{R}_1$に入るとき、$\mathcal{R}_1$の体積が$\mathcal{R}_0$に比べてはるかに大きい可能性は非常に高い。逆に、点pが$\mathcal{R}_0$より小さい粗視化領域に入る可能性は非常に低い。それは、干し草の山のなかから偶然一本の針を探しあてる以上に困難なことなのだ！

このとき、$\mathcal{R}_1$の体積の対数は、$\mathcal{R}_0$の体積の対数に比べていくらか大きくなる。ただし、その増加

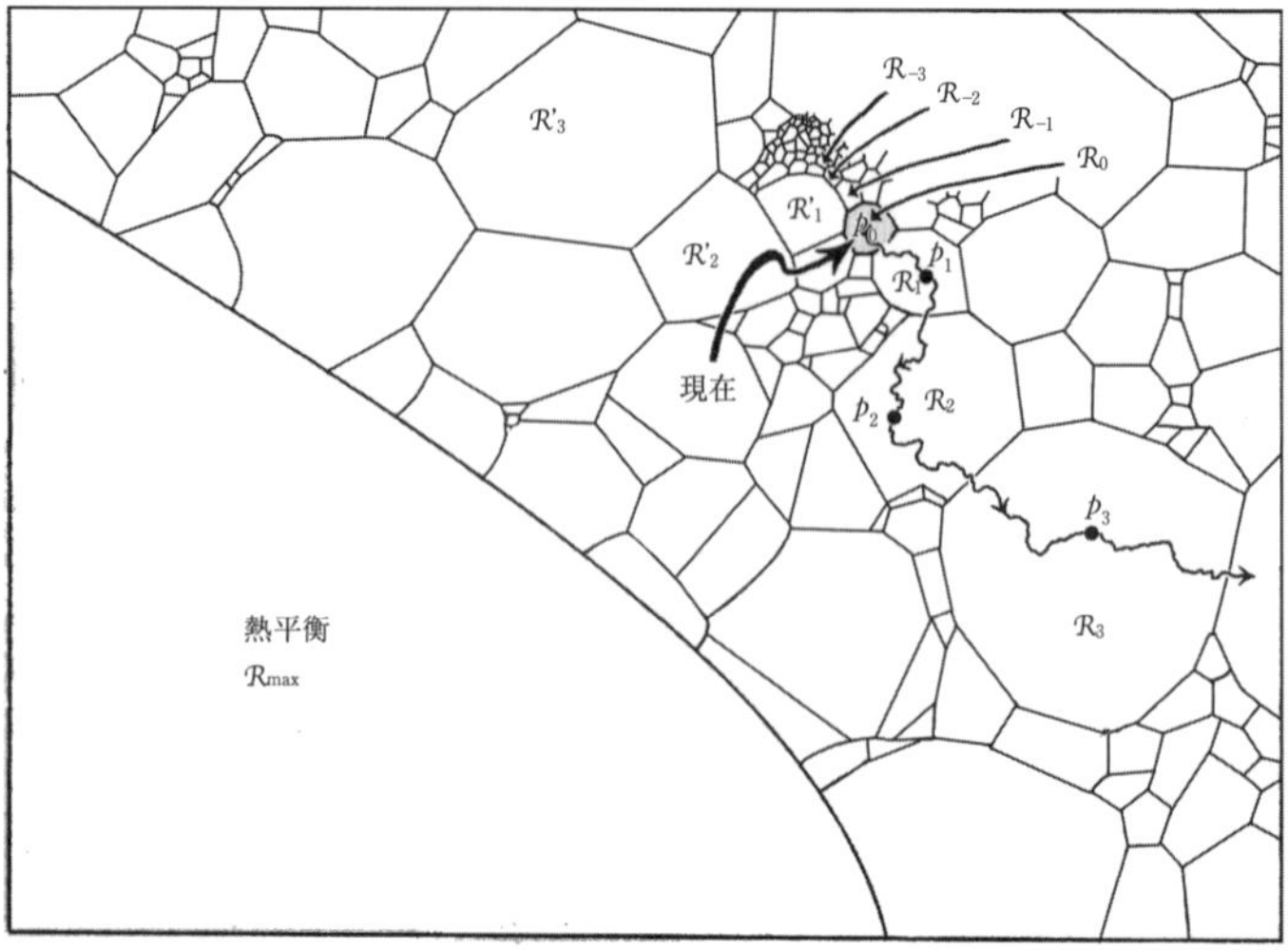

【図 1.15】系の時間発展は、非常に小さい粗視化領域 $\mathcal{R}_0$ のなかの点 p_0 から始まる。

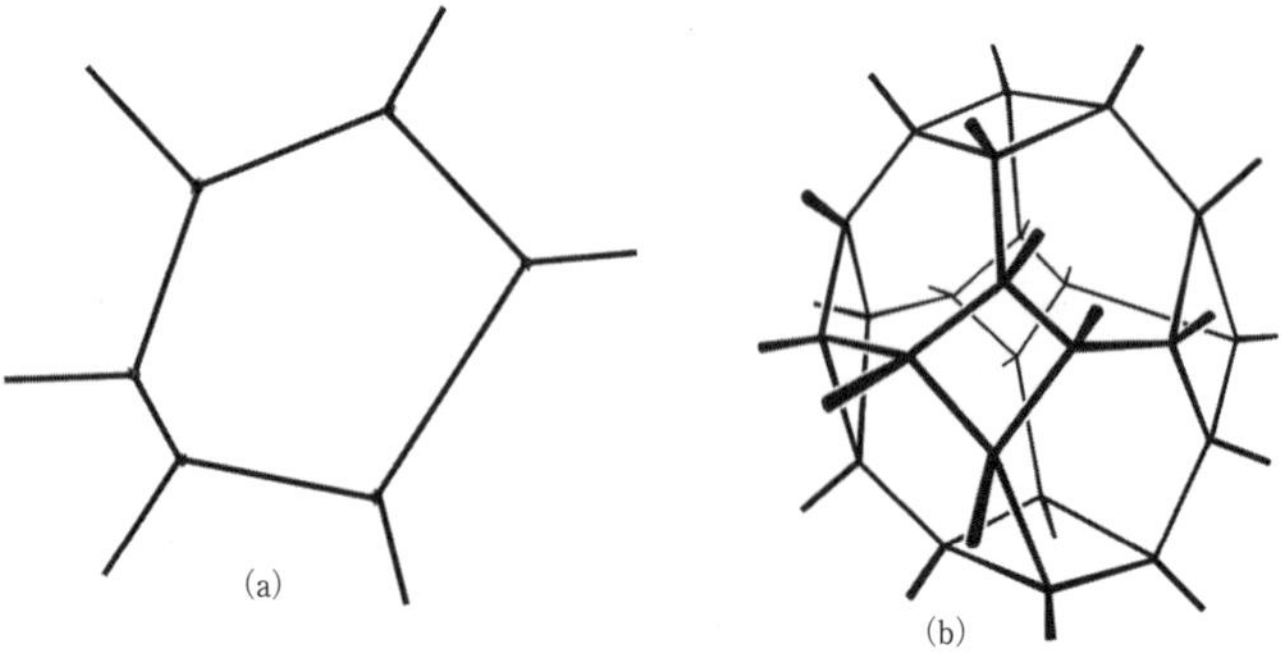

【図 1.16】次元 n が増えるにつれて、1 つの粗視化領域に隣り合う粗視化領域の数は急激に増加する。(a) n=2 のときには、典型的には隣に 6 つの粗視化領域がある。(b) n=3 のときには、典型的には隣に 14 の粗視化領域がある。

量は実際の体積の増加量に比べると非常に小さく（第二章参照）、エントロピーの増加量はわずかである。pがその次の粗視化領域$\mathcal{R}_2$に入るとき、$\mathcal{R}_2$の体積が$\mathcal{R}_1$に比べてはるかに大きくなる可能性は非常に高く、エントロピーもわずかに大きくなる。pがさらにその次の粗視化領域$\mathcal{R}_3$に入るときも、$\mathcal{R}_3$の体積が$\mathcal{R}_2$に比べてはるかに大きくなる可能性は非常に高く、エントロピーもわずかに大きくなる。時間発展は、この調子で続いてゆく。点pがひとたび非常に大きい粗視化領域に入ってしまったら、その次に、エントロピーの値がわずかに小さくなるような、もっと小さい粗視化領域に入る可能性は事実上ないに等しい（つまり「その可能性は極端に低い」）。かくして、時間が未来に向かって進むにつれて、エントロピーの値はとめどなく大きくなってゆくことになる。ただしその増加量は、実際の体積の増加量に比べれば、はるかに控えめである。

厳密に言えば、エントロピーの値が減少する可能性はゼロではない。ただ、「その可能性は極端に低い」というだけのことである。この説明で「エントロピーは増加する」と言ったのは、ごく普通の状況を考えようとしたからにすぎない。すなわち、系が時間発展するときに（ただし、実際の時間発展は、明確に定義され、完全に決定論的なニュートン力学などの法則に支配されている）、位相空間のなかの粗視化領域に特にバイアスがなく、位相空間のなかを運動する点pの軌跡が基本的にランダムであるとして扱える状況だ。

点pはなぜ、$\mathcal{R}_0$から$\mathcal{R}_1$、$\mathcal{R}_2$、$\mathcal{R}_3$……と、徐々に大きな粗視化領域に入っていかなければならないのだろうか？　一足飛びに、すべての粗視化領域のなかで最も（そして圧倒的に）大きい$\mathcal{R}_{max}$に入っていくことはないのだろうか？　$\mathcal{R}_{max}$は、一般に「熱平衡」と呼ばれるもので、その体積は、ほかのすべての粗視化領域を合わせた体積よりも大きくなる。点pは、いつかは$\mathcal{R}_{max}$に到達するだろう。そして、いちど$\mathcal{R}_{max}$に入ったら、基本的には、ずっとこの領域にとどまっているだろう。

ごくまれに、ふらりと小さい領域に入ることもあるかもしれない（熱ゆらぎ）。しかし、時間発展曲線が連続的な時間発展を記述するものである以上、ある瞬間の状態が一瞬前の状態と極端に違っている可能性は小さい。それゆえ、時間発展曲線が出会う粗視化領域の体積には大きな変化があるとはいっても、一足飛びに$\mathcal{R}_{max}$に入るような途方もなく大きな変化にはならない可能性が高い。エントロピーは不連続にジャンプするものではなく、徐々に大きくなっていくものなのだ。

これは申し分ない帰結であるように思われる。読者諸氏も、エントロピーが未来に向かって徐々に増大していくことはごく自然な予想であり、これ以上深く考える必要があるようには思えないかもしれない。けれども、数学的純粋主義者を満足させるためには、もっと厳密に詳細を語る必要があるかもしれない。前のセクションで考察した卵の例は、「今」という瞬間にテーブルの端にあるところから始まり、テーブルから転がり落ちて床に叩きつけられたところで終わったが、この時間発展ではたしかに未来に向かってエントロピーが増大している。これは、系の時間発展とともに位相空間の体積が大きくなるとする上述の単純な考察と完全に一致している。

これまでは、卵が未来にどのようなふるまいをするかを考えてきたが、今度は、この卵が過去にどのようなふるまいをしてきたかを考えてみよう。つまり、「今」という瞬間に卵がテーブルの端にある場合、卵はどのような経緯をたどってきた可能性が高いかということだ。

この問題も、「今」の状態から出発した系が未来にたどる可能性の高い時間発展について考察したときと同じように考えればよい。ただし今回考えるのは、系が「今」の状態に至るまでにたどってきた可能性の高い、過去の時間発展である。ニュートンの法則は過去に向かっても問題なく成立し、決定論的な過去への時間発展を与える。それゆえ、位相空間$\mathcal{P}$のなかには、点p_0に至る時間発展曲線が存在する。この曲線は、過去への時間発展を記述し、卵がテーブルの端にくるに至った経緯を示す。卵がたどってきた「可能性が最も高い」過去の歴史を明らかにするため、$\mathcal{R}_0$に隣接する粗視化領域を調べてみよう。ここでもまた、それぞれの粗視化領域のサイズには途方もなく大きな違いがある。したがって、p_0で終わる時間発展曲線のうち、$\mathcal{R}_0$よりはるかに巨大な領域（たとえば$\mathcal{R}_1$）から$\mathcal{R}_0$に入ってきたものの数は、$\mathcal{R}_0$よりずっと小さい領域から$\mathcal{R}_0$に入ってきたものの数に比べて、途方もなく多いことになる。時間発展曲線は、$\mathcal{R}_0$より格段に大きい領域$\mathcal{R}_1'$を通ってきたとしよう。それ以前にも、大小さまざまな隣接領域があったはずで、$\mathcal{R}_1'$に入ってきた時間発展曲線の大多数は、$\mathcal{R}_1'$よりはるかに大きな粗視化領域を通ってきたと考えられる。あとは、未来への時間発展について考察したときと同じである。すなわち、$\mathcal{R}_1'$に入ってきた過去への時間発展曲線は、$\mathcal{R}_1'$よりはるかに大きい$\mathcal{R}_2'$という領域を通ってきた。それはまた、$\mathcal{R}_2'$よりはるかに大きい$\mathcal{R}_3'$という領域を通ってきた……と続くのだ。図1・15を参照されたい。

われわれの推論からはこのような結論に至るのだが、それで問題はないのだろうか？「……$\mathcal{R}_3'$、$\mathcal{R}_2'$、$\mathcal{R}_1'$、$\mathcal{R}_0$」と、大きい領域から小さい領域へ、さらに小さい領域へと進んでいってp_0に至る時間発展曲線の数は、「……$\mathcal{R}_{-3}$、$\mathcal{R}_{-2}$、$\mathcal{R}_{-1}$、$\mathcal{R}_0$」と、小さい領域から大きい領域へ、さらに大きい領域へと進んでいってp_0に至る時間発展曲線の数に比べてはるかに多いはずである。けれども実際の時間発展曲線は、第二法則に矛盾しないように、小さい領域から大きい領域へと進んでいった可能性がある。われわれの推論では、第二法則を擁護するどころか、完全に間違った答えに導かれてしまうように見える。なにしろ、過去においては絶え間なく第二法則に反していたことになってしまうのだから！

たとえば、われわれの推論によると、テーブルの端にある卵は、テーブルの下で割れている状態から始まった可能性が圧倒的に高いことになってしまう。殻は粉々に割れているし、白身と黄身はぐちゃぐちゃに混ざり合い、その一部は床板の間にしみこんでいる。次に、この割れた卵が自然にもとどおりになる。ぐちゃぐちゃに混ざっていた白身と黄身が床から離れてきれいに分離し、粉々になっていた殻の破片が正確に組み立てられて白身と黄身を包み込み、ひび一つない完全な卵になる。それから卵は絶妙なスピードで床から飛び上がり、テーブルの端にそっと着地するというわけだ。一見問題なさそうな時間発展曲線が、「……$\mathcal{R}'_3$、$\mathcal{R}'_2$、$\mathcal{R}'_1$、$\mathcal{R}_0$」と、大きい領域から小さい領域へ、さらに小さい領域へと進んでいってp_0に至るという上述の推論は、こんなことが起きたと言っているに等しい。けれどもこれは、実際に卵がテーブルの端にくるに至った実際の経緯（うっかり者が、卵が転がる危険性を認識せずに、テーブルの端近くに置いてしまった）とは、はなはだしく矛盾している。こちらの時間発展なら第二法則と矛盾せず、位相空間$\mathcal{P}$のなかの時間発展曲線が、「……$\mathcal{R}_{-3}$、$\mathcal{R}_{-2}$、$\mathcal{R}_{-1}$、$\mathcal{R}_0$」と、小さい領域から大きい領域へ、さらに大きい領域へと進んでいくことになる。われわれの議論を過去の時間方向に適用すると、これ以上考えられないほど間違った答えに導かれてしまうのだ。

第六章　過去と未来はどこが違うのか？

われわれの推論は、通常の物理系の未来への時間発展について、第二法則が圧倒的な確実さをもって成立することを期待させた推論と、まったく同じであるように見える。それなのになぜ、こんなに間違った答えに導かれてしまったのだろうか？

問題は、粗視化領域との関係で時間発展が事実上「ランダム」であると仮定してしまった点にある。もちろん、それは本当にはランダムではない。上述のとおり、ニュートンの法則などの力学法則により、厳密に決定されているからだ。けれどもわれわれは、粗視化領域との関係で、この力学的なふるまいには特にバイアスはないとしていて、未来への時間発展についてはこのように仮定しても問題はないと考えていた。ところが、過去への時間発展について考えるときには、この仮定は明らかに不当なものとなる。たとえば、過去に向かう卵の時間発展には、大きなバイアスがかかっている。時間の流れを逆にして見る卵が、テーブルの下で割れてぐちゃぐちゃになっている状態から、力学法則にはしたがっているものの、考えられないような動きを経て、ひび一つない形でテーブルの端にちょこんと乗るという、ありえそうにない状態に至る過程は、運命に導かれているように見える。そうしたふるまいが未来に向かうふるまいのなかで観察されるなら、それは、不可能な目的論、あるいは魔法と考えなければならないだろう。はっきりした目的があるように見えるこうした挙動が、過去に向かう場合には受け入れることができるのに、未来に向かう場合には科学的に受け入れられないのはなぜだろう?

「物理的な説明」ではないものの、この疑問に答えることはできる。それは単に、われわれが「過去の目的論」を経験することは珍しくないが、「未来の目的論」を経験することはありそうにないからだ。われわれが「未来の目的論」を経験しないことは、この宇宙で観測されている事実にすぎない。第二法則が成り立っているということも、観測された事実にすぎない。われわれの宇宙の力学法則は、いかなる意味でも、未来のゴールに向かって誘導されているようには見えず、粗視化領域とは完全に無関係であると見てよい。これに対して、時間発展曲線が過去に向かって「誘導」されるのは、ごく当たり前のことである。時間発展曲線の過去の挙動を検討するなら、それは、より小さい粗視化領域を「意図的に」探しているように見えるだろう。われわれがこれを奇妙に感じないのは、日常生活のなかでふつうに経験しているからだ。卵がテーブルの端から転がり落ちて床に当たって割れるという経験は、なんら奇妙には思われない。対照的に、映画のフィルムを逆回しにして時間をさかのぼらせると、非常に奇妙に見える。これは、時間がふつうの向きに流れる物理的世界では経験されないからである。過去の方を向くなら、そうした「目的論」も完全に受け入れられる。けれどもそれは、われわれが経験する未来にあてはまる特徴ではないのだ。

実を言うと、宇宙の起源が位相空間のなかの非常に小さい粗視化領域として表され、宇宙の初期状態のエントロピーが非常に小さいと仮定するだけで、この「過去の目的論」のように見えるふるまいを理解することができる。上述のとおり、宇宙のエントロピーのふるまいに適度な連続性があるような力学法則を考えるかぎり、宇宙の初期状態(いわゆるビッグバン)のエントロピーが、なんらかの理由により、非常に小さかったと仮定するだけでよいのである（第二部で見ていくように、その小ささはきわめて微妙な性質のものだ）。その場合、エントロピーの連続性から、ビッグバン以降の宇宙（時間はふつうの向きに流れるものとする）のエントロピーは段階的に増大していくことになり、第二法則を理論的に正当化できることになる。したがって、鍵を握っているのはビッグバンの特殊性であり、この特別な初期状態を表す最初の粗視化領域$\mathcal{B}$の並はずれた小ささなのである。

ビッグバンの特殊性の問題は、本書の議論の中心となる。第十二章では、実際にビッグバンがどのくらい特別であったかを見ていく。われわれはそこで、この初期状態がどんなに特殊な性質をもっていたかを知ることになる。その基礎にある深遠な謎は、われわれを奇妙な考察へと導き、そこから本書の根幹をなすテーマが出てくる。けれども当面は、宇宙が非常に特殊な状態から生まれてきたことさえ受け入れておけば、われわれが目にする第二法則は自然についてくるとだけ理解しておけばよい。この宇宙に「究極の低エントロピー状態」のようなものがなく、宇宙の時間発展曲線が位相空間$\mathcal{P}$のなかの微小な「未来」領域$\mathcal{F}$で終わらなければならないという目的論的な要請もないとすれば、未来の方向へのエントロピーの増大に関するわれわれの推論は問題なく受け入れられるはずだ。われわれがこの宇宙で経験する第二法則の理論的基礎は、時間発展曲線が非常に小さい領域$\mathcal{B}$のなかで始まることを要請する初期の低エントロピーの制約によって与えられる。

第二部でビッグバンの状態を詳細に検証する前に、いくつか明らかにしておくべきことがある。まず、「第二法則が存在することにはなんの不思議もない」と言われることについてである。その理由は、われわれが経験する時間の経過が、時間の経過の意識的感覚の一部をなすエントロピーの増大によって決まるからであるという。つまり、われわれが「未来」と感じる時間の向きは、エントロピーが増大するような向きでなければならないというわけだ。この考え方によると、ある時間変数tに関してエントロピーが減少しているとしたら、われわれの時間の流れの意識的感覚は逆向きになり、エントロピーの値が小さいところを「未来」、大きいところを「過去」と見ることになる。そして、変数tをふつうの時間変数を逆にしたものと見るので、エントロピーはわれわれが未来として経験するものに向かって増大していく。この議論からは、エントロピーが変化する物理的向きにかかわりなく、われわれが心理的に経験する時間の経過では常に第二法則が成り立っていることになる。

「時間の経過の経験」にもとづくこうした議論は、きわめて疑わしい。そもそもわれわれは、「意識経験」のための物理的必要条件について、ほとんどなにも知らないのだ。この疑わしさを度外視しても、上の議論は肝心な事実を見落としている。エントロピーの概念の有用性は、われわれの宇宙が熱平衡からほど遠い状態にあるという事実にかかっているため、われわれの日常的な経験にかかわる粗視化領域も、$\mathcal{R}_{max}$に比べて非常に小さいのだ。その上、エントロピーが一様に増大している（または一様に減少している）という事実そのものが、位相空間のなかの時間発展曲線の一端または他端（両端ではない）が非常に小さい粗視化領域に拘束されているという事実にかかっている。これは、考えられる宇宙の歴史のうち、きわめて小さい部分にしか当てはまらない。われわれの時間発展曲線が出会った粗視化領域$\mathcal{B}$が非常に小さいように見えるという事実を説明する必要があるのに、上の議論では、この問題にまったく触れていないのだ。

上の議論との関係で、「第二法則の存在は、生命が存在するための必要条件である」と言われることもある。つまり、第二法則は自然選択などに欠かすことのできない要素であるため、われわれのような生物は、第二法則が成立するような宇宙（あるいは宇宙の一時代）でしか存在できないというのである。これは「人間中心主義的な推論」の一例であり、この問題については第十四章の最後の部分と第十五章でも短く考察する。この手の議論は、ほかの文脈では価値があるかもしれないが、ここではほとんどなんの役にも立たない。また、われわれは意識について理解していないのと同じくらい、生命の物理的必要条件についても理解していないため、このような推論には非常に疑わしいところがある。この点を気にせず、その上、自然選択が生命が存在するための必要条件であり、そのために第二法則が必要であると仮定するとしても、地球上と同じ第二法則が、観測可能な宇宙のあらゆるところで（数十億光年の彼方にあり、地球とはまったく異なる局所的条件にある銀河でも、地球上で生命が誕生するよりはるかに前の時代でも）成り立っているように見える事実を説明することはできない。

もう一つ、心にとめておくべきことがある。第二法則の存在を前提としないなら、あるいは、宇宙がきわめて特殊な初期状態（またはそれと同種の別の状態）から始まったと考えないなら、生命が存在する可能性の低さを理由に、過去に第二法則が成り立っていたことを導くわけにはいかないということだ。第二法則の存在を前提としないなら、自然選択などの「自然」そうな過程から生命が創造される可能性は、構成粒子のランダムな衝突から「奇跡的」に生命が創造される可能性より、はるかに小さいことになってしまう！　これは非常に奇妙に思われるし、直観にも反している。こうなる理由を理解するために、ここで再び、位相空間$\mathcal{P}$のなかの時間発展曲線について考えよう。生命にあふれた現在の地球を粗視化領域$\mathcal{L}$で表し、このような状況に至る可能性が最も高い経路を考えよう。第五章で、どんどん小さくなってゆく粗視化領域……$\mathcal{R}'_3$、$\mathcal{R}'_2$、$\mathcal{R}'_1$、$\mathcal{R}_0$について考察したときと同様に、$\mathcal{L}$に至る可能性が最も高い経路は、……$\mathcal{L}'_3$、$\mathcal{L}'_2$、$\mathcal{L}'_1$、$\mathcal{L}$と、体積が徐々に小さくなる一連の粗視化領域を経由する経路である。この経路は、完全にランダムに見えるやり方で生命が目的論的に組み立てられたとするものであり、実際に起きたこととは食い違っている。これは、第二法則を実証するどころか、第二法則に完全に反している。ゆえに、生命の存在は、それ自体では、第二法則の有効性を裏づけるものではないのだ。

最後に、もう一つ言っておくべきことがある。それは、未来と関係したことだ。私はこれまで、この宇宙で第二法則が成り立っていることも、第二法則が宇宙の初期状態に非常に強い制約を課していることも、「観測からはそう見える」という話にすぎないと述べてきた。また、はるか遠い未来に、初期状態の制約と対になるような制約がないように見えることも、「観測からはそう見える」という話にすぎない。けれども後者は、本当にそうなのだろうか？　われわれは、遠い未来に宇宙がどうなるかを教えてくれるような詳細な直接証拠を手にしていない（われわれが現時点で手にしている証拠については、第十三章、第十四章、第十六章で述べる）。今後、エントロピーが再び減少に向かい、遠い未来に第二法則とは正反対の法則が成り立つようになる可能性を示唆する証拠は、現時点では得られていない。けれども、この宇宙がそのようになる可能性を完全に否定することができるかどうかはわからない。たしかに、ビッグバンから今日までの約1.4×10^{10}年の間に、第二法則の逆転が観測されたことは一度もない。約1.4×10^{10}年というと、十分に長い歳月であるように思われるかもしれないが（第七章参照）、宇宙の残り時間の長さに比べれば無のようなものだ！（これについては第十三章で見ていく）時間発展曲線が小さな領域$\mathcal{F}$のなかで終わるという制約を課された宇宙では、その晩期の時間発展において粒子間の奇妙な相関が始まるはずだ。それはやがて、第五章で考察した自然にもとどおりになる卵のように奇妙な目的論的なふるまいを見せるようになるだろう。

位相空間$\mathcal{P}$のなかの宇宙の時間発展曲線が、ある微小な粗視化領域$\mathcal{B}$で始まり、これとは別の微小な粗視化領域$\mathcal{F}$で終わるという制約を受けることは、力学（たとえばニュートン力学）となんら矛盾していない。$\mathcal{B}$から始まって$\mathcal{F}$で終わる時間発展曲線の数は、$\mathcal{B}$から始まるという制約だけを受ける時間発展曲線の数に比べると、はるかに少ないだろう。われわれの宇宙は、$\mathcal{B}$から始まるという制約だけを受ける時間発展曲線をたどっているように見えるが、その時間発展曲線は、すべての可能性のなかで、ごく小さな割合を占めているにすぎない。さらに、時間発展曲線の両端が非常に狭い領域に拘束されているという状況は、すべての可能性のなかで、いっそう小さな割合しか占めていない。けれども、論理的な状況はどちらもあまり差がないため、時間発展曲線が$\mathcal{B}$から始まって$\mathcal{F}$で終わる可能性を単純に否定するわけにはいかない。そのような時間発展の場合、宇宙の初期段階ではわれわれが知っている宇宙と同じ第二法則が成り立っているが、非常に後期の段階では「逆」第二法則が成り立っていて、エントロピーは時間とともに減少してゆくだろう。

私自身は、遠い未来に第二法則が逆転する可能性はまったくないと考えている。それは、私が本書で提案しようとしていることに関して、特に重要な役割を果たしてはいない。とはいえ、第二法則が逆転する未来は、われわれの経験からするとありえそうにないものの、本質的に不合理なわけではないことは強調しておきたい。われわれは常に開かれた心をもつ必要があり、どんなに風変わりな可能性であっても頭から否定してはならないのだ。本書の第三部で、私はこれとは別の提案をする。そのときもまた、開かれた心をもつことが、私の主張を理解するのに役立つだろう。その仮説は、宇宙に関する驚くべき事実を基礎にしているが、われわれは合理的な確信をもつことができる。第二部では、ビッグバンについて明らかになっていることからお話ししたい。

第二部　ビッグバンの奇妙な特殊性

第七章　膨張する宇宙

さあ、ビッグバンについて考えよう。実際には、どんなことが起きたと考えられているのだろうか？　本当に原初の爆発があり、この宇宙のすべてがそこから生成してきたことを示唆する、明白な観測的証拠があるのだろうか？　第一部で述べたように、このように途方もなく高温で激しい現象が、エントロピーの非常に小さい状態に対応しているとは、いったいどういうことなのだろう？

当初、宇宙が爆発的に始まったと信じるおもな理由は、一九二九年に、アメリカの天文学者エドウィン・ハッブルの正確な観測により、宇宙が膨張していることが明らかになったことだった。しかし、宇宙の膨張を示唆する現象そのものは、それよりも早い一九一七年に、同じくアメリカの天文学者ヴェスト・スライファーによって発見されていた。ハッブルの観測は、遠方の銀河が地球からの距離にほぼ比例した速度で遠ざかっていることを、強い説得力をもって示していた。したがって、時間を巻き戻していくと、銀河がどんどん集まってきて、ついには、ほぼ同じ時刻に宇宙のすべてが同じところにあったことになる。この時刻に起きた巨大な爆発が「ビッグバン」であり、すべての物質の究極的な起源はここにある。ハッブルの結論は、その後の多くの観測や詳細な実験によって、強く裏づけられている。こうした実験や観測のいくつかについては、このあとすぐに紹介

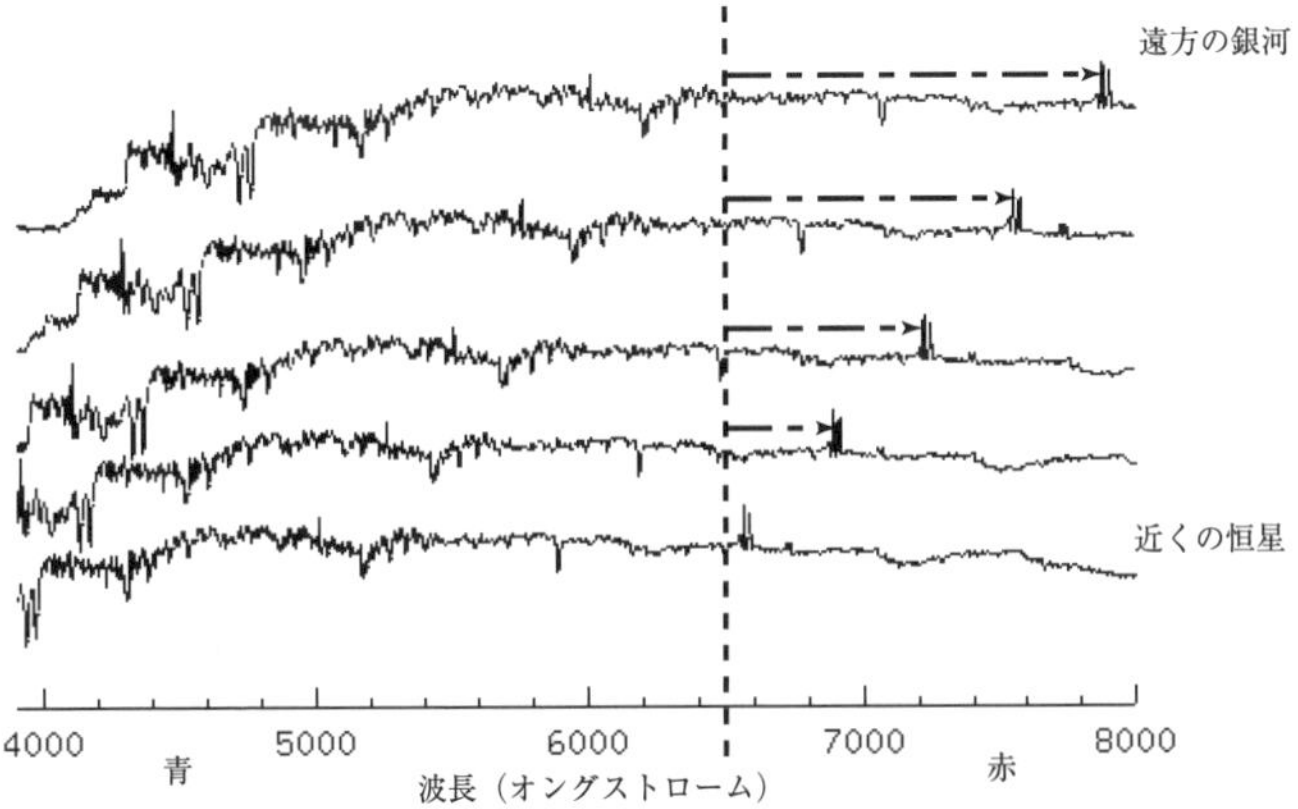

【図 2.1】遠方の銀河からの光を観察するとき、各種の原子に由来するスペクトル線の「赤方偏移」は、ドップラー偏移によって理解できる。

する。

ハッブルに宇宙の膨張を気づかせたのは、遠方の銀河からの光のスペクトル線に見られる赤方偏移だった。「赤方偏移」とは、遠方の銀河からの光のスペクトルにおいて、各種の原子に由来するスペクトル線がわずかに長波長側（すなわち赤の側）にずれていることを言う（図２・１）。これは、「ドップラー偏移」により、高速で遠ざかる観測対象からの光が一様に赤の側にずれていると考えると、うまく説明することができる[1]。遠方にあると思われる銀河ほど赤方偏移は大きく、赤方偏移の大きさと見かけの距離との相関は、「宇宙の膨張は空間的に一様である」というハッブルの見解とよく一致していることもわかった。

その後、観測技術と観測データの解釈が多くの点で改良された。ハッブルの当初の見解は基本的に裏づけられたが、それだけにはとどまらなかった。近年の研究から、宇宙の膨張率が時間とともに変化してきた様子も詳細に解明され、現在では、一つのイメージが広く受け入れられている（ただし、細かい点については、まだいくつかの注目すべき反対意見がある[2]。たとえば、宇宙の物質のすべてが出発点にあった瞬間が約一三七億年前であったことは、かなり確実で、広く受け入れられている。それが「ビッグバン」の瞬間である[3]。

ビッグバンが宇宙空間のどこかの局所的な領域で起きたと考えてはならない。宇宙論研究者は、アインシュタインの一般相対論にしたがい、ビッグバンは宇宙の空間的な広がりの全体で起きたのであり、宇宙にある物質だけでなく、宇宙の物理的空間のすべてがこれに含まれているという見解をとっている。それゆえ、ビッグバンが起きたときには、空間そのものが、ある意味、非常に小さかったと考えられる。こうした話を理解するのは容易ではなく、十分に理解するためには、曲がった時空に関するアインシュタインの一般相対論を、ある程度理解している必要がある。第八章では、アインシュタインの理論に本格的に取り組むことになるが、今のところは、よく使われる風船の比喩で満足しておこう。風船を膨らませると、時間とともに、その表面は大きくなる。同様に、膨張する宇宙も、時間とともに大きくなってゆく。しかし、宇宙が膨張するときには空間全体が膨張するので、膨張の中心となる点は存在しない。もちろん、三次元空間のなかで風船を膨らませる場合、その内部には風船の表面に対して中心となる点がある。けれどもこの点自体は、風船の表面（すなわち、宇宙の空間構造の全体）の一部にはなっていない。

観測により、現実の宇宙の膨張には時間依存性があることが明らかになっており、アインシュタインの一般相対論の方程式と実によく一致している。けれどもそれは、二つの想定外の要素を組み込んだ場合にかぎっての話であるようだ。これらの要素は、「ダークマター（暗黒物質）」と「ダークエネルギー（暗黒エネルギー）」という、いささか的外れな名前で呼ばれていて[4]、私があとで提案する体系にとって非常に重要なものである（第十三章、第十四章参照）。ダークマターとダークエネルギーは、現代宇宙論の標準理論の一部になっているが、どちらも、すべての専門家が完全に受け入れているわけではない[5]。ちなみに私は、宇宙にある物質の七〇%を占めているという、目に見えず、その性質もほとんどわからない物質（ダークマター）の存在も、アインシュタインの一般相対論の方程式を、彼自身が一九一七年に提案したがのちに撤回した、小さな正の値をとる宇宙定数Λ《ラムダ》（これがダークエネルギーにあたると考えられている）を含む形に修正することも、喜んで受け入れる。

一つ、言っておかなければならないことがある。アインシュタインの一般相対論は（小さいΛがあるにせよ、ないにせよ）、太陽系のスケールでは、すでに非常によく検証されている。すっかり普及している便利なGPSでさえ、その驚くべき高精度を実現するために一般相対論を利用している。もっと印象的なのは、一般相対論を用いて連星パルサー[6]のふるまいを表すモデルの精度の高さで、誤差はわずか10^{14}分の1程度である（四〇年ほど前から観測されている連星パルサーPSR-1913+16の電波信号のタイミングについて言えば、そのモデルの誤差は一年につき約10^{6}分の1秒である）。

アインシュタインの理論にもとづく宇宙モデルは、一九二二年と一九二四年に、ソ連の数学者アレクサンドル・フリードマンによって初めて提案された。図2・2は、このモデルによる時空の歴史を大雑把に描いたものである。ここでは、Λ＝0として、宇宙の空間の曲率がプラス、ゼロ、マイナスの三つの場合の時間発展を示した[7]。なお、私が時空図を描くときには、垂直方向で時間発展を示し、水平方向で空間を示すことが多い。この三つの場合のいずれにおいても、宇宙の幾何学の空間部分は完全に一様（すなわち、一様かつ等方）であると仮定する。このタイプの対称性をもつ宇宙モデルは、フリードマン＝ルメートル＝ロバートソン＝ウォーカー・モデル（頭文字をとって

FLRWモデル）と呼ばれる。オリジナルのフリードマン・モデルは、圧力がゼロの流体（いわゆる「ダスト」）[8]について記述する、特殊なものである（第十章も参照されたい）。

本質的には、考える必要のある空間構造は、空間の曲率がプラス（$K>0$）、ゼロ（$K=0$）、マイナス（$K<0$）の場合の三種類しかない。$K>0$の場合、空間構造は球の表面（さきほど考えた風船のようなもの）を三次元に拡張したものとなる。$K=0$の場合、空間は平面で、空間構造はおなじみのユークリッドの三次元幾何学である。$K<0$の場合は、双曲空間の三次元幾何学だ。オランダの画家マウリッツ・C・エッシャーは、この三種類の幾何学を、図2・3のような天使と悪魔のモザイクとして美しく表現した。なお、これらが表現しているのは二次元空間の幾何学であるが、この三種類すべての幾何学に対応するものが三次元空間にも存在していることに注意されたい。

この三種類のモデルは、いずれも「ビッグバン」という特異状態から始まっている。ここで「特異」とは、物質の密度と時空の曲率が、この初期状態において無限大になることを意味している。そのため、アインシュタイン方程式（と、われわれが知っている物理学の全体）が、この特異点で破綻する（これに関して、第十四章と補遺B10を参照されたい）。三種類のモデルの時間的なふるまいが、その空間的なふるまいをよく反映している点に注意してほしい。図2・3（a）のように空間的に有限な場合（$K>0$）は、時間的にも有限であり、最初にビッグバンの特異点があるだけでなく、「ビッグクランチ」[9]と呼ばれる最後の特異点もある。図2・3（b）と（c）のように空間的に無限な場合（$K\leq 0$）は、時間的にも無限であり、その膨張は無限に続く。

一九九八年頃から、ソール・パールミュッターが率いる観測チームと、ブライアン・P・シュミットが率いる別の観測チームが、非常に遠方の超新星爆発に関するデータの分析を始めて[10]、ビッグ

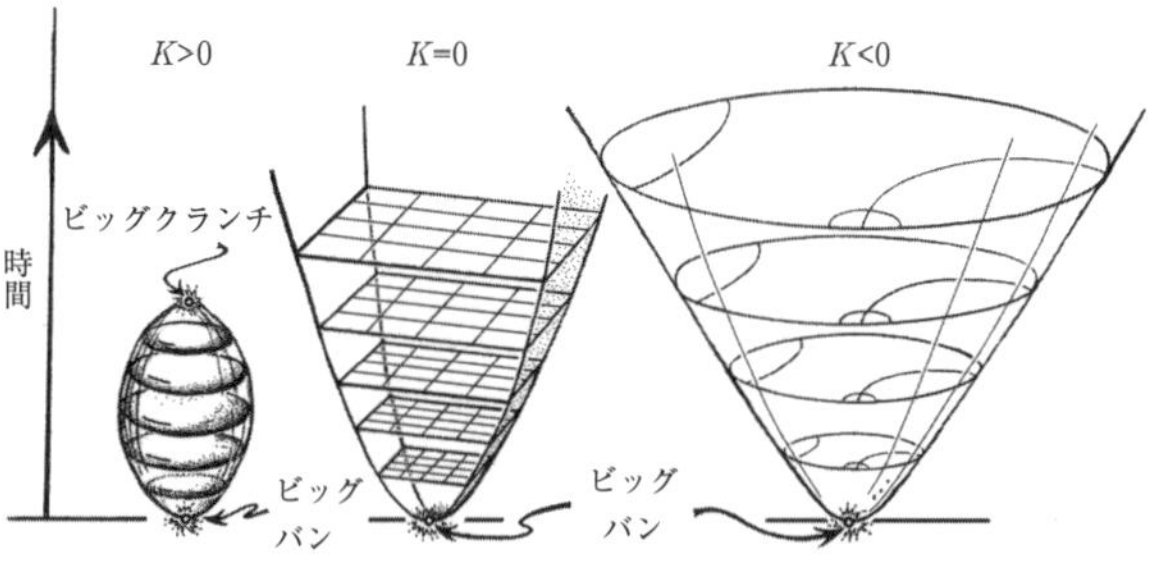

【図 2.2】フリードマンの宇宙モデルにおける時空の歴史。左から順に、宇宙の空間の曲率がプラス（$K>0$）、ゼロ（$K=0$）、マイナス（$K<0$）の場合。

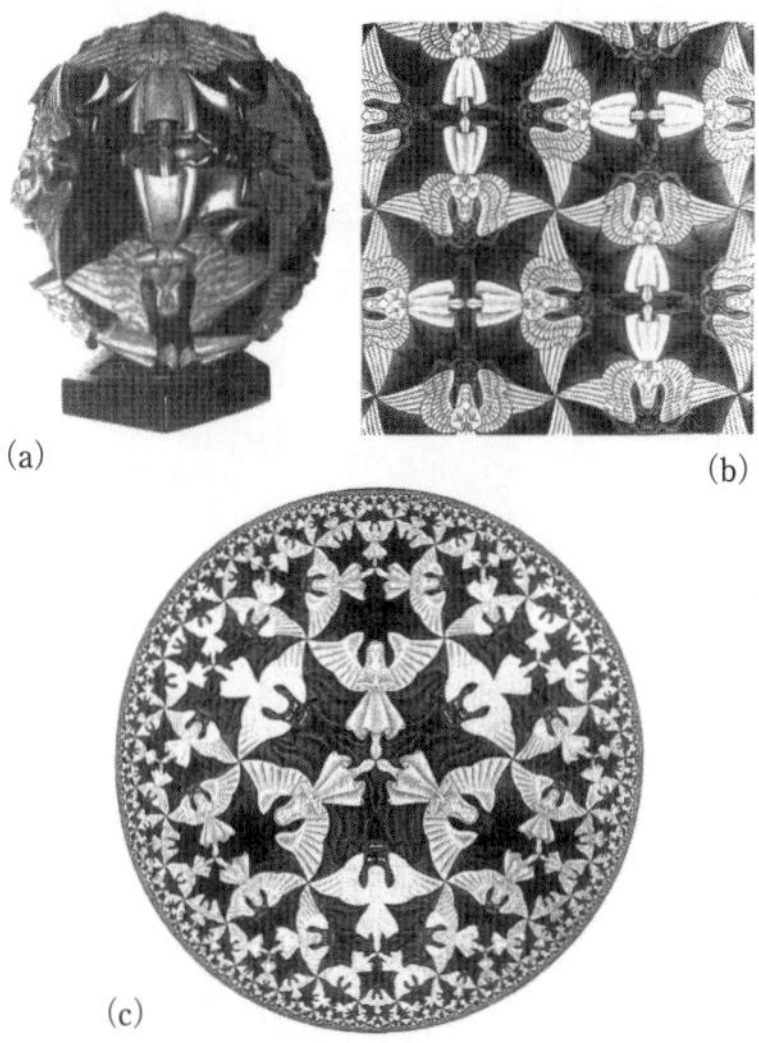

【図 2.3】マウリッツ・C・エッシャーが描いた3種類の基本的な一様平面の幾何学。(a) 楕円幾何学（空間の曲率がプラス、$K>0$）、(b) ユークリッド幾何学（空間の曲率がゼロ、$K=0$）、(c) 双曲幾何学（空間の曲率がマイナス、$K<0$）。Copyright M.C.Escher Company(2004)

バン後の宇宙の実際の膨張率が、図2・2に示した標準的なフリードマン宇宙論から予想される膨張率と一致していないことを強く示唆する証拠を積み上げていった。われわれの宇宙は加速的な膨張を開始し、そのペースは、アインシュタイン方程式に小さな正の値をもつ宇宙定数Λを付け加えることで説明できるように思われた。パールミュッターやシュミットの観測と、その後の各種の観測から、[11] $\Lambda > 0$のフリードマン宇宙に特有の指数関数的膨張の始まりにつき、かなり説得力ある証拠が得られている。この指数関数的膨張は、$K \leq 0$の場合だけに起こるものではなく（$K \leq 0$の場合は、たとえ$\Lambda = 0$であっても、遠い未来には必ず無限に膨張する）、空間的に閉じている$K > 0$の場合にも、Λが十分に大きく、閉じたフリードマン宇宙がもつ収縮に転じる傾向に打ち勝つほどであれば、指数関数的な膨張が起こる。観測により得られた証拠は、十分に大きい値のΛがあることを示唆しているため、Kの値（符号）は膨張率とはほとんど関係ない。ここで、アインシュタイン方程式に含まれているように見えるΛの（正の）値が、ビッグバン後の宇宙のふるまいを決定し、観測的に受け入れられる範囲内でKの値の指数関数的膨張を与える。それゆえ、われわれの宇宙の膨張率はだいたい図2・4の曲線のようになり、時空のイメージは図2・5のようになる。

だからここでは、宇宙の空間構造の三つの可能性の違いについて、あまり気にしないことにしたい。実際、現在行われている観測は、宇宙の全体的な空間構造が$K = 0$の平坦な場合にかなり近いことを示唆している。ある意味、これは残念な結果である。なぜならそれは、宇宙全体の空間構造が本当のところどうなっているのか（たとえば、宇宙は空間的に閉じていることになるのか、それとも、空間的に無限という可能性もあるのかなど）という疑問に対する答えを、われわれが本当にはわかっていないと教えているからだ。その逆を信じる強い理論的根拠がないため、宇宙全体の曲率がわずかに正か負である可能性が常に残ってしまうからである。

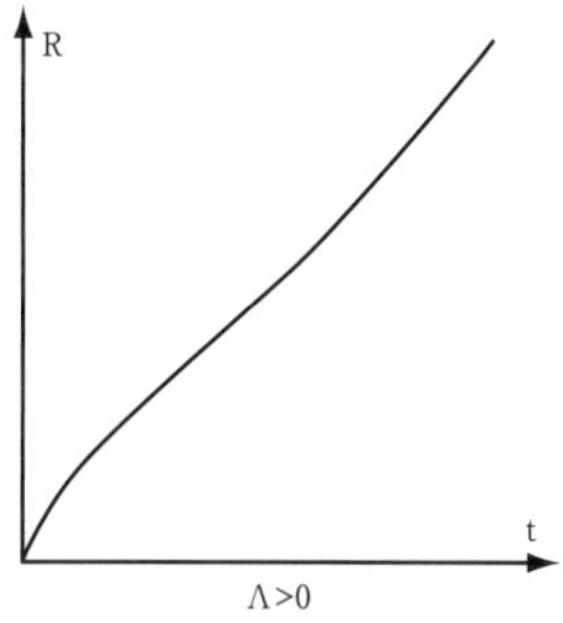

【図 2.4】Λ >0 の場合の宇宙の膨張率。指数関数的に膨張するようになる。

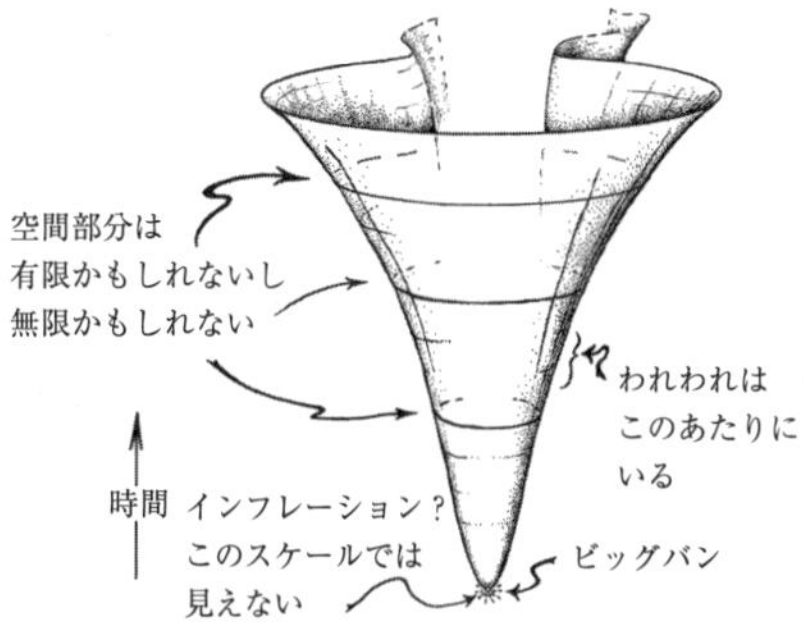

【図 2.5】宇宙の時空の膨張。Λが正の数の場合（Kの値に影響されないことを示す形に描かれている）。

その一方で、多くの宇宙論研究者は、宇宙のインフレーション理論による視点が、宇宙空間の構造が（比較的小さな局所的なずれを除いて）平坦である（$K=0$）と信じる強い根拠となると考えている。だから彼らは、観測結果が平坦に近いことを喜んでいる。インフレーション理論では、宇宙はビッグバンの10^{-36}秒後から10^{-32}秒後までの非常に短い時間に指数関数的に膨張し、その寸法は10^{30}あるいは10^{60}（もしかすると10^{100}）倍も大きくなったとされている。インフレーション理論についてはあとでもっと詳しくお話しすることにして（第十二章参照）、ここでは、今日の宇宙論研究者のほぼ全員に受け入れられているこの仮説を、私自身はあまり支持していないとだけ言っておこう。

いずれにせよ、宇宙の歴史の初期にインフレーション段階があったとしても、図2・2や図2・5の宇宙の形に影響を及ぼすことはない。なぜなら、インフレーションの影響が現れるのは、ビッグバン直後の非常に早い段階だけであり、図2・2や図2・5のようなスケールでは目に見えないからだ。私があとで提案する仮説は、現在の通説になっている宇宙論の体系のなかでインフレーションによって説明されている現象を、インフレーションの概念に頼らずにうまく説明できると思う（第十七章参照）。

私が図2・3（c）の絵を紹介した理由はもう一つある。ここには、あとでわれわれにとって非常に重要になることが描かれているのだ。エッシャーによるこの美しい版画は、イタリアの天才幾何学者エウジェニオ・ベルトラミ[12]が一八六八年に提案したいくつかの双曲平面の表現の一つを基礎にしている。その約一四年後、フランスの著名な数学者アンリ・ポアンカレによって同じ表現が再発見されたため、この表現は彼の名前で呼ばれることの方が多くなっている。用語の混乱を避けるため、本書では単に、双曲平面の共形表現と呼ぶことにする。「共形」とは、この幾何学の角度が、それが描かれたユークリッド表面において正確に表現されていることを意味する。共形幾何学の概念については、第九章でもう少し詳しく説明する。

図に表現されている双曲幾何学によれば、描かれたすべての悪魔が互いに合同であり、また、すべての天使が互いに合同であることになる。背景のユークリッド幾何学の「ものさし」にしたがい、円の境界に近いところを見れば見るほど、悪魔のサイズは明らかに小さく表現されているが、どんなに境界に近いところを見ても、角度あるいは無限小の形の表現は正確なままである。円形の境界そのものが、この幾何学の無限性を表現している。私がここで読者諸氏に見ていただきたいのは、この無限の共形表現がなめらかで有限の境界になるということだ。これはまた、後述の概念において中心的な役割を果たすことになる（特に第十一章と第十四章）。

第八章　遍在する宇宙マイクロ波背景放射

一九五〇年代には、定常宇宙論という宇宙モデルが人気だった。このモデルは一九四八年にトーマス・ゴールドとヘルマン・ボンディによって初めて提案され、その後、ケンブリッジ大学にいたフレッド・ホイルによって練り上げられた[13]。定常宇宙論は、宇宙全体で、非常にゆっくりしたペースで、コンスタントに物質が生成することを要請する。物質は水素原子（真空から生成し、1個の陽子と1個の電子からなっている）の形で生成するが、生成ペースは非常に遅く、一〇億年間に一立方メートルあたり約一個の水素原子が生成するだけでよい。宇宙の膨張による物質密度の低下を補うには、この生成ペースでちょうどよいのである。

多くの点で、定常宇宙論は哲学的に魅力があり、審美的に快い。定常宇宙では、時間や空間の始まりを考える必要がないし、その性質の多くは自己増殖性の要請から演繹できるからである。私が若き大学院生としてケンブリッジ大学に入学したのは、定常宇宙論が提唱されてから間もない一九五二年のことだった。私は純粋数学の研究をしていたが、物理学と宇宙論にも強い興味をもっていた[14]。一九五六年、私は研究員としてケンブリッジ大学に戻ってきた。同大学に在籍している間に、私は定常宇宙論の三人の提唱者の全員と知り合いになり、このモデルを魅力的だと思い、その議論には十分な説得力があると考えるようになった。しかし、私がそこを去る頃には、同じくケンブリッジ大学に所属していた（サー・）マーティン・ライルがマラード電波天文台で行っていた遠方の銀河の詳細な観測から、定常宇宙論を否定する明白な証拠が提出されるようになっていた。[15]

定常宇宙論の息の根を止めたのは、一九六四年に、アメリカのアーノ・ペンジアスとロバート・W・ウィルソンが、宇宙のあらゆる方向からマイクロ波と呼ばれる波長の電波が来ていることを偶然観測したことだった。実は、そのような放射の存在は、ジョージ・ガモフにより一九四〇年代後半に予言されていた。ガモフと同じ頃、ロバート・ディッケも、古いタイプの「ビッグバン理論」にもとづいて、「ビッグバンの閃光」とも言える放射が現在でも観測できると主張した。彼は、ビッグバンのあとに宇宙が膨張したため閃光は大きく赤方偏移し、観測される放射の温度は四〇〇〇Kから数Kまで下がっているはずであるとした。[16]ペンジアスとウィルソンは、自分たちが観測している放射が本物で（その温度は約二・七二五Kだった）、深宇宙から来ていることを確信できてから、ディッケに連絡をとった。ディッケはすぐに、二人が観測した不思議な電波は自分とガモフが以前予言した放射であると指摘した。この放射は、「残留放射」や「３K背景放射」などのさまざまな名前で呼ばれたが、現在では「宇宙マイクロ波背景放射（cosmic microwave background：CMB）」と呼ばれている。[17]一九七八年、ペンジアスとウィルソンは、宇宙マイクロ波背景放射の発見によりノーベル物理学賞を授与された。

ところで、われわれが見ている宇宙マイクロ波背景放射の光子は、ビッグバン自体から来ているわけではない。これらの光子は、ビッグバンから三七万九〇〇〇年後、宇宙の大きさが現在の約三万六〇〇〇分の一であった時代の「最終散乱面」から来たものだ。それ以前の高温の宇宙は、電磁放射に対して不透明だった。物質は、膨大な数の荷電粒子（おもに陽子と電子）がてんでに高速で運動する「プラズマ」と呼ばれる状態にあり、光子は、このプラズマのなかで幾度となく散乱され、吸収され、新たに生成していて、まっすぐ進むどころではなかった。この霧のかかったような状況は、宇宙が十分に冷えて「脱結合」が起き（最終散乱はこのときに起きた）、透明になったことで終わった。宇宙の温度が下がると、ばらばらに動きまわっていた電子と陽子が結合して、水素をはじめとする数種類の原子を形成する（ここで形成された原子の二三％はヘリウムだった。ヘリウムの原子核はα粒子と呼ばれ、宇宙が誕生して最初の数分間で形成された）。物質が電気的に中性な原子になると、光子は物質に邪魔されずに進めるようになり（脱結合）、われわれが現在宇宙マイクロ波背景放射として観測している放射になったのだ。

一九六〇年代に宇宙マイクロ波背景放射が初めて観測されて以来、宇宙マイクロ波背景放射の性質と分布に関するよりよいデータを求めて、多くの観測が行われてきた。収集されたデータの量と詳細さは、宇宙論という学問の性質を一変させるほどだった。かつての宇宙論は、非常に少ないデータにもとづいて、多くの推論を重ねてゆく学問だった。これに対して、今日の宇宙論は、推論の部分はまだ多いものの、詳細なデータが膨大にあり、これにもとづいて推論を調節できる精密科学へと変容している！　特に注目すべき観測は、一九八九年十一月にＮＡＳＡによって打ち上げられたＣＯＢＥ《コービー》という人工衛星によるものである。その驚くべき観測は、ジョージ・スムートとジョン・メイザーに二〇〇六年のノーベル物理学賞をもたらした。

ＣＯＢＥ衛星は、宇宙マイクロ波背景放射に関して、二つの顕著で重要な特徴を明らかにした。私は、この二つの特徴の両方に注目したい。第一の特徴は、観測された宇宙マイクロ波背景放射の周波数スペクトルが、いわゆる「黒体放射」のスペクトルとよく一致していることである（ちなみに、一九〇〇年にマックス・プランクが黒体放射のスペクトルを説明する理論を発見したことが、

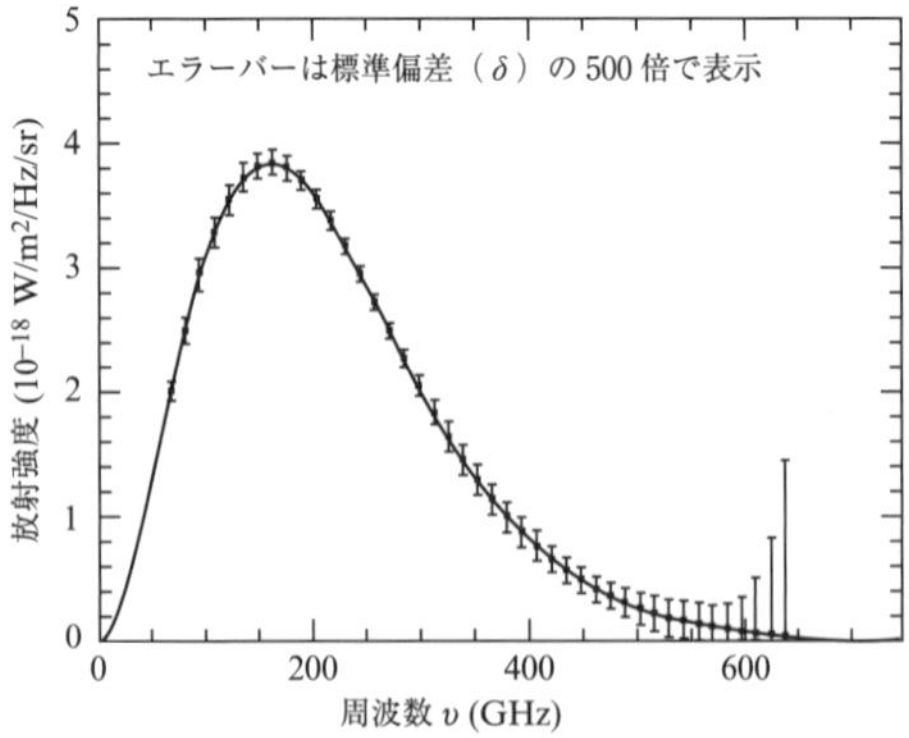

【図 2.6】COBE 衛星によって最初に観測された宇宙マイクロ波背景放射の周波数スペクトルを、その後のより精度の高い観測結果で補ったもの。エラーバーが実際の 500 倍の大きさに強調して描かれていることを考えれば、プランクの黒体曲線とぴったり一致していると言ってよい。

量子力学の出発点となった）。第二の特徴は、宇宙マイクロ波背景放射が全天できわめて一様であることだ。この二つの事実はそれぞれ、ビッグバンの性質と、第二法則との興味深い関係について、非常に根本的なことを教えてくれている。現代宇宙論は、基本的にもっと先に行ってしまっているので、宇宙マイクロ波背景放射の一様性からのごくわずかなずれの方に注目が集まっている。こうした点については後述することにして（第十八章参照）、ここでは、われわれにとって非常に重要な二つの明白な事実についてお話ししよう。

図2・6のグラフは、宇宙マイクロ波背景放射の周波数スペクトルを示している。基本的には、COBE衛星が最初に測定したスペクトルと同じだが、その後の観測により、もっと精度が上がっている。グラフの縦軸は放射の強度、横軸は周波数で、さまざまな周波数での放射の強度を表している。グラフの曲線はプランクの「黒体曲線」であり、プランクの式によって与えられる。[18] 量子力学ではこれを、任意の温度Tで熱平衡にある放射

のスペクトルと呼んでいる。黒体曲線に重なっている何本もの短い縦線はエラーバーで、測定された放射強度の誤差の範囲を示している。このグラフのエラーバーは五〇〇倍の大きさに強調して描かれていて、本当の測定点は、このグラフで見るよりずっとプランクの黒体曲線に近いことに注意されたい。実際、あまりにも近いため、人間の目で見ると、最も大きい右端のエラーバーでさえ、黒体曲線のインクの幅の範囲におさまってしまうほどなのだ！　観測科学の世界では、観測される放射強度のスペクトルとプランク曲線の理論値が最もよく一致しているのが宇宙マイクロ波背景放射だと言われている。

宇宙マイクロ波背景放射の観測値とプランクの黒体曲線の一致から、なにがわかるのだろうか？　それは、われわれが見ている宇宙マイクロ波背景放射が、ほとんど熱平衡と言ってよい状態から来ていると告げているように思われる。ここで言う「熱平衡」とは、実際にはなにを意味しているのだろうか？　図1・15をもう一度見てほしい。位相空間で群を抜いて大きい粗視化領域に「熱平衡」と書いてある。この領域は、エントロピーが最大になる領域でもある。しかし、第六章の考察からどのような結論に至ったかを思い出してほしい。それによると、第二法則は、「宇宙の初期状態（われわれはそれがビッグバンであったと考える）は、エントロピーが途方もなく小さい（マクロな）状態である」という事実のみによって説明できるはずだった。ところがわれわれは、これとは正反対に、エントロピーが最大の（マクロな）状態を見いだしてしまったらしいのだ！

ここで一つ、言っておきたいことがある。それは、宇宙は膨張しているため、われわれが見ているものが「平衡」状態であるわけがないという事実である。ここで起きているのは、エントロピーの大きさが変わらない、可逆的な「断熱」膨張だ。初期宇宙の膨張においてこの種の「熱的状態」が保存されているという事実は、一九三四年にR・C・トールマンによって指摘された[19]。トールマ

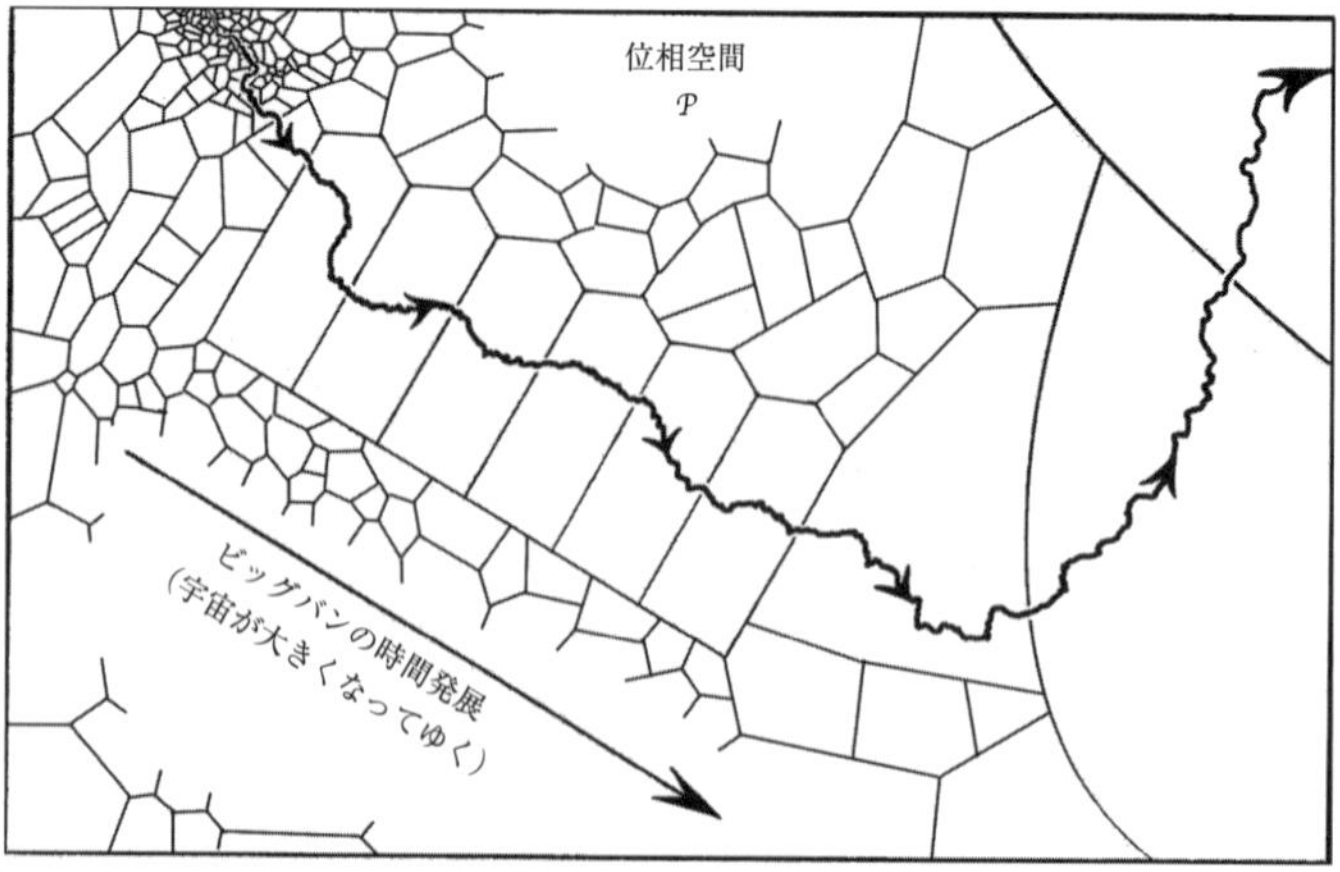

【図 2.7】宇宙の断熱膨張の時間発展は、体積が最大の粗視化領域から、また同じ体積の粗視化領域へ、さらに同じ体積の粗視化領域へと進んでゆく。

ンの宇宙論への貢献については、第十五章でも見ていくことになる。このときの位相空間のイメージは、図1・15よりは図2・7に近く、膨張過程の時間発展は、体積が最大の粗視化領域から、また同じ体積の粗視化領域へ、さらに同じ体積の粗視化領域へと進んでゆく。この意味で、宇宙の膨張は、ある種の熱平衡として見ることができるのだ。

そうすると、われわれはまだエントロピーが最大の状態を見ているようだ。しかし、これまでの議論のどこかがひどく間違っているように思われる。宇宙の観測から思いがけない事実がもたらされたということですらないようだ。全然違う。ある意味、観測結果は予想と非常によく一致しているのだ。実際にビッグバンがあったとし、この初期状態が一般相対論的宇宙論の標準的なイメージに合致しているなら、宇宙の始まりには非常に高温で一様な熱的状態があったと予想されるのだ。この難問の解決の糸口はどこにあるのだろうか？皆さんは意外に思われるかもしれないが、この問題は、「われわれの宇宙が相対論的宇宙論の標準的なイメージに合致している」という仮定と関係しているのだ！　われわれがなにを見落としたのかを理解するには、この仮定を慎重に検証する必要がある。

まずは、アインシュタインの一般相対論がどのようなものであったかを思い出そう。一言で言えば、それは途方もなく正確な重力理論である。この理論では、重力場は時空の曲率によって記述される。この理論についてはあとでたっぷり説明しなければならないが、ここでは、アインシュタインの理論より古いが、すばらしく正確な理論であるニュートンの重力理論に沿って考察を進め、それが第二法則（もちろん、ニュートンの第二法則ではなく、熱力学の第二法則だ！）とどのように調和しているかを大雑把に理解しよう。

第二法則について考察する際には、箱のなかに密封されたガスを例にとることが多いので、われわれもこの例にしたがうことにしよう。想像してほしい。箱の一画に小さな区画があり、ガスは当初、この区画のなかにある。仕切りが開き、ガスは箱のなかを自由に動けるようになる。解き放たれたガスは速やかに広がり、箱のなかに一様に分布するようになる。第二法則にしたがい、エントロピーは、この過程を通じて増大していく。ゆえに、すべてのガスが小さな区画に閉じ込められているときよりも、ガスが一様に分布しているマクロな状態のときのほうが、エントロピーははるかに大きい。図2・8（a）を参照されたい。今度は、銀河サイズの箱を考え、この箱のなかを、ガス分子ではなく恒星が動きまわっていると想像してみてほしい。この状況は、さきほどのガスの例と似ているが、違っている点もある。違いは、スケールだけではない。むしろここでは、サイズは関係ないものとしたい。重要なのは、常に重力が働いているため、星々が互いに引きつけ合っているという事実である。最初のうち、銀河サイズの箱のなかで、恒星はきわめて一様に分布している

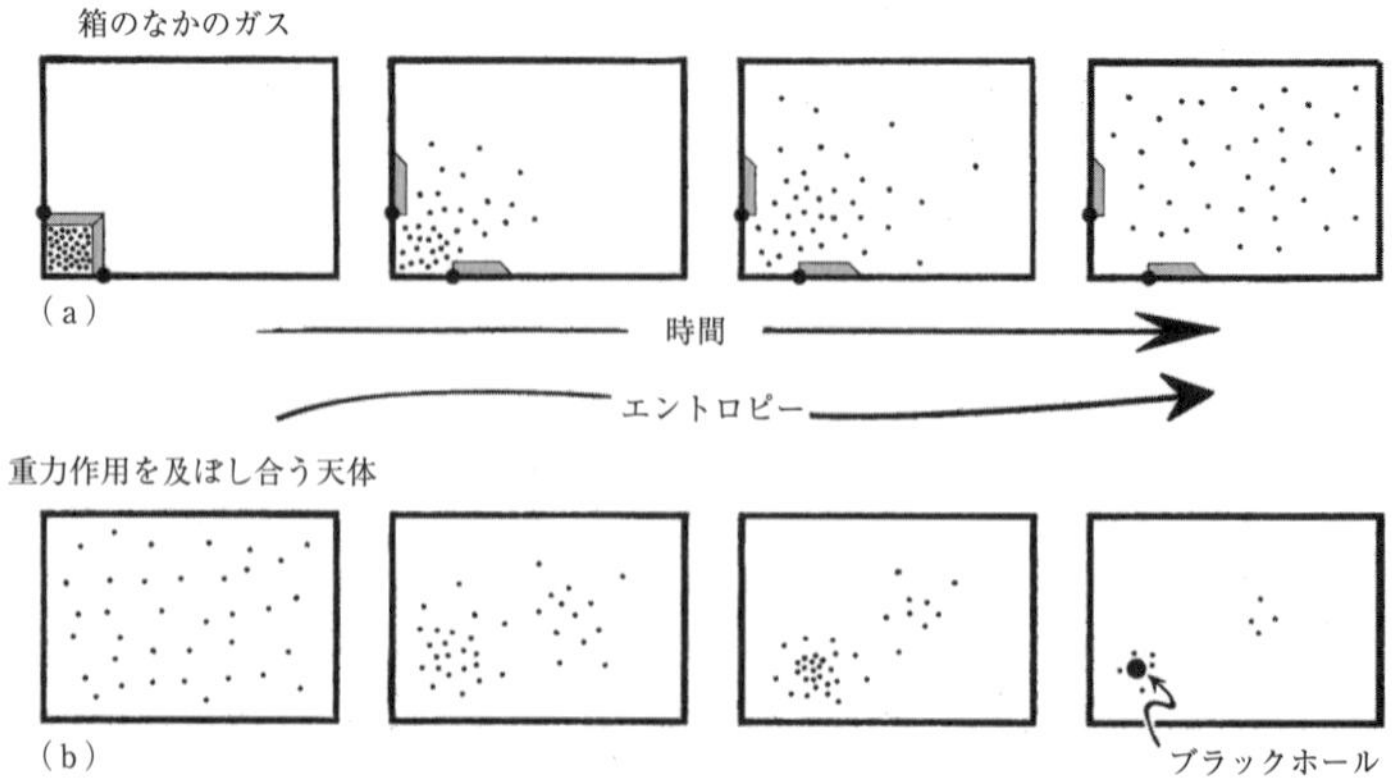

【図2.8】(a) 箱の一画に小さな区画があり、ガスは当初、この区画のなかにある。仕切りが開き、解き放たれたガスは箱のなかに一様に分布するようになる。(b) 銀河サイズの箱のなかで、恒星は当初、きわめて一様に分布している。時間の経過とともに、星々は集合していく。この場合、恒星が一様に分布している状態は、エントロピーが最大の状態ではない。

と想像してみよう。時間の経過とともに、星々が集団を形成する傾向が見えてくる(その上、一般的には、恒星どうしが近づくほど、その動きは速くなる)。つまりこの例では、恒星が一様に分布している状態はエントロピーが最大になる状態ではなく、恒星の分布が偏ってくるにつれてエントロピーが増大するのだ。図2・8(b)を参照されたい。

ここで、エントロピーが最大になった熱平衡に相当する状態とは、どんな状態なのだろう? この問題は、ニュートン力学の枠組のなかでは適切に扱えないことがわかっている。多数の質点からなる系を考えてみよう。質点はそれぞれ運動しているが、ニュートンの逆二乗則にしたがって、互いに引き合う。やがて、いくつかの質点が徐々に近づき、それとともに速度を増してゆく。質点の密集の度合いにも運動の速度にも上限はないので、「熱平衡」の状態は存在しないことになる。この状況は、アインシュタインの理論を用いると、ずっとうまく扱える。アインシュタインの理論では、密集の度合いには上限があり、質点がある程度まで集合するとブラックホールになるからだ。

ブラックホールについては第十章でもっと詳しく説明する。そこでは、ブラックホールの形成がエントロピーを途方もなく大きくすることを知るだろう。われわれの銀河系の中心部には、太陽の約四〇〇万倍もの質量をもつブラックホールが存在している。今日の宇宙のエントロピーに圧倒的に大きな寄与をしているのは、こうした巨大なブラックホールだ。かつては、宇宙マイクロ波背景放射のエントロピーが宇宙のエントロピーの大半を占めていたが、現在では、ブラックホールのエントロピーの合計のほうが格段に大きくなっている。宇宙のエントロピーは、宇宙マイクロ波背景放射ができた時代に比べて格段に大きくなっている。その原因が、重力凝縮なのである。

これは、宇宙マイクロ波背景放射の温度が全天でほとんど一様であるという上述の第二の特徴と関係している。どのくらい一様に近いのだろうか？　地球は宇宙全体の質量分布に対して厳密に静止しているわけではないため、ドップラー偏移に帰因する、わずかな温度のばらつきがある。地球の運動にはさまざまな要素があり、地球が太陽のまわりを周回する運動や、太陽が銀河系のなかで周回する運動や、銀河系が近傍の質量分布から受ける局所的な重力作用による運動などがある。これらのすべてが一緒になって、地球の「固有運動」を作り出している。この固有運動のため、地球が進んでゆく方向の空の宇宙マイクロ波背景放射の見かけの温度はわずかに高くなり[20]、地球が遠ざかってゆく方向の空の温度はわずかに低くなる。全天のわずかな温度変化のパターンも、容易に計算することができる。これを補正すると、宇宙マイクロ波背景放射の温度が全天で見事に一様で、一様性からのずれは10^{-5}のオーダーであることがわかる。

つまり宇宙は、少なくとも最終散乱面では、図2・8（a）のいちばん右の絵や図2・8（b）

のいちばん左の絵のように、きわめて一様であったのだ。そうであるなら、重力の影響を無視できるかぎり、最終散乱のときの宇宙にある物質のエントロピーは、その時点でとりうる値としては最大であったと仮定するのが合理的だ。重力の影響は、あったとしても小さかったはずだ。なぜなら、このときの宇宙の物質分布は一様だったからである。しかし、のちに重力の影響が出てきたときにエントロピーが途方もなく増大する可能性を付与したのも、この物質分布の一様性だった。そのため、重力の自由度を考慮することにすると、ビッグバンのエントロピーの理解は、がらりと違ったものになる。初期状態における重力の自由度が非常に強く抑制されていたことは、われわれの宇宙の空間がきわめて一様かつ等方に近かったという仮定に含意されているのだ（この仮定はＦＬＲＷ宇宙論の基礎、特に、第七章で論じたフリードマン・モデルの核心となるもので、「宇宙原理」と呼ばれることがある）[21]。初期宇宙の空間の一様性は、宇宙の初期のエントロピーが途方もなく小さかったことを表している。

宇宙論的一様性が、おなじみの第二法則と、いったいどんな関係にあるというのだろう？　これは当然の疑問である。第二法則は、われわれがよく知る世界の小さな物理的挙動のすみずみまで浸透しているように思われる。第二法則の一般的な例のうち、初期の宇宙で重力の自由度が抑制されたという事実となんの関係もなさそうなものは、いくつでも挙げられそうだ。けれども本当に関連はあるのだ。そして、第二法則の一般的な例をさかのぼって初期の宇宙の一様性に到ることは、それほど難しくない。

第一章の卵の例で考えよう。卵はテーブルの端のぎりぎりのところにあり、今にも落下して床に当たって割れそうだ（図1・1参照）。卵がひび一つない形でテーブルの端に載っているというエントロピーの非常に低い状態から出発したと仮定する覚悟があるなら、これがテーブルから転がり落ちて粉々になるというエントロピー増大過程が実現する確率は圧倒的に高い。第二法則の謎は、ここからエントロピーが増大していくことではなく、卵がテーブルの上に載っていたこと自体にある。卵は、どのような経緯で、エントロピーが非常に低いこの状態に至ったのだろう？　第二法則はわれわれに、このありえそうにない状態は、それより前の、さらにありえそうにない一連の状態を経て実現したにちがいないと教えている。系の時間をさかのぼっていけばいくほど、状態はありえそうにないものになっていく。

説明すべきことは基本的に二つある。一つは、卵はどのようにしてテーブルの上に載ったのかということだ。もう一つは、卵はどのようにしてエントロピーの低い構造をもつに至ったのかということだ。これがニワトリの卵だとすれば、その成分はヒヨコの成長に適した栄養の完璧な組み合わせになっているはずだが、どうしてそうなったのだろう？

簡単そうなところから順番に考えていこう。まずは、卵はどのようにしてテーブルの上に載ったのかという問題だ。この問題に対しては、誰かが卵をもってきてそこに置いたという答えが考えられる。軽率な行いではあるが、人間が介入している可能性は高い。活動する人間が、高度に秩序立った構造をたくさんもっているのは明らかであり、そのエントロピーは低いと言える。酸素を含む大気のなかに健康な人間がいるという系は、かなり大きな「低エントロピー」源である。この人が卵をテーブルの上に載せたとき、系の低エントロピーは、ごくわずかしか失われない。卵そのものの状況も、これによく似ている。卵も高度に秩序立った構造をもち、そのなかで形成されてくる胎児の成長を支える完璧なしくみを備えている。卵は、地球上の生命を存続させる壮大な機構の一部でもある。地球上に分布するすべての生命を支えるためには、奥深くて繊細な秩序を維持する必要があり、エントロピーを非常に低く保つこともこれに含まれている。これを詳細に見ていくと、途方もなく複雑で、相互に連結された構造があることがわかる。この構造は、生物学の基本法則である自然選択や、各種のこまごました化学法則に合わせて進化してきた。

「生物学や化学のそうした法則が、初期宇宙の一様性となんの関係があるのか？」と思われるかもしれない。生物は複雑だが、だからといって、系全体が一般的な物理法則（たとえばエネルギー保存の法則）に反することを許容されるわけではないし、第二法則が課す制約から逃れられるわけでもない。地球上で暮らしている生物のほとんどすべてが、強力な低エントロピー源である太陽に依存しているため、太陽が突然なくなってしまったら、生物の構造はたちどころに崩壊してしまうだろう[22]。

地球にとって、太陽は外部にあるエネルギー源であると言われることが多いが、これは完全に正しいわけではない。なぜなら、地球が太陽から受け取るエネルギーは、地球が宇宙空間に放出するエネルギーにほとんど等しいからである[23]！　そうでなければ、地球はどんどん熱せられ、最終的には平衡状態に達してしまうだろう。生命が存続できるのは、真っ暗な宇宙空間のなかで、太陽が一点だけ非常に高温であるという事実のおかげなのだ。そのため、太陽から地球にやってくる可視光の周波数（黄色に相当する周波数が最も強い）は、地球が宇宙空間に放出する赤外線の周波数に比べて大幅に高い。プランクの公式 $E = h\nu$ から（第九章参照）、太陽から地球にやってくる個々の光子がもつエネルギーの平均は、地球から宇宙空間に戻っていく個々の光子がもつエネルギーに比べてはるかに大きいことがわかる。ということは、太陽から地球にエネルギーをもたらす光子より、同じだけのエネルギーを地球から宇宙空間にもち出す光子のほうが、個数が多くなるはずだ。図2・9を参照されたい。光子の個数の多さは、自由度が多いことを意味している。これはさらに、位相空間における体積が大きいことを意味している。したがって、ボルツマンの式 $S = k \log V$ は

【図2.9】太陽から地球の表面にやってくる光子は、地球から宇宙空間に戻ってゆく光子に比べてエネルギーが高い（波長が短い）。地球全体のエネルギー収支を考えると、時間の経過とともに温度が上昇したりはしていないため、地球にやってくる光子よりも出てゆく光子のほうが多いはずだ。言い換えると、地球にやってくるエネルギーは、地球から出てゆくエネルギーよりもエントロピーが低いのだ。

（第三章参照）、太陽から地球にやってくるエネルギーは、地球から宇宙空間に出ていくエネルギーよりもエントロピーが大幅に低いことを示している。

　地球上の緑色植物は、太陽からやってくる周波数の比較的高い光子を、光合成によって周波数の低い光子へと変換することができる。そして、この低エントロピーの利得を利用して、大気中の二酸化炭素から炭素を取り出して固定し、酸素を大気に返している。動物が植物を食べるとき（あるいは肉食動物が草食動物を食べるとき）、彼らはこの低エントロピー源と酸素を利用して、自分自身のエントロピーを低くおさえているのである。[24] これはもちろん、ヒトにもニワトリにもあてはまる。それが、割れていない卵ができて、テーブルの上に載るのに必要な低エントロピー源となるわけだ！

　つまり太陽は、われわれにエネルギーを供給しているだけでなく、エントロピーの低い形でエネルギーを供給してくれていると言える。そのおかげで、われわれは（緑色植物を通じて）エントロピーを低く抑えていられるのだ。そんなことが可能であるのは、われわれの頭上に広がる暗い空のなかで、太陽が高温の点として存在しているからなのだ。空全体が太陽と同じ温度だったら、地球上の生命にとって、そのエネルギーはなんの役にも立たなかっただろう。同じことは、太陽が海の水を上空に運んで雲にする能力にもあてはまる。この過程も、空全体と太陽との温度差に決定的に依存している。

太陽が暗い空のなかの高温の点として存在し、低エントロピー源となっているのはなぜだろう？ 太陽の内部ではあらゆる種類の複雑な反応が起きていて、水素をヘリウムに変換する熱核反応は特に重要な役割を果たしている。けれども、低エントロピー源としての太陽に関する考察で重要なのは、太陽が存在しているという事実そのものである。太陽が存在していられるのは、重力の作用で物質がまとめられているからだ。太陽が存在していても熱核反応が起こらなければ、どんどん収縮し、ますます高温になり、寿命は非常に短くなる。それでも、輝くことはできる。地球上に暮らすわれわれが熱核反応による恩恵を受けているのは明らかだが、重力凝縮によって太陽のもとになるガス塊が形成されていなければ、熱核反応が始まることさえなかったのだ。したがって、重要なのは、宇宙空間に一様に分布し、エントロピーが非常に小さい状態にあったガスが、（適当な領域で、いささか複雑な過程を経て）重力凝縮を起こし、エントロピーを増大させながら恒星を形成できたことだと言える。

もとをたどれば、ビッグバンが非常に特殊な性質をもっていたという事実に突き当たる。ビッグバンのエントロピーが（相対的に）非常に小さかったことは、その重力の自由度が当初は活性化していなかったという事実に表れている。これは奇妙にいびつな状況であり、もっとよく理解するためには、次の三つのセクションで、重力を曲がった時空として記述するアインシュタインの美しい理論をもう少し深く掘り下げる必要がある。その後、第十二章と第十三章で、われわれのビッグバンに見られる驚くべき特殊性の問題に戻りたい。

第九章　時空、ヌル円錐、計量、共形幾何学

一九〇八年に、高名な数学者ヘルマン・ミンコフスキーが、特殊相対論の基礎を風変わりな四次元幾何学を使って要約できることを示したとき、アインシュタインはそのアイディアに乗り気ではなかった（ちなみに、アインシュタインはミンコフスキーがチューリヒ連邦工科大学の教授だった頃の教え子である）。けれどもその後、アインシュタインは、ミンコフスキーの「時空」という幾何学的概念が決定的に重要であることを理解した。実際、それは、彼がミンコフスキーの提案を一般化して一般相対論の曲がった時空の基礎を与える際に、必須の要素になった。

ミンコフスキーの四次元空間は、標準的な三つの空間次元と、時間の経過を記述するための第四の次元からなる。この四次元空間の「点」は、しばしば「事象」と呼ばれる。このような点はすべて、空間的な明細のほかに時間的な明細ももっているからだ。このこと自体には、革命的なところはなにもない。ミンコフスキーのアイディアが革命的だったのは、四次元空間の幾何学を、一つの時間次元と、（より重要なことに）任意の時刻におけるおなじみのユークリッドの三次元空間とに分裂させなかったからである。ミンコフスキーの時空は、これとは違った幾何学的構造をもち、ユークリッドの古い幾何学の概念に興味深いひねりを加えている。それは時空全体に構造を与えて分

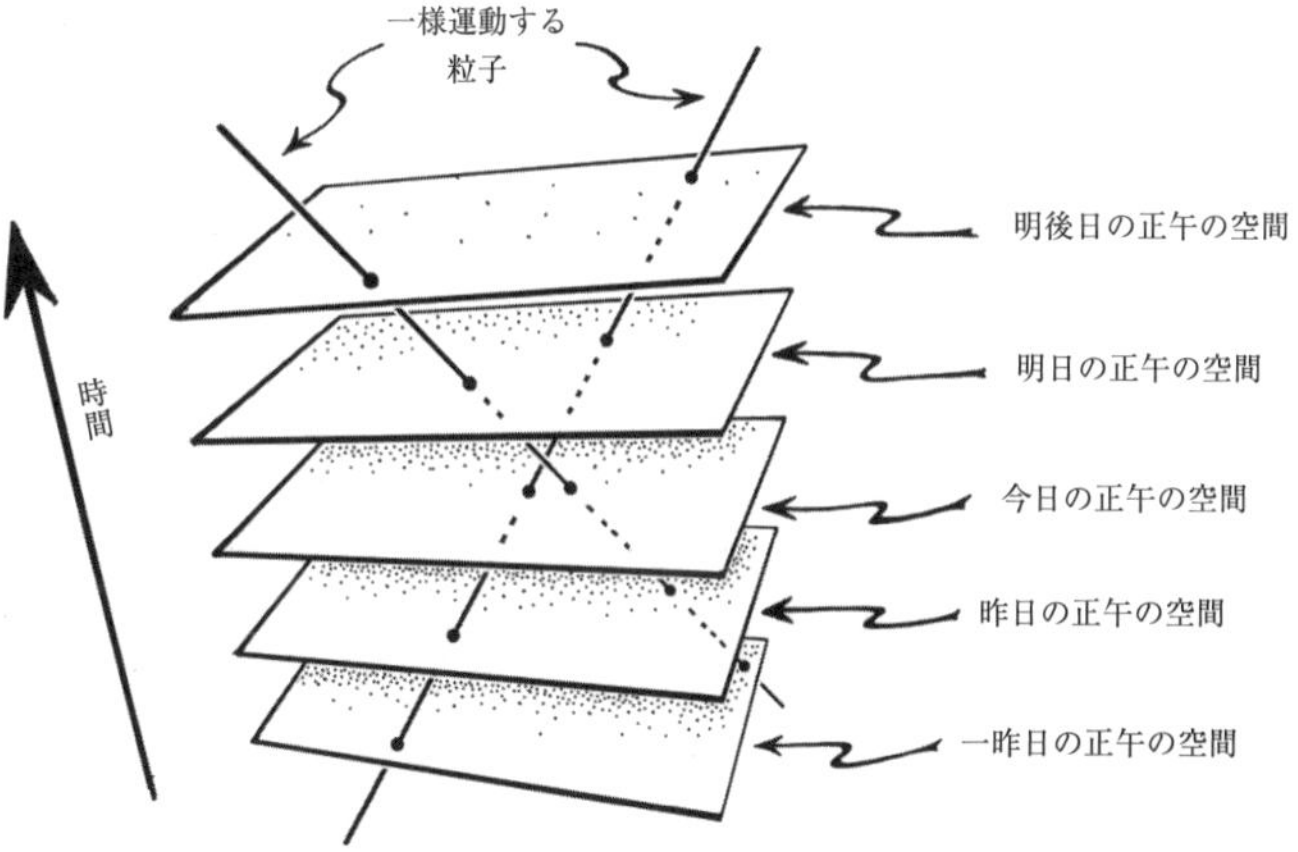

【図 2.10】ミンコフスキー以前の時空

割不可能な一つのものとし、アインシュタインの特殊相対論の構造を完全に表現している。

ミンコフスキーの四次元幾何学の時空は、それ以前の時空とは違っている。ミンコフスキー以前の時空は、単に、異なる時刻での「空間」と考えられる三次元表面の連続からなるものとして思い浮かべられていた（図2・10）。この解釈では、三次元表面のそれぞれが、互いに同時と見なせる一群の事象を記述することになる。一方、特殊相対論では、空間的に隔たりのある事象の「同時性」の概念に絶対的な意味はなく、「同時性」は、任意に選ばれた観測者の運動速度に依存する。

これはもちろん、われわれの一般的な経験とは相いれない。われわれはたしかに、「自分の運動速度とは無関係に遠隔地で同時に起こる事象」という概念をもっている。しかし、（アインシュタインの特殊相対論によれば、）光に匹敵する速度で運動している人の目に同時に起きたように見える事象は、違った速度で運動して

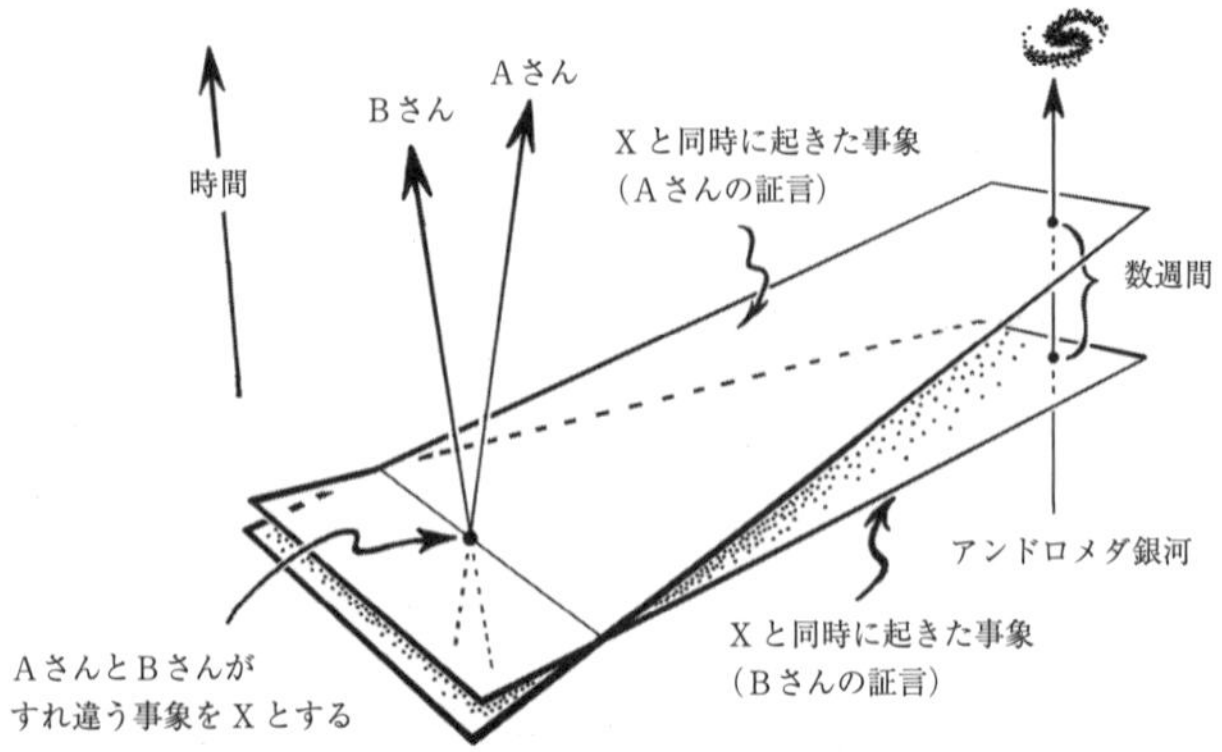

【図2.11】別々の向きに歩いているAさんとBさんがすれ違う事象をXとする。アンドロメダ銀河で起きた事象のうち、Aさんが「Xと同時に起きた」と言うものと、Bさんが「Xと同時に起きた」と言うものは、数週間も前後している可能性がある。

いる人には同時に起きたように見えないのがふつうである。さらに、非常に遠くの事象について考えるなら、そんなに速く運動している必要すらない。たとえば、一本道を反対方向から歩いてきたAさんとBさんがすれ違うとき、Aさんがすれ違いと同時にアンドロメダ銀河で起きたと思う事象は、Bさんがすれ違いと同時にアンドロメダ銀河で起きたと思う事象と、数週間も前後している可能性があるのだ[25]！ 図2・11を参照されたい。

相対性理論によれば、遠く離れた場所で起こる事象の「同時性」の概念は絶対的なものではなく、観測者が運動する速度に依存している。そのため、時空をスライスして、同時と見なす一群の三次元空間を作ることは、主観的な行為である。観測者の運動速度が変われば、スライスの仕方も変わってくるからだ。その意味で、ミンコフスキー時空は客観的な幾何学を提供していると言える。ミンコフスキー時空は、任意の観測者がどのように世界を見ているかに左右されず、観測者の交代により変化する必要もない。ミンコフスキーは、特殊

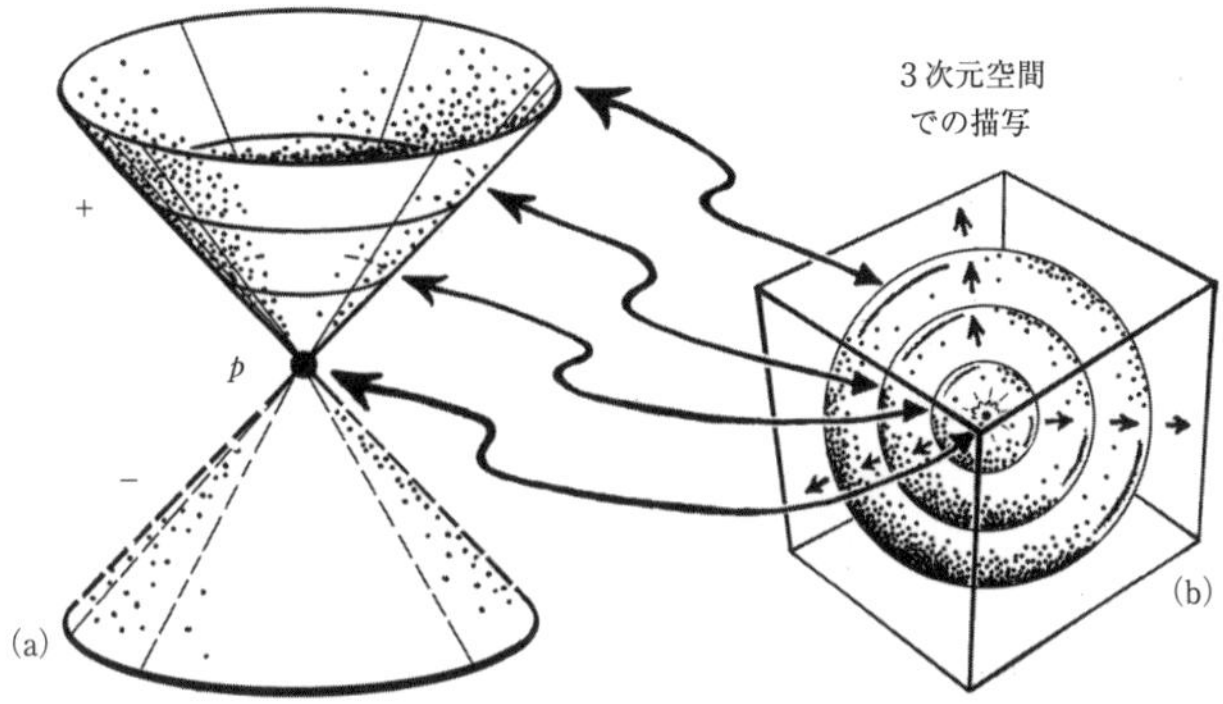

【図 2.12】(a) ミンコフスキーの4次元空間内の点pにおけるヌル円錐。(b) 未来ヌル円錐を3次元空間内で表現すると、点pから始まって連続的に大きくなる球として描かれる。

相対論から「相対性」を取り出して、空間と時間のあり方の「絶対的」な表現を示したと言ってもよい。

けれども、この表現を確固たるものにするには、時間的に連続した三次元空間の概念に代わる四次元空間の構造のようなものが必要だ。それは、どのような構造だろう？　まずは、ミンコフスキーの四次元空間を𝕄という文字で表そう。ミンコフスキーが𝕄に与えた最も基本的な幾何学的構造は、𝕄のなかの任意の事象pにおいて光がどのように伝播するかを記述する「ヌル円錐」の概念だ[26]。ヌル円錐は、頂点pを共有する二個の円錐からなり、事象pでの任意の方向への「光速」がどんなものであるかを教えてくれる（図2・12（a）参照）。ヌル円錐を直観的に理解するには、閃光を考えるとよい。まずは、広がった状態から事象pに向かって集まってゆき（過去ヌル円錐）、pを過ぎると、今度は広がりはじめる（未来ヌル円錐）。未来ヌル円錐は、pで起きた爆発の閃光に似ていて、爆発後の空間の様子を図示すると（図2・12

（b））、次第に大きくなってゆく球になる。私がヌル円錐の図を描くときには、円錐の表面を垂直方向から約45度傾けることが多いが、これは、光速 $c=1$ になるように空間と時間の単位を選んでいるからだ。たとえば、時間のスケールとして秒を選ぶなら、距離の単位は光秒（＝299,792,458メートル）を選ぶことになるし、時間のスケールとして年を選ぶなら、距離の単位は光年（≈9.46×10^{12}キロメートル）を選ぶことになる。[27]

アインシュタインの理論は、質量をもつ粒子の速度は常に光速よりも遅くなければならないと教えている。時空の概念を使ってこのことを説明すると、質量をもつ粒子の世界線（その粒子の歴史をつくるすべての事象の軌跡）は、それぞれの事象におけるヌル円錐の内部になければならないということになる。図2・13を見てほしい。一個の運動する粒子が、その世界線に沿ったどこかの場所で加速されている。世界線は直線である必要はなく、時空のなかでは、加速は世界線の湾曲として表現される。世界線が湾曲するところでは、ヌル円錐の内部に、その世界線の接ベクトルがなければならない。光子のように質量をもたない粒子では、[28]その世界線は、各事象におけるヌル円錐に沿っていなければならない。各事象における粒子の速度は光速であるからだ。

ヌル円錐は、どの事象がほかの事象に影響を及ぼしうるかという因果性についても教えてくれる。（特殊）相対性理論の主要な見解の一つに、信号が光より速く伝わることは許されないというものがある。ミンコフスキー空間𝕄の幾何学の用語で言えば、事象 p を事象 q と結ぶ世界線がある場合、すなわち、ヌル円錐の表面またはその内部に、p から q に向かう（なめらかな）経路がある場合には、事象 p は原因として事象 q に影響を及ぼしうるということになる。因果性を示すためには、過去から未来に向かって一様に進む経路の向きを指定する必要がある（経路に矢印をつけることにより、これを示す）。経路の向きを指定するためには、ミンコフスキー空間𝕄の幾何学に、時間の向

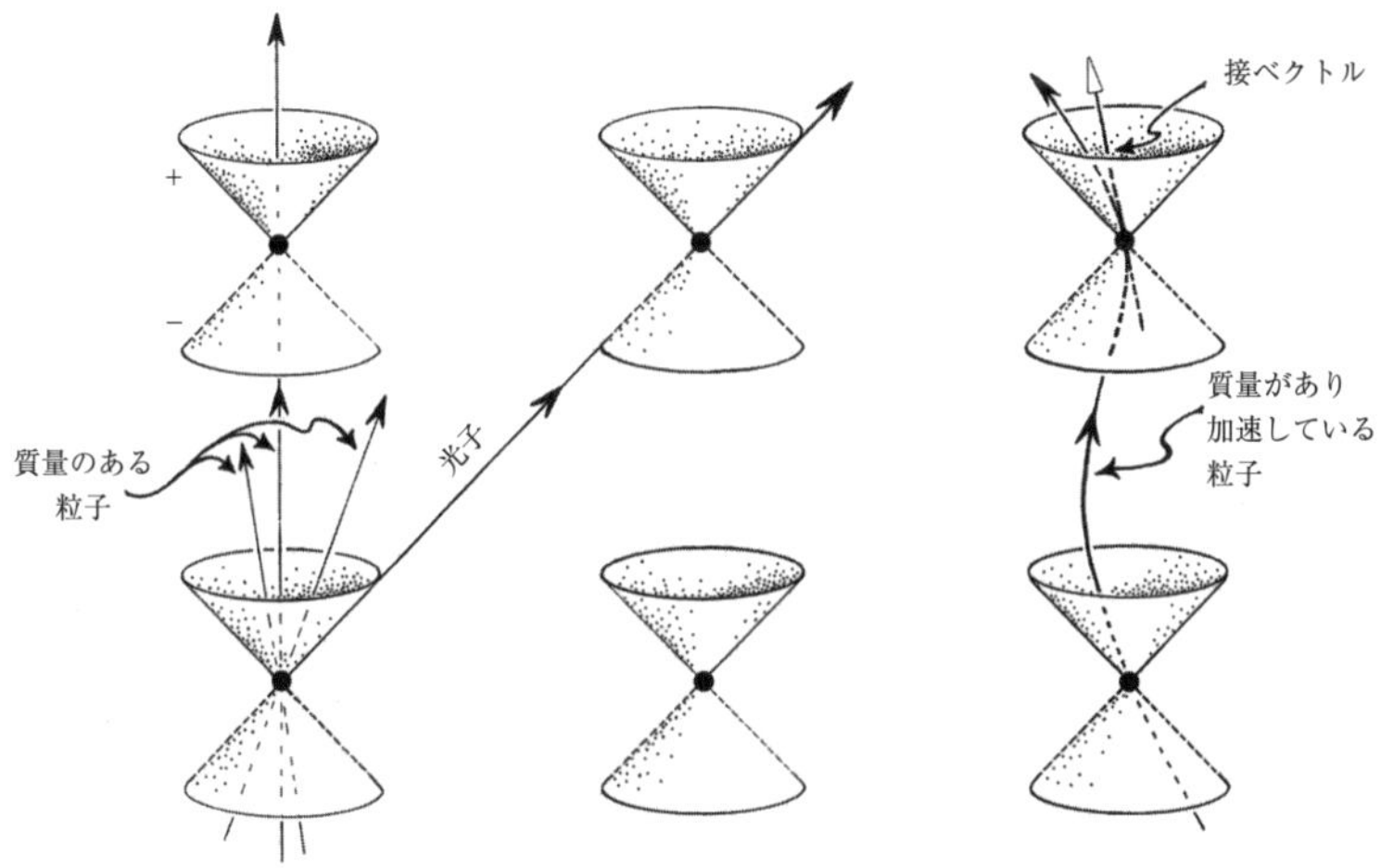

【図2.13】ミンコフスキー空間𝕄のなかのヌル円錐は一様に整列している。質量のある粒子の世界線は円錐の内部にあり、質量のない粒子の世界線は円錐に沿った向きになる。

きを与える必要がある。つまり、個々のヌル円錐の二つの部分に、矛盾がなく、連続的で、別々の「過去」と「未来」を割り当てるのだ。私は、ヌル円錐の過去の部分には「−」印を、未来の部分には「+」印をつける。図2・12(a)と図2・13では、このようにして印をつけた上、過去ヌル円錐には破線を使って区別している。通常の「因果関係」では、過去から未来に向かって、すなわち、接ベクトルの向きが未来ヌル円錐の上またはその内部をさすような世界線に沿って、影響が及んでゆく[29]。

ミンコフスキー空間𝕄の幾何学は完全に一様であり、個々の事象はほかのすべての事象と同じ基礎の上にある。しかし、アインシュタインの一般相対論では、通常、このような一様性は失われる。それでも、時間の向きのあるヌル円錐が連続的に与えられ、ここでもたしかに、質量をもつ任意の粒子は、(未来を向く)すべての接ベクトルが未来ヌル円錐

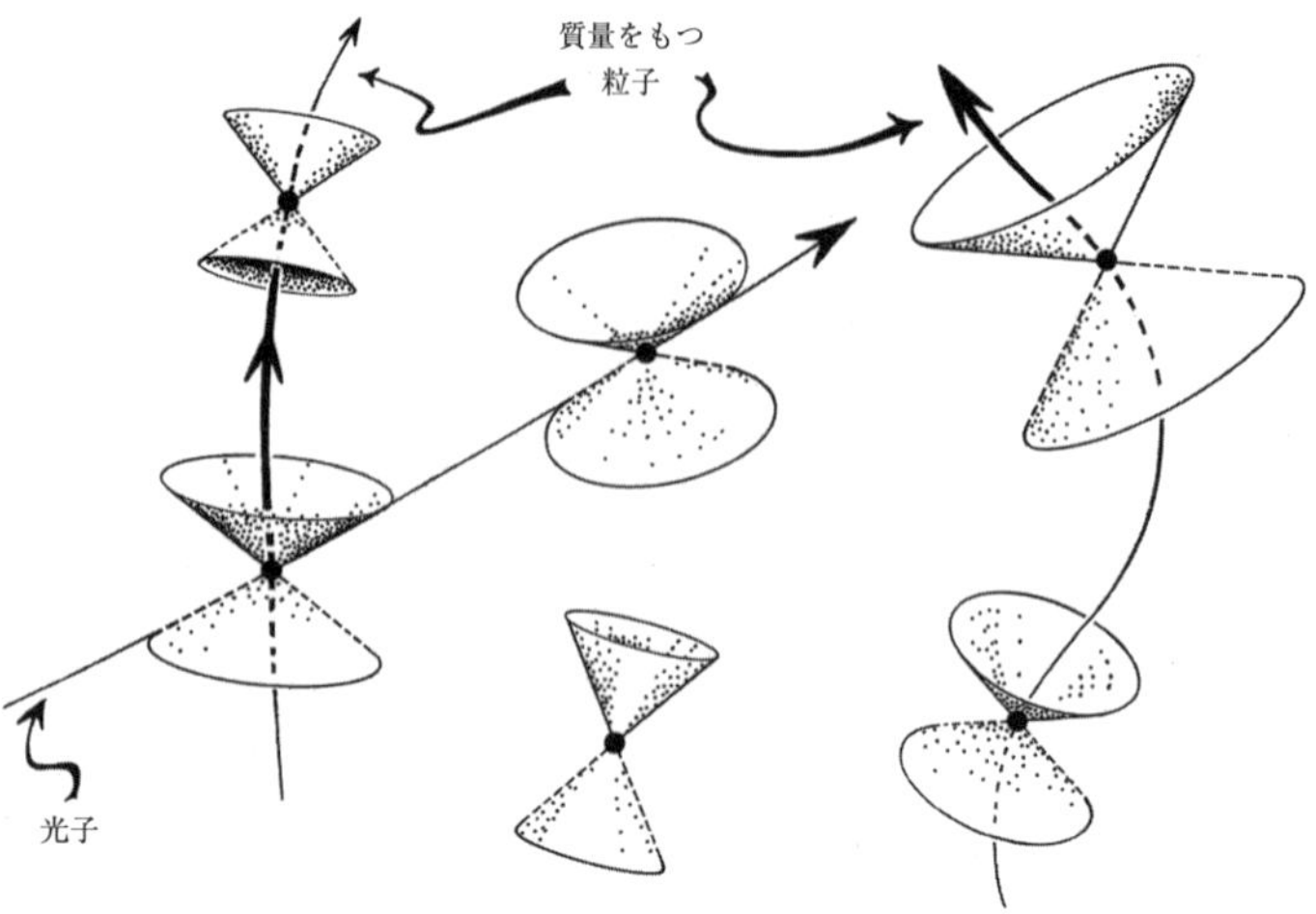

【図 2.14】　一般相対論における、一様に整列していないヌル円錐

の内部にあるような世界線をもっている。そして、さきほどと同じように、質量のない粒子（光子）は、すべての接ベクトルがヌル円錐に沿っているような世界線をもっている。一般相対論で起こりうる状況を図２・14に示す。ここで、ヌル円錐は一様に整列していない。

これらのヌル円錐が、ある種の理想的なゴムシートの上に描かれていると想像してほしい。このゴムシートは、好きなように動かし、変形させることができる。ただし、変形はなめらかなものでなければならない。その間、ヌル円錐はゴムシートとともに動く。われわれのヌル円錐は、事象の間の「因果性の構造」を決定する。ヌル円錐がゴムシートとともに動いているかぎり、ゴムシートをどんなに変形させても、因果性の構造は変化しない。

これに似た状況を示しているのが、第七章の図２・３（c）で紹介したエッシャーの双曲平面の絵である。エッシャーのこの絵が、理想的なゴムシートの上に印刷されていると想像してみよう。境界付近に見えている悪魔を一人選び、ゴムシートをなめらかに変形させて悪魔を動かせば、最初は別の悪魔が占めていた中央付近の場所に移動させることができる。すべての悪魔は、ゴムシートの変形により、それまで別の悪魔が占めていた場所に移動させることができる。この移動は、エッシャーの絵の基礎にある双曲幾何学の対称性を示している。一般相対論で、この種の対称性が見られることはあるものの（たとえば、第七章のフリードマン・モデルなど）、それはむしろ例外だ。しかし、「ゴムシート変形」を行える可能性があることは一般相対論の重要な一部であり、こうした変形は「微分同相写像（あるいは一般座標変換）」と呼ばれている。ポイントは、この変形が物理的な状況をまったく変えないことである。アインシュタインの一般相対論の基礎となる「一般共変性」原理によると、われわれの物理法則は、空間とその内容物がもつ物理的に意味のある性質がゴムシート変形によって変わることがないように定式化されている。

ただし、われわれの空間からすべての幾何学的構造が失われると言っているわけではなく、その位相幾何学的性質とでも呼ぶべきものだけは残るのかもしれない（位相幾何学は「ゴムシート幾何学」と呼ばれることがあり、ここではティーカップの表面は指輪の表面と同じものになる）。けれども、どのような構造が必要なのかについては、注意して見きわめる必要がある。このような空間について語る際には、しばしば多様体という言葉が用いられる。多様体は有限の決まった数の次元をもつので、*n*次元の多様体を「*n*次元多様体」と呼ぶことにしよう。多様体はなめらかだが、なめらかさと位相幾何学的性質以外の構造ももっているとはかぎらない。双曲幾何学の場合、多様体には計量という概念が与えられている。計量は数学的なテンソル量で（第十二章も参照されたい）、通常は**g**という文字で表される。空間のなかの有限でなめらかな曲線の「長さ」を与えるものと言ってもよいかもしれない[30]。この多様体をつくる「ゴムシート」が変形するとき、変形によって移動する点pとqを結ぶ任意の曲線Cを考えると、$\mathbf{g}$により与えられる曲線C上の点pとqを結ぶ部分の長さは、変形の影響は受けないと見なされる（この意味で、$\mathbf{g}$もまた変形によって「別の場所に移動できる」)。

この長さの概念には、「測地線」と呼ばれる「直線」の概念も含まれている。測地線とは、たとえば、線l上のあまり離れていないところに任意の二点pとqがあるとき、（$\mathbf{g}$により与えられる長さという意味で）pからqに至る最短の曲線が、線lのpからqまでの部分になるような線lのことだ。図2・15で説明するように、測地線は「二点間の最短経路」を与える。二本のなめらかな曲線の間の角度も定義することができ、これもまた$\mathbf{g}$が与えられることにより定義される。それゆえ、$\mathbf{g}$が与えられれば、幾何学のふつうの概念が使えることになる。それでも、この幾何学は、おなじみのユークリッド幾何学とは違っているのがふつうである。

エッシャーの絵の双曲幾何学（図2・3（c)、ベルトラミ＝ポアンカレの共形表現）にも直線（測地線）がある。測地線は、この絵の背景となったユークリッド幾何学を使って理解することができ、境界である円周に直交する円弧として表現される（図2・16参照)。円内の任意の二点pとqを通る円弧が円周と交わる端点をaとbとすると、双曲空間の$\mathbf{g}$によって決まるpqの距離は、

$$C\log\frac{|qa||pb|}{|qb||pa|}$$

となる。ここでlogは自然対数であり（第二章で登場した「$\log_{10}$」の2.302585...倍)、$|qa|$などは背景の空間のふつうのユークリッド距離、Cは双曲空間の「偽半径」と呼ばれる正の値をもつ定数で

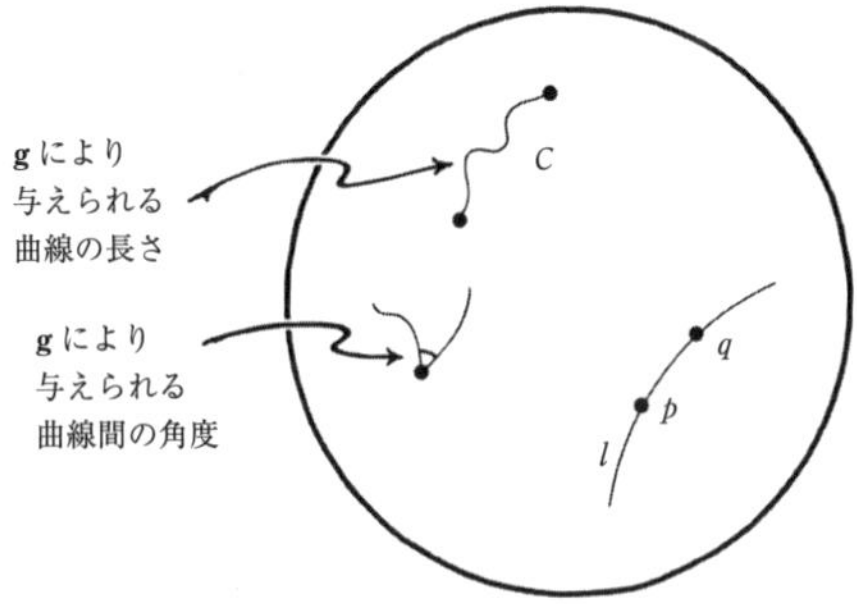

【図 2.15】計量 **g** は曲線に長さを与え、曲線の間に角度を与える。測地線 *l* は、計量 **g** のなかで「*p* と *q* の間の最短経路」を与える。

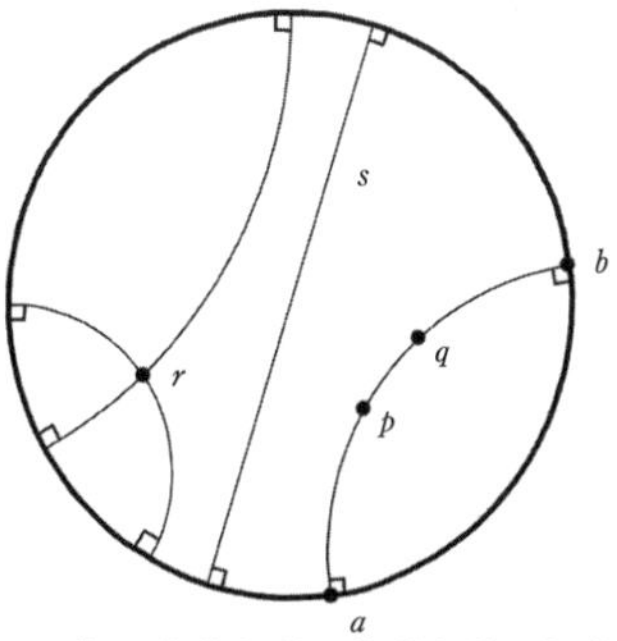

【図 2.16】双曲幾何学の共形表現における「直線」（測地線）は、境界である円周に直交する円弧である。

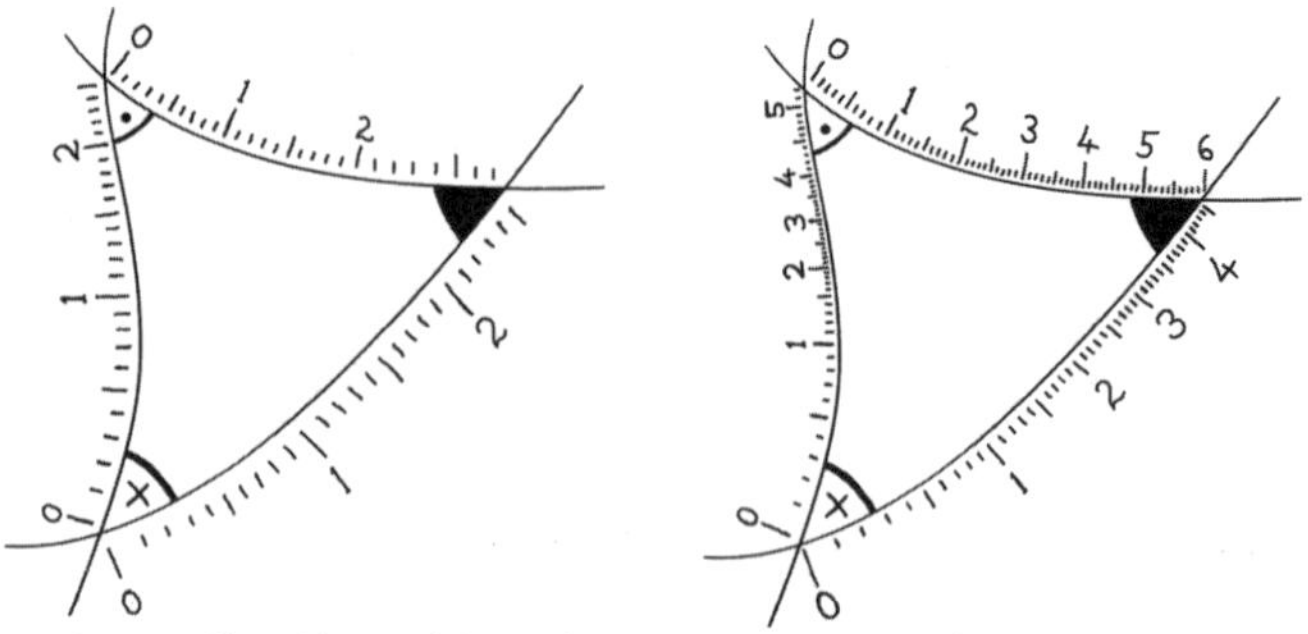

【図2.17】共形構造は、長さを決定せず、任意の点におけるさまざまな向きの長さの比を通じて角度を決定する。長さは、共形構造に影響を及ぼすことなく、スケールを上げたり下げたりすることができる。

ある。

しかし、このような**g**により与えられる構造を指定する代わりに、ほかのタイプの幾何学を指定することもできる。本書に最も関係が深いのは、共形幾何学と呼ばれるタイプの幾何学だ。これは、二本のなめらかな曲線が出会う任意の点で、その間にできる角度を与える構造である。「距離」あるいは「長さ」の概念は指定されない。上述のとおり、角度の概念は**g**によって決定されるが、**g**は角度の概念によって決定されない。共形構造は、長さを決定せずに、任意の点におけるさまざまな向きの長さの「比」を決定する。つまり、極小の形を決定するのだ。われわれは、共形構造に影響を及ぼすことなく、いろいろな点で、この長さのスケールを大きくしたり小さくしたりすることができる(図2・17参照)。このスケール変化を、

$$\mathbf{g} \to \Omega^2 \mathbf{g}$$

と表記することにしよう。ここでΩ《オメガ》は各点で定義される正の実数で、その値は空間内でなめらかに変化して

いる。そのため、どんな正の数Ωを選んでも、$\mathbf{g}$とΩ$^2\mathbf{g}$は同じ共形構造を与える。しかし、スケール変化の因子Ωが1でない場合、$\mathbf{g}$とΩ$^2\mathbf{g}$は異なる計量構造を与える（「Ω$^2\mathbf{g}$」の表記でΩが二乗の形で登場するのは、空間または時間の隔たりの直接的なものさしの表現$\mathbf{g}$が、平方根をとることにより与えられるからである。原註（30）を参照されたい）。エッシャーの図2・3（c）に話を戻すと、双曲平面の共形構造（計量構造ではない）が境界である円周の内部のユークリッド空間と同じであることがわかる（ただし、ユークリッド平面全体の共形構造とは異なっている）。

時空の幾何学についても、こうした概念はまだ当てはまる。しかし、ミンコフスキーがユークリッド幾何学の概念に加えた「ひねり」のため、いくつか重大な違いが生じている。その「ひねり」とは、数学者が計量「符号」の変更と呼ぶものである。代数学の用語では、これは単にいくつかの「+」符号を「−」符号に変えることであり、基本的には、n次元空間のn個の相互に直交した方向のセットのうち、いくつかが「時間的」（ヌル円錐の内側にある）と考えられ、いくつかが「空間的」（ヌル円錐の外側にある）と考えられるかを教えている。ユークリッド幾何学と、その曲がったバージョンであるリーマン幾何学では、すべての方向が空間的と考えられている。通常の「時空」の概念では、いくつもある直交する方向のうち、一つだけが時間的と考えられ、残りは空間的と考えられる。それが平坦な場合はミンコフスキー時空、曲がっている場合はローレンツ時空と呼ぶ。われわれがここで考えているふつうの種類の（ローレンツ）時空では、$n=4$であり、符号は「1+3」である。すなわち、互いに直交する四つの方向を、一つの時間的方向と、三つの空間的方向に分けている。空間的方向どうしが「直交する」とは（そして、時間的方向が二つ以上ある場合に、時間的方向どうしが「直交する」とは）、単に「垂直に交わる」という意味だ。これに対して、空間的方向と時間的方向が「直交する」場合には、幾何学的には図2・18で表したような状況になり、

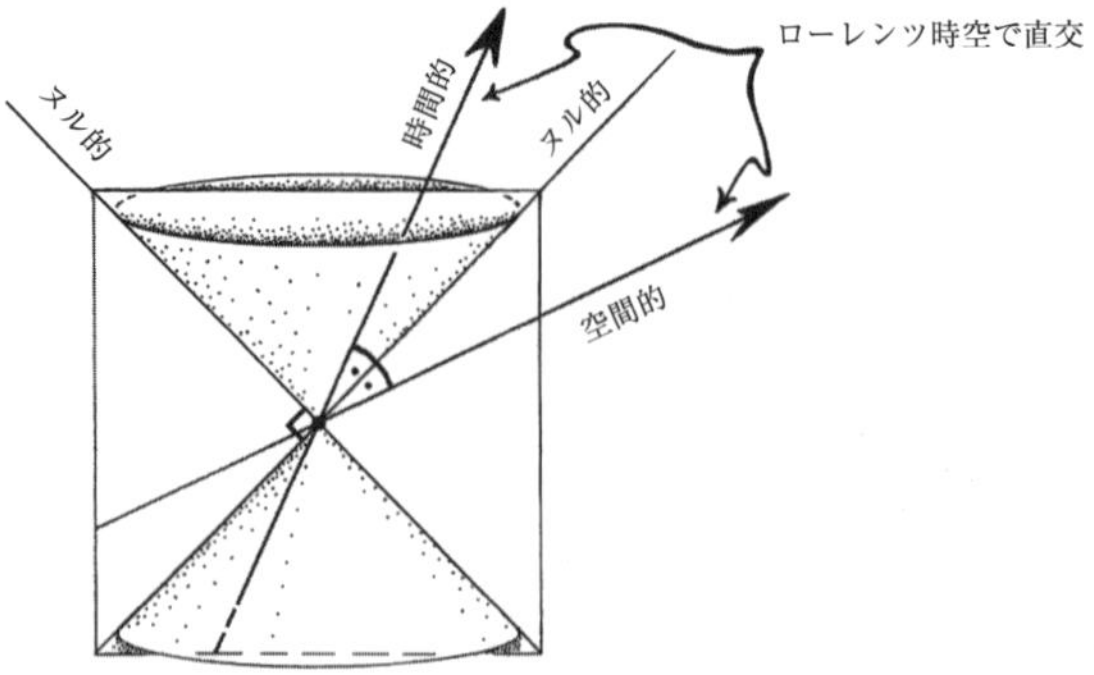

【図2.18】ローレンツ時空で直交する空間的方向と時間的方向を、ヌル円錐が直角になるユークリッド幾何学的に表現したもの。

直交する方向どうしがヌル方向に対して対称な位置関係になる。物理的には、世界線が時間的方向にある観測者は、直交する空間的方向で起きた事象を同時に起きたものとして見ることになる。

通常の（ユークリッドあるいはリーマン）幾何学では、長さは空間的な隔たりとして考えられることが多く、空間的な隔たりはものさしを使って測定できる。それでは、（ミンコフスキーまたはローレンツ）時空のものさしは、どんな形をしているのだろうか？　二つの事象pとqの間の空間的な隔たりを測る道具も、細長い形をしている。そう言われても、すぐにはピンとこないだろう。図2・19を見てほしい。このものさしの一方の端に事象pがあり、もう一方の端にqがあるとしよう。アインシュタインの（ローレンツ的な）一般相対論の時空の曲がりが影響を及ぼさないように、ものさしの幅は狭く、加速していないものとする。そうすれば、特殊相対論にしたがった扱いをすれば十分だ。さて、この特殊相対論によると、事象pとqの間の時空の隔たりをものさしが正確に知らせるためには、二つの事象がものさしの静止基準系で同時に発生して

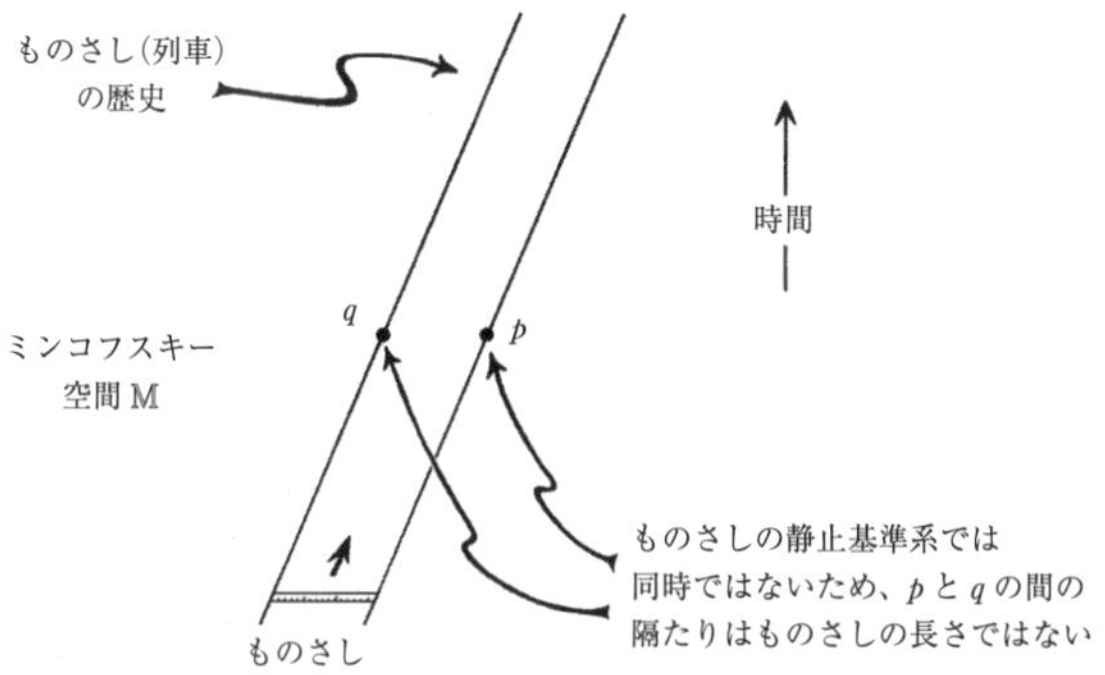

【図 2.19】ミンコフスキー空間 M のなかの事象 p と q の間の空間的な隔たりは、2 次元のものさしでは直接測定することができない。

いる必要がある。それでは、二つの事象をものさしの静止基準系で同時に発生させるには、どうすればよいのだろうか？　アインシュタインが最初にこの議論をしたときには、ものさしではなく一定の速度で運動する列車を考えていたので、われわれもアインシュタインと同じ例を使って考えよう。

列車（ものさし）の両端のうち、事象 p が起こる方の端を「前」、事象 q が起こる方の端を「後ろ」としよう。前にいる観測者が、事象 q とちょうど同じ時刻に後ろに到達するようなタイミングで、後ろに向かって光の信号を送る。この事象を r とする。信号が後ろに到達した瞬間、これを反射させて前に向かって送り返す。前にいる観測者がこの信号を受け取ることを事象 s とする。図2・20を参照されたい。ここで、観測者が信号を送ってから反射してきた信号を受けとるまでの中間の時刻に事象 p が起きた場合（つまり、事象 r から p までの時間間隔が、事象 p から s までの時間間隔と正確に同じである場合）、観測者は列車の静止基準系のなかで事象 q が p と同時に起きたと判断する。その場合（その場合にかぎり）、列車（ものさし）の

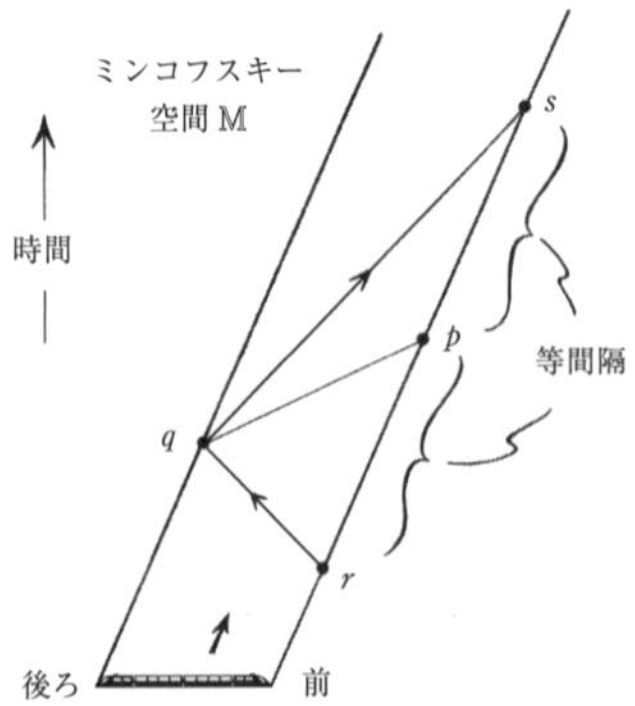

【図2.20】ものさし（列車）を使ってpqの隔たりを測定することができるのは、事象pとqが同時に起きた場合にかぎられる。だから、ものさしの代わりに、光の信号と時計が必要になるのだ。

長さは事象pとqとの空間的な隔たりと一致する。

読者諸氏もお気づきのように、事象の間の空間的な隔たりを測定するには、単に「ものさしをあてる」より少々複雑な作業が必要だ。空間の隔たりpqを測定しようとする観測者が実際に測定しているのは、rpとpsという時間間隔なのである。これらの（等しい）時間間隔が、直接、pqの空間の隔たりを（光速cを1とする単位で）与える。ここから、時空の計量に関する重大な事実が明らかになる。それは、時空の計量が、距離の測定よりも時間の測定とはるかに直接的に関係しているという事実である。時空の計量は、曲線の長さを与える代わりに、じかに時間を与える。さらに、時間を与えるのはどんな曲線でもよいわけではなく、因果曲線と呼ばれるものでなければならない。因果曲線は粒子の世界線になることができ、こうした曲線は、時間的（質量のある粒子の場合。世界線の接ベクトルはヌル円錐の内部にある）またはヌル的（質量のない粒子の場合。世界線の接ベクトルはヌル円錐に沿っている）な、あらゆる場所に存在している。時空の計量$\mathbf{g}$の機能は、因果曲線の任意の有限な部分に時間のものさしを与えることである（曲線のうちヌル的な部分については、時間のものさしへの寄与はゼロである）。アイルランドの著名な相対論研究者であるジョン・L・シングが提案したように、この意味で、時空の計量に備わる「幾何学」は、「時間測定法」と呼ぶべきものなのだ。[31]

一般相対論の物理的基礎にとって、自然界に非常に正確な時計が存在していることは、根本的なレベルで重要である。それは、この理論の全体が、自然に定義される計量**g**に依存しているからである。[32] 実際、時間のものさしは物理学にとって肝要だ。なぜなら、質量をもつ（安定な）粒子の一つ一つが事実上の完璧な時計としての役割を担っているという明確な感覚があるからだ。粒子の質量をmとすると（それは一定であると仮定する）、相対性理論の基礎をなすアインシュタインの有名な公式

$$E = mc^2$$

によって、静止エネルギーEをもつ。[33] これに負けず劣らず有名な公式が、マックス・プランクの

$$E = h\nu$$

で、こちらは量子論の基礎をなす。hはプランク定数である。この式はわれわれに、粒子の静止エネルギーが量子振動の特定の周波数ν《ニュー》を定義することを教えている（図2・21参照）。言い換えると、質量をもつ安定な粒子は、非常に正確な量子時計としてふるまうのだ。それは、

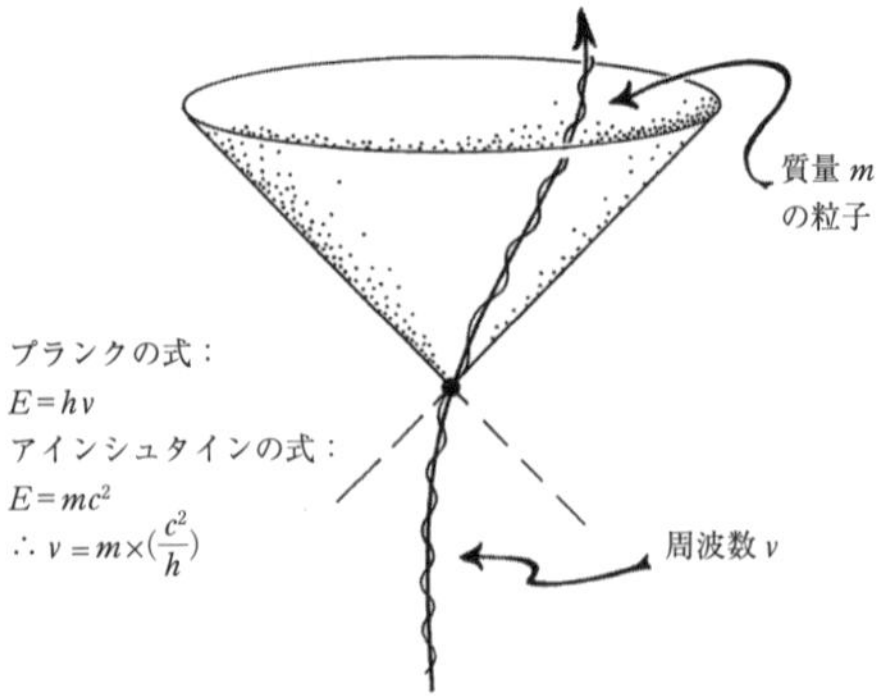

【図 2.21】質量をもつ安定な粒子は、非常に正確な量子時計としてふるまう。

$$\nu=m\left(\frac{c^2}{h}\right)$$

という特異的な周波数で時を刻む。周波数は、（根本的な）定数 c^2/h を係数として、質量 m に正確に比例している。

実のところ、単一粒子の量子周波数は非常に高く、これを直接利用して時計として使うことはできない。実用的な時計を製作するには、多数の粒子からなる系が必要であり、こうした粒子を組み合わせて、うまく協調させる必要がある。重要な点はまだある。時計作りの材料とする粒子には質量が必要であるということだ。質量のない粒子（たとえば光子）だけを使って時計を製作することはできない。周波数がゼロということになってしまうからである。光子の内なる「時計」が最初の時を刻むのを待っても、その時は永遠にこない！　この事実は、あとで、われわれにとって非常に重要になる。

こうした考察のすべてが、図2・22と一致している。図に描かれている三個の時計はどれも同じもので、同じ事象 p から始まって、光速よりもわずかに遅い、ば

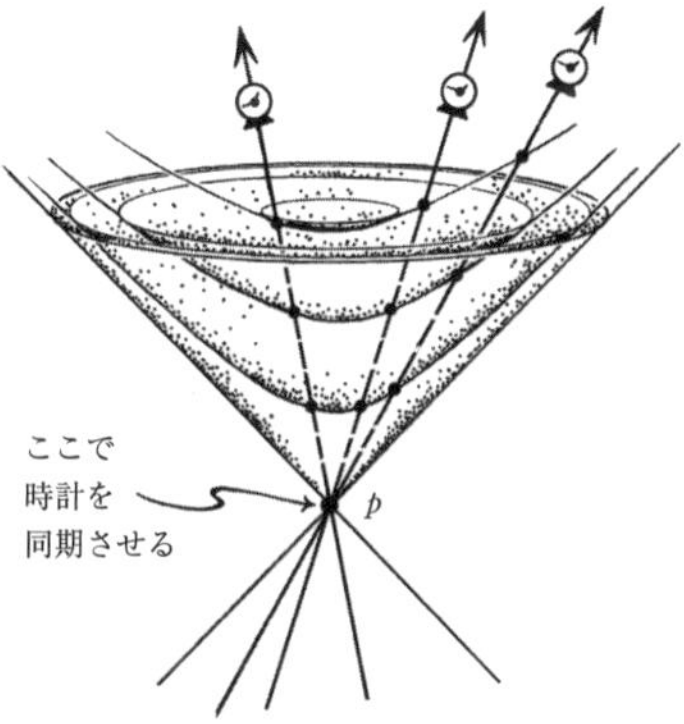

【図 2.22】お椀型の 3 次元表面は、同じ時計が連続的に刻む時を示している。

らばらの速度で運動している。お椀型の三次元表面（通常の幾何学では双曲面）は、同じ時計が連続的に刻む時を示している（これらの三次元表面は、ミンコフスキーの幾何学の球に似たもので、固定点から一定の「距離」にある表面である）。質量のない粒子は、その世界線がヌル円錐の表面に沿って伸びているため、お椀型の三次元表面の最初のものにさえ到達できない。これは、上に述べたことと一致している。

最後に、時間的曲線について、測地線の概念は、重力の下で自由運動する質量のある粒子の世界線として物理的に解釈することができる。数学的には、時間的測地線lは、l上のあまり離れていない任意の二点pおよびqにつき、pからqへの最も長い曲線（**g**が与える時間の長さという意味で）がlの一部であるという特徴をもつ。図2・23を見てほしい。ユークリッド幾何学やリーマン幾何学の空間の測地線が長さを最小化する性質をもっていることとは、奇妙な反転関係にある。測地線に関するこの概念は、ヌル測地線にもあてはまる。ここで、「長さ」はゼロであるため、時空のヌル円錐の構造だけでこれを決定することができる。

このヌル円錐の構造は、実は、時空の共形構造と等価である。この事実は、あとで重要になってくる。

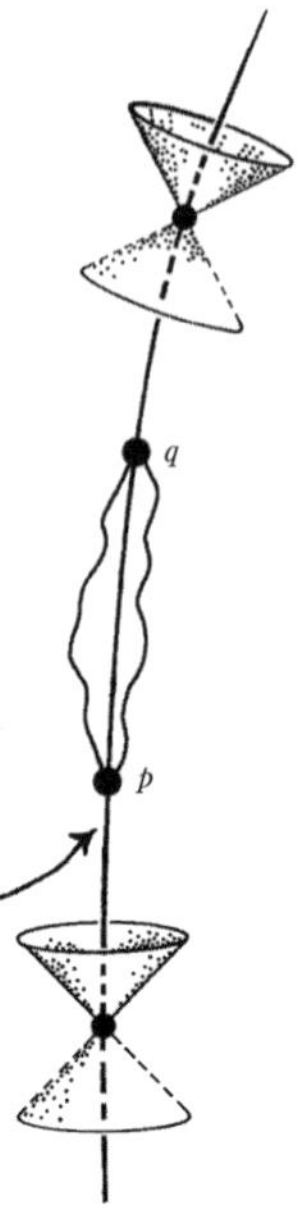

【図 2.23】時間的測地線 l は、l 上のあまり離れていない任意の 2 点 p と q につき、p から q への最も長い局所的曲線が l の一部であるという特徴をもつ。

第十章　ブラックホールと時空の特異点

　重力の影響が比較的小さい、たいていの物理的状況下では、ヌル円錐はミンコフスキー空間$\mathbb{M}$のなかの位置からごくわずかしか外れない。けれどもブラックホールでは、図2・24に示すように、状況は大きく違っている。この時空図には、質量が大きすぎる（おそらく太陽の質量の一〇倍以上ある）星が、内部の（核）エネルギー資源を使い果たし、中心に向かって果てしなく崩壊してゆく様子が描かれている。ある段階で——恒星表面からの脱出速度[34]が光速に達したときと言ってよいかもしれない——、ヌル円錐の内側への傾きが極端に大きくなり、未来ヌル円錐のいちばん外側の部分が図のなかで垂直になる。こうしたヌル円錐の包絡線から、「事象の地平線」と呼ばれる三次元表面が与えられる。星を形成していた物質は、この事象の地平線のなかに落下してゆくのだ（もちろん、この図を描くにあたり、私は空間の次元の一つを省略して、事象の地平線がふつうの二次元平面のように見えるようにしなければならなかった。読者諸氏は、この点に気をつけて図を見てほしい）。

　ヌル円錐のこの傾きのため、粒子の世界線や事象の地平線の内側で生成した光の信号は、事象の地平線の外側に逃れることができない。事象の地平線を越えるためには、第九章の要請に背かなければならないからだ。ブラックホールから十分に離れた安全な場所にいる観測者の目に入る光線を、（時間的に）さかのぼってたどってみよう。この光線が事象の地平線の内側に入ってゆくことはできず、その表面のすぐ上を通って、事象の地平線に飛び込む直前の星に到達する。外部の観測者がどんなに長い間待っていても（つまり、この図のどんなに上のほうに観測者の目を置いたとしても）、理論的にはそうなる。けれども実際には、観測者が知覚する像は高度に赤方偏移し、観測者が遅い時間から見るほど像は急速に薄らぎ、星の像はすぐに真っ暗になってしまう。まさに、「ブラックホール」という呼び名にふさわしい。

当然、次のような疑問が出てくる。星をつくる物質が事象の地平線を横切り、その内側へと落下してゆくときには、どんな運命をたどるのだろうか？　その後も、なんらかの複雑な動きをするのだろうか？　たとえば、ぐるぐると渦を巻く物質とともに中心点の近くにやってきたら、今度は外向きに跳ね返ったりしないのだろうか？　図2・24のような星の崩壊のモデルは、一九三九年に、J・ロバート・オッペンハイマーとその教え子のハートランド・スナイダーにより、アインシュタイン方程式の厳密解として最初に提案された。けれども、彼らの解を明確に表現するためには、さまざまな仮定をして単純化する必要があった。なかでも最も重要で、最も強い制約を課していたのは、厳密な球対称性の仮定であり、前述のような非対称な「渦」は表現できないことになる。また、星をつくる物質の性質を、圧力がゼロの流体（相対論研究者はこれを「ダスト」と呼ぶ）として近似できるとする仮定も行った（第七章参照）。これらの仮定の下で、星の中心に向かう崩壊は、中心点での物質の密度が無限大になり、時空の曲率も無限大になるまで続くことが明らかになった。オッペンハイマー＝スナイダー解におけるこの中心点は、図2・24では真んなかの垂直の波線として表され、「時空の特異点」と呼ばれている。ここではアインシュタインの理論は破綻し、標準的

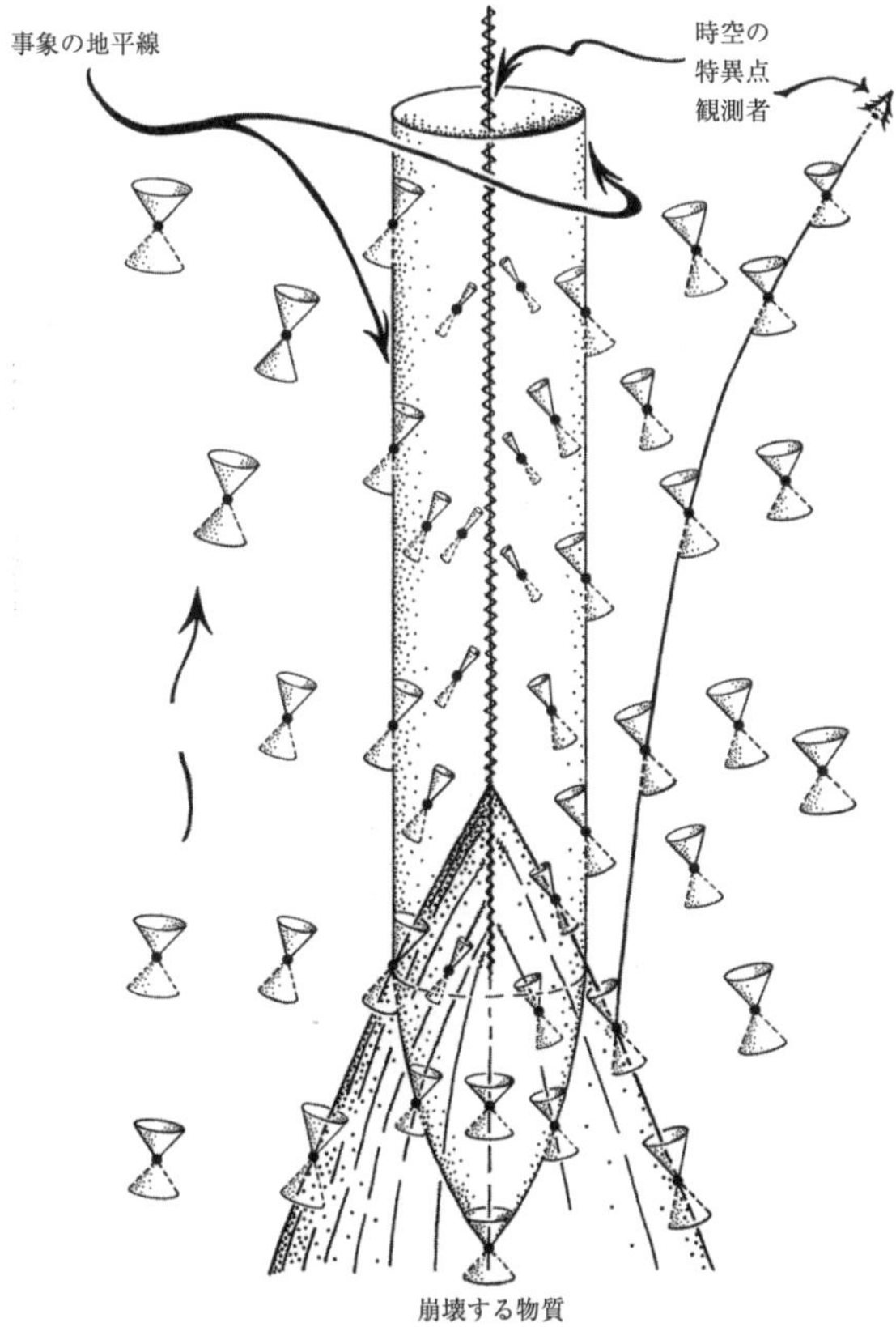

【図 2.24】質量が大きすぎる恒星が崩壊してブラックホールになる過程。未来ヌル円錐の内側への傾きが図のなかで垂直になるとき、星からの光はもはやその重力から逃れることができない。こうしたヌル円錐の包絡線が「事象の地平線」である。

な物理学では、それ以上解を時間発展させることができなくなる。

ブラックホールに時空の特異点があることは、物理学者にとって根本的な問題であり、しばしば、ビッグバンによる宇宙の始まりの対極にある問題として捉えられている。ビッグバンが時間の始まりであるのに対して、ブラックホールのなかの特異点は（少なくとも、いずれかの段階でブラックホール内に落下した物質の運命については）時間の終わりである。この意味で、ブラックホールの特異点に関する問題は、ビッグバンに関する問題の時間を反転させたものとして考えられるかもしれない。

実際、図2・24のブラックホールの崩壊図において、事象の地平線の内側から始まる因果曲線はどれも、できるだけ遠い未来まで延長すると、中心の特異点で終わることになる。第七章で説明した各種のフリードマン・モデルでも、（モデル全体の）因果曲線はどれも、できるだけ遠い過去まで延長すると、ビッグバンの特異点で終わる（実際には「始まる」）ことになる。したがって、ブラックホールがより局所的である点を別にすると、二つの状況は、お互いの時間を反転させたものであると言ってよいように見える。けれども、第二法則についてのわれわれの考察は、まったくそうではないことを示唆しているようだ。ブラックホールのなかで遭遇する状況と比較すると、ビッグバンのエントロピーは途方もなく低くなければならない。そして、二つの状況のそれぞれと相手の時間反転との違いは、ここでの考察の鍵になるはずだ。

この違いの本質については第十二章で考察する。ここでは、そのための準備として、ある重要な問題に向き合う必要がある。われわれは今、大きく分けて二つの宇宙モデルをもっている。一つはオッペンハイマー＝スナイダーの宇宙モデルで、もう一つは、フリードマンらの高度に対称的な宇宙モデルである。問題は、こうしたモデルを信用してよいか、信用できるとすれば、どこまで信用してよいかということだ。オッペンハイマー＝スナイダーの重力崩壊のイメージの基礎には、二つの重大な仮定があった。一つは球対称性で、もう一つは、崩壊する星をつくる物質を理想化して、その圧力を完全にゼロとしていることである。この二つの仮定は、フリードマンの宇宙モデルにもあてはまる（球対称性はすべてのFLRWモデルにあてはまる）。これらの理想化されたモデルが、そうした極端な状況下で、アインシュタインの一般相対論にしたがって崩壊する（または爆発する）物質の不可避のふるまいを表現している必要があるのだろうかと疑問に思うのは当然だ。

実際、一九六四年の秋に私が重力崩壊について考えはじめたときには、この両方の問題が気になっていた。きっかけは、洞察力に富むアメリカ人物理学者ジョン・A・ホイーラーが、少し前にマーテン・シュミットにより発見された不思議な天体[35]に関心を寄せていたことだった。その天体が異常に明るく、激しく変動することから、今日「ブラックホール」と呼ばれているものに近い性質をもつ天体が関与しているのかもしれないと思われたのだ。当時は、エフゲニー・ミハイロヴィッチ・リフシッツとアイザック・マルコヴィッチ・ハラトニコフという二人のロシア人物理学者が行った詳細な理論研究により、対称性の条件があてはまらない一般的な状況では、一般的な重力崩壊により時空の特異点が生じることはないと広く信じられていた。私は、ロシア人たちの研究については漠然としか知らなかったが、彼らが行ったような数学的な解析で決定的な結論が出るのだろうかと疑問を抱いていたため、より幾何学的な方法で、この問題について独自に考察しはじめた。私は、光線がどのようにして伝わるのか、時空の湾曲によってどのように集まるのか、それらがうねりながら互いに交錯しはじめたときに、どんな種類の特異面が生じるのかといった、各種の大域的問題について考えはじめた。

私はそれ以前にも、第八章の冒頭で説明した定常宇宙モデルとの関係で、この問題について考察していた。私は当時、定常宇宙モデルを大いに気に入っていたが、アインシュタインの一般相対論ほどは気に入っていなかった。一般相対論では、基礎的な時空の幾何学の概念と物理学の根本原理が見事に統一されていた。私は、定常宇宙モデルと一般相対論が互いに矛盾しないようにできる可能性はあるだろうかと考えていた。純粋でなめらかな定常宇宙モデルにしがみつこうとすると、たちまち、「負のエネルギー密度」を導入しないと矛盾が生じてしまうという結論を下すことになる。アインシュタインの理論によれば、通常の物質が正のエネルギー密度により光線をどんどん内側に曲げていくのに対して、負のエネルギー密度には光線を外側に広げる作用がある（第十二章参照）。一般的に、物理系に負のエネルギーがあることは、制御不能の不安定性につながるおそれがある「悪い知らせ」だ。だから私は、対称性からのずれが、この不愉快な結果を回避させてくれるのではないかと考えた。けれども、こうした光線の表面の位相幾何学的なふるまいについて考察するための大域的な議論は、しかるべき用心さえ怠らなければ非常に強力で、きわめて一般的な状況に適用しても、高度な対称性を仮定した場合と同じような結果を導き出せる場合が多いことがわかった。私は結局、対称性から少しずれた程度ではだめで、負のエネルギーが存在していないかぎり、定常宇宙モデルは（対称でなめらかなモデルからのかなりのずれを容認した場合にさえ）一般相対論と矛盾してしまうという結論に達し、これについて発表することはなかった。

私はほかにも同様の論証を用いて、重力が働く系が遠い未来に行きつくさまざまな可能性について考察していた。また、第九章で言及し、第三部で重要な役割を担うことになる共形時空幾何学などの手法を通じて、一般的な状況下で光線系が焦点に集まる性質についても考察するようになっていた。[36] やがて、自分はこうした事柄に精通していると自信をもてるようになった私は、重力崩壊の問題に着手した。ここで新たな問題がいくつか生じたが、なかでも重大だったのは、重力崩壊が

「あともどりできない点」を超えた状況を特徴づける基準が必要になったことだった。天体が崩壊する過程は、多くの状況下で逆転することがある。崩壊により圧力が十分に高くなると、物質が再び外に「跳ね返る」からである。「あともどりできない点」は、地平線が形成されるときに生じるようだ。重力はこのとき、ほかのすべてを圧倒するほど強くなるからである。ところが、地平線の存在と位置は、数学的にうまく記述できないことがわかった。地平線を厳密に定義するには、その挙動を無限に検討する必要があるのだ。それゆえ、「捕捉面」のアイディアがひらめいたことは、私にとって幸運だった。[37] 捕捉面は、どちらかといえば局所的な性質のものであり、[38] 時空のなかに捕捉面が存在していることは、とどまることない重力崩壊が実際に起こるための条件であると考えられるかもしれない。

　私は、当時考えていた「光線／位相幾何学」型の議論を利用して、一つの定理を打ち立てることができた。[39] それは、重力崩壊が起こるときに、時空が二つの「合理的」な条件を満たす場合には、特異点の存在を避けることができないという定理だった。条件の一つは、焦点に集まる光線が絶対に負にならないということで、より物理的な用語で表現するなら、アインシュタイン方程式が正しいとすると（宇宙定数Λは、あってもなくてもよい）、一本の光線のどこを見てもエネルギーフラックスが決して負にならないということだ。第二の条件は、系の全体が、開いた（これを「コンパクトでない」と言う）空間的三次元表面Σ《シグマ》から時間発展してきたものでなければならないということである。これは、合理的に局所化された（つまり宇宙論的でない）、物理的に時間発展する状況について考察を行う際には、ごく標準的な状況だ。われわれが幾何学的に要請するのは、考えている時空のなかの、Σの未来側にある任意の因果曲線を、できるだけ遠くまで（時間を）さかのぼって延長したときに、Σと交差しなければならないということだけである（図2・25参照）。あとは、

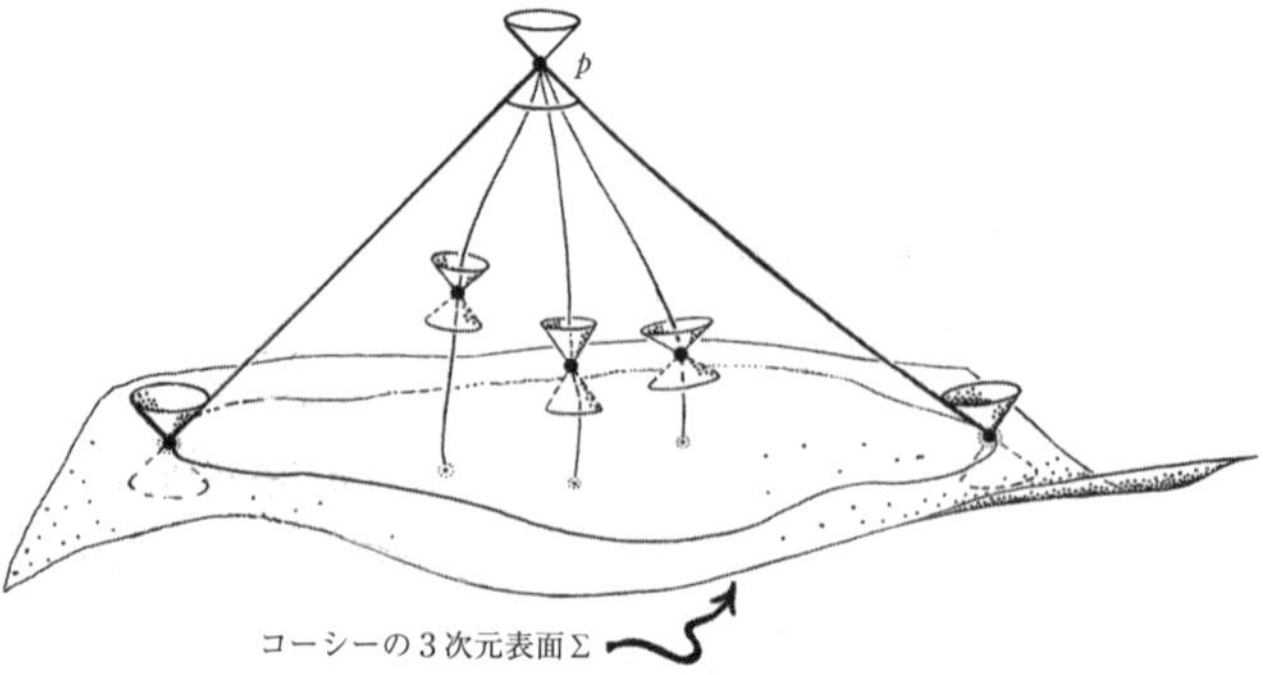

【図2.25】初期の「コーシー面」Σ。この面の未来側にある任意の点pについては、「点pで終わるすべての因果曲線は、十分遠い過去まで延長したときに、Σと交差しなければならない」という性質がある。

（捕捉面の存在を仮定することを別にすれば）この文脈での「特異点」の意味に関する要請があるだけだ。基本的に、特異点とは、時空が未来に向かってなめらかに無限に続いてゆくことを妨害するものにすぎず、[40]これは、上述の仮定と整合性がある。

この特異点定理の強みは、その一般性にある。対称性を仮定する必要はないし、その他の条件をつけて単純化し、方程式を解きやすくする必要もない。重力場源である物質の性質については、その光線のエネルギーフラックスが決して負にならないという物理的要請（この条件は「弱いエネルギー条件」と呼ばれている）にしたがい、「物理的に合理的」なものであれば、それでよい。オッペンハイマー＝スナイダーのモデルやフリードマンのモデルの圧力ゼロのダストも、たしかにこの条件を満たしている。けれどもこの定理が扱う物質は、ダストよりはるかに一般的であり、相対論研究者が考える、あらゆる種類の物理的に現実味のある古典的物質が含まれている。

一方で、特異点定理には、重力崩壊する星が直面する問題の詳細な性質については、ほとんどなにも明らかにしないという弱点もある。この定理は、特異点の幾何学的形状について、なんの手がかりも与えてくれない。それどころか、物質の密度は無限大になるのか、あるいは、時空の曲率はほかの方法で無限大になるのかといったことさえ、教えてくれない。さらには、特異挙動がどこで現れはじめるかについても、教えてくれない。

こうした問題を解明するには、上述のロシア人物理学者リフシッツとハラトニコフの詳細な分析にもっとよく一致する理論が必要だ。しかし、私が一九六四年の末に発見した特異点定理は、彼らの主張と真っ向から対立しているように見えた！　実際、そのとおりだった。それからの数カ月間、多くの驚きと混乱があった。しかし、ロシア人たちが、若い同僚のウラジミール・A・ベリンスキーの助けを借りて、自分たちの以前の研究の間違いを見つけ出し、それを修正したことで、すべての問題が解決した。最初の研究では、アインシュタイン方程式の特異解はきわめて特殊なものであるように思われたが、修正された研究では、私が得た定理と同じく、特異挙動がごく一般的なものであることが示されたのだ。さらに、ベリンスキー＝ハラトニコフ＝リフシッツ（Belinski-Khalatnikov-Lifshitz）の研究は、特異点への接近について、非常に複雑でカオス的なタイプの挙動が見られる可能性を示唆した。これは現在、彼らの頭文字をとってBKL予想と呼ばれている。そのような挙動はすでに、アメリカの相対論研究者チャールズ・W・マイスナーの考察により「ミックスマスター宇宙」として予想されていた。私は、少なくとも、起こりうる広範な状況において、そうした激しいカオス的・「ミックスマスター」的な挙動が一般的なものになる可能性は大いにあると考えている。

この問題については第十二章でもお話しすることになるが、ここでは、もう一つの問題について考えよう。それは、捕捉面のようなものが生成する状況は本当にありえるのだろうかという問題だ。

質量が大きすぎる恒星が、進化の末期に破滅的な崩壊をすると予想されるようになったきっかけは、一九三一年のスブラマニアン・チャンドラセカールによる白色矮星の研究だった。白色矮星は、非常に小さくて密度の高い恒星であり（最初に発見された白色矮星は、シリウスという明るい星の不思議な暗い伴星だった）、太陽に匹敵する質量をもちながら、その半径は地球程度しかない。白色矮星は、電子の縮退圧（複数の電子が同一の状態をとることを許さない量子力学原理にもとづく力）によって、その大きさを保っている。チャンドラセカールは、（特殊）相対論の効果を考慮すると、重力で収縮しようとする白色矮星が縮退圧によってみずからを支えられる質量には上限があることを示した。その結果、この「チャンドラセカール限界」よりも大きくて冷たい質量はどうなるのかという問題に人々の目が向けられるようになったのだ。なお、チャンドラセカール限界は、約一・四$M_\odot$であることがわかっている（$M_\odot$は太陽の質量を表す）。

太陽のようなふつうの恒星（主系列星）は、進化の末期に外層が膨張して赤色巨星になり、電子が縮退した中心核をもつようになる。赤色巨星を構成する物質は、外層から宇宙空間に流出すると同時に、中心核に徐々に蓄積していく。この中心核の質量がチャンドラセカール限界を超えなかった場合、恒星は白色矮星となり、徐々に冷えてゆき、最後は黒色矮星として終わる。太陽は、この運命をたどると予想されている。しかし、もっと大きい恒星では、中心核の質量がチャンドラセカール限界以上となり、ある段階で中心核が崩壊する。恒星の中心部に向かって落下してくる物質は、非常に激しい超新星爆発を引き起こす（おそらく数日間は、その恒星が属する銀河全体よりも明るく光ることになる）。この過程で十分多くの物質が吹き飛ばされると、残った中心核は、さらに高密度の星として存続できるようになり（たとえば、一・五$M_\odot$の質量が直径一〇キロメートルほどまで圧縮される）、中性子の縮退圧によって支えられる中性子星となる。

中性子星はときにパルサーとして姿を現し（第七章と第二部の原註（6）を参照されたい）、これまでに銀河系内のパルサーが多数観測されている。けれども、中性子星の質量にも上限があり、その値は一・五$M_{\odot}$程度とされている（この質量はランダウ限界と呼ばれることがある）。もとの恒星の質量が非常に大きかった場合（たとえば一〇$M_{\odot}$以上）、超新星爆発により吹き飛ばされる物質の量が十分でないことは大いにありえる。その場合、残った中心核は、中性子星としてみずからの重力を支えることはできない。そうなると、重力崩壊を阻止するものはなにもなく、おそらく捕捉面が生じるような段階に到達するものと考えられる。

もちろん、これは決定的な結論ではなく、捕捉面の段階に到達する前の、物質が極端に凝縮した状態（とはいえ、中性子星の半径の三分の一程度になっただけなのだが）の物理学は、十分には理解されていないと反論することもできるだろう。しかし、銀河の中心付近での多数の星々の集まりのように、もっと大きなスケールでの質量の集中を考えると、ブラックホールが形成される可能性は格段に高くなる。これは単に、スケールに応じてものごとがどのように変化するかという問題だ。系が大きくなればなるほど、捕捉面は低い密度で形成されるようになる。たとえば、直径10^6キロメートルの領域は、約１００万個の白色矮星が互いに接触することなく存在できる空間であるが、これらを取り囲む捕捉面が形成されるのに十分な小ささである。非常に高い密度での「未知の物理学」の問題は、ブラックホールの形成とは関係がない。

私がごまかしてきた理論的な問題がもう一つある。私はこれまで、捕捉面が存在していればブラックホールが形成されると、暗に仮定してきた。けれどもこの推論は、「宇宙検閲官仮説」に依存している。[41] 宇宙検閲官仮説は、現時点では正しいと広く信じられているものの、証明されたわけではなく、ＢＫＬ予想とともに、古典的一般相対論の主要な未解決問題であると言えるだろう。宇宙検閲官仮説の主旨は、一般的な重力崩壊では、裸の時空特異点は生じないということである。ここで特異点が「裸」であるとは、特異点から始まる因果曲線が、遠方にいる外部の観測者に届くということだ（その場合、観測者は事象の地平線によって遮られることなく特異点を観察できることになる）。宇宙検閲官仮説については第十二章でも論じる。

　いずれにせよ、現時点での観測結果は、ブラックホールの存在を非常に強く裏づけている。ある種の連星系に太陽の数倍の質量のブラックホールが含まれていることを示唆する証拠はきわめて印象的である。とはいえ、連星系の見えない片割れが、力学的な運動によってその存在を明かしていることは、いささか「ネガティブな」特徴である。標準的な理論によると、見えない片割れの質量は、どんなコンパクトな天体を考えても大きすぎる。こうした観測結果のなかで最も印象的なのは、銀河系の中心部にある、目には見えないが途方もなく大きな質量をもつコンパクトな天体のまわりを、恒星が猛スピードで軌道運動していることだ。恒星の運動から、銀河系の中心部にある見えない天体の質量は約四〇〇万$M_\odot$であると見積もられている！　この天体がブラックホール以外のものであると想像するのは難しい。同じく「ネガティブ」な証拠として、周囲の物質を引きずり込んでいるが、これにより「表面」が加熱されている形跡がない天体もいくつか観測されている。表面らしきものがないことは、その天体がブラックホールであることを示唆する明白で直接的な証拠となる。[42]

第十一章　共形ダイアグラムと共形境界

時空モデル、特に、オッペンハイマー＝スナイダーの時空やフリードマンの時空のような球対称な時空モデルの全体を表現する便利な方法がある。それが共形ダイアグラムである。私はここで二種類の共形ダイアグラムを区別する。一つは厳密な共形ダイアグラムで、もう一つは概略的な共形ダイアグラムである。[43] 以下では、それぞれの有用性を説明したい。

まずは、厳密に球対称な時空（$\mathcal{M}$）を表すのに用いられる厳密な共形ダイアグラムから始めよう。ダイアグラムは平面のなかの領域$\mathcal{D}$で、$\mathcal{D}$の内側にある点の一つ一つが、$\mathcal{M}$のなかの球（S^2）に相当する点を表す。ここで起きていることを視覚的に捉えるために、空間次元を一つ減らして、左の方にある垂直な直線を回転軸として、領域$\mathcal{D}$をそのまわりにぐるりと回転させることを考えよう（図2・26参照）。このとき、$\mathcal{D}$上の一つ一つの点は円（S^1）を描く。これなら視覚的に想像できる。けれども、時空$\mathcal{M}$の完全な四次元像については、二次元の回転が必要になるため、$\mathcal{D}$の内側の一つ一つの点は$\mathcal{M}$のなかで球（S^2）を描くことになる。

厳密な共形ダイアグラムでは、回転軸が領域$\mathcal{D}$の境界線の一部になっていることがよくある。このとき、回転軸（ダイアグラム中の破線で表す）の上にある境界の点の一つ一つは（S^2ではなく）

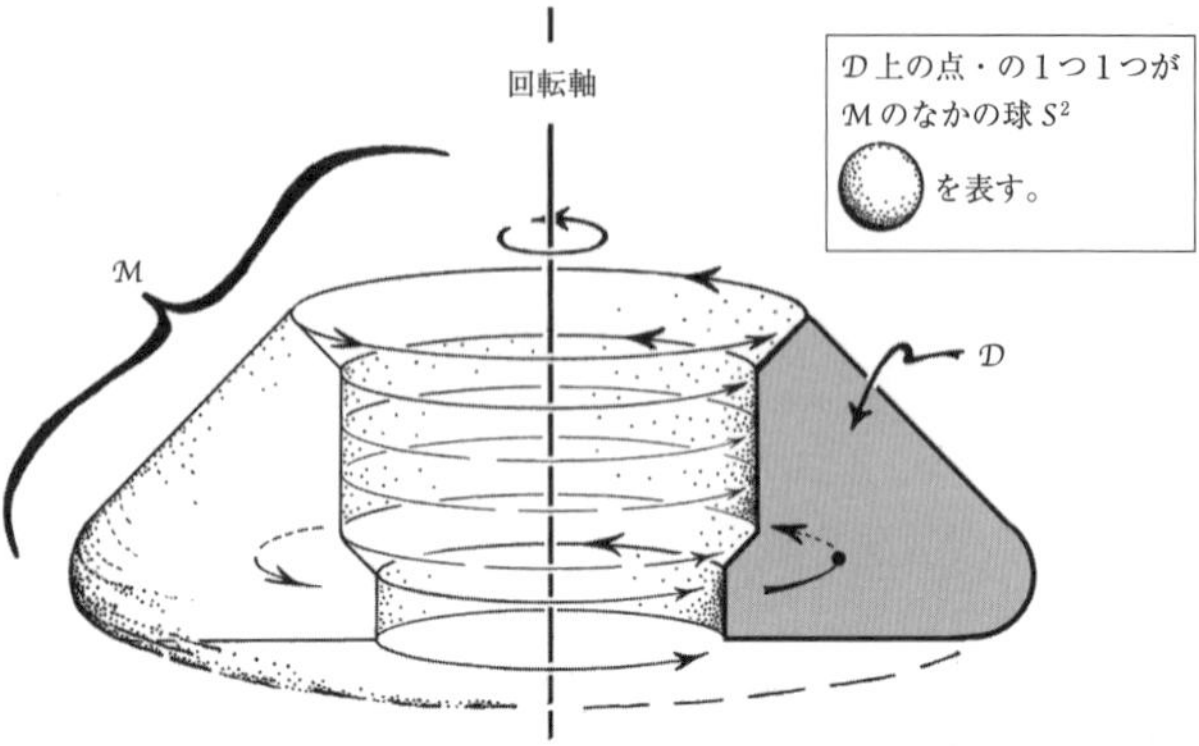

【図 2.26】厳密に球対称な時空（𝓜）を表すのに用いられる厳密な共形ダイアグラム 𝒟。2次元領域 D を回転させると、2次元の球 S^2 を経由して、4次元空間 𝓜 が得られる。

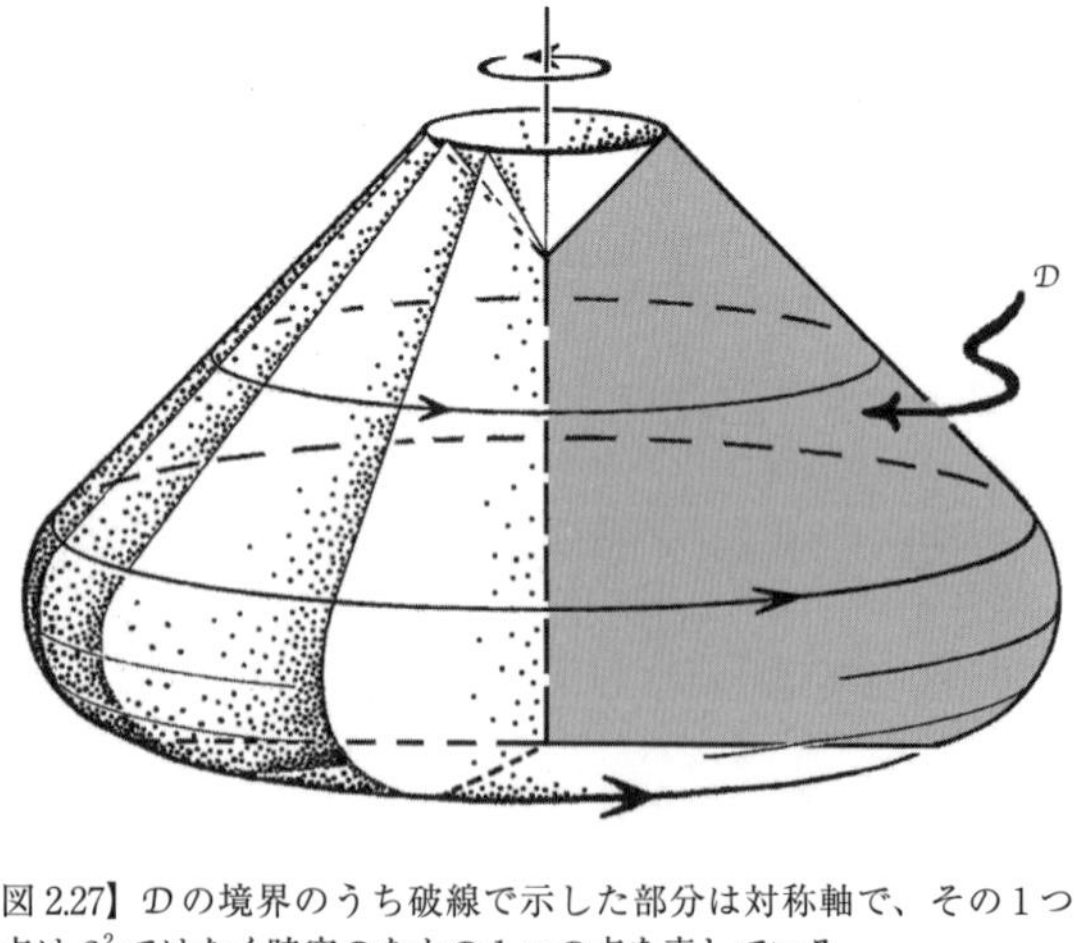

【図 2.27】𝒟の境界のうち破線で示した部分は対称軸で、その1つ1つの点は S^2 ではなく時空のなかの1つの点を表している。

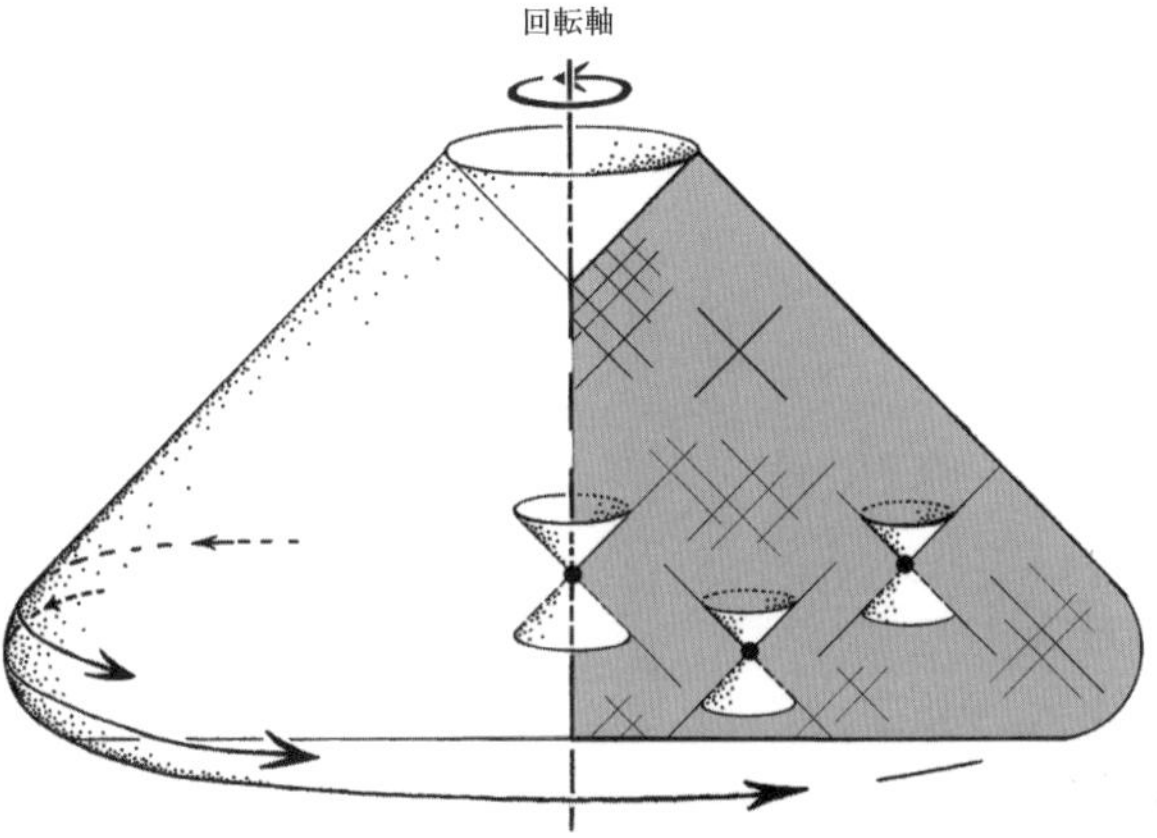

【図 2.28】垂直方向に対して 45 度傾いている 𝒟 の「ヌル円錐」は、ℳ のヌル円錐と、埋め込まれている 𝒟 との交線である。

四次元時空のなかの一つの点を表し、破線の全体はℳのなかの一本の線を表す。図2・27を見ると、時空ℳの全体が、破線の軸のまわりを回転する𝒟と同じ二次元空間の集まりからできていることがわかる。

以後、ℳは共形時空であると考え、ℳに完全な計量**g**を与える具体的なスケールについては考えすぎないようにしよう。第九章の最後の文で述べたように、ℳはこのとき、（時間の向きのある）ヌル円錐の集まりとして与えられる。したがって、ℳの二次元の部分空間である𝒟は、ℳから二次元の共形時空構造を受け継ぎ、それ自身の「時間の向きのあるヌル円錐」をもっている。これらは、𝒟上の各点にある一対の「ヌル」方向からなり、未来を向いていると見なされる（図2・28に示すように、これは𝒟の形を定める平面とℳの未来ヌル円錐との交線である）。

厳密な共形ダイアグラムでは、𝒟のこれらの未来ヌル方向のすべてを鉛直上向きから45度傾いた向きに整列させる。この状況をはっきりさせるため、図2・29に、ミンコフスキー時空$\mathbb{M}$全体の共形ダイアグラムを描いた。その放射状のヌル線は、鉛直上向きから45度傾いた向きに描かれている。このマッピングがどのように行われるかを図2・30に描いてみた。図2・29には、共形ダイアグラムの重要な特徴が現れている。それは、このダイアグラムには無限の時空$\mathbb{M}$が包含されているのに、図には有限の（直角）三角形しか描かれていないことである。実際、共形ダイアグラムの特徴は、時空の無限の領域を「押しつぶして」有限の絵に含まれるようにすることにある。このダイアグラムには無限そのものも表現されている。二本の斜めの太線で描いた境界線は、過去のヌル無限遠$\mathscr{I}^-$と未来のヌル無限遠$\mathscr{I}^+$を表していて、$\mathbb{M}$のすべてのヌル測地線（ヌル直線）は、$\mathscr{I}^-$に過去の端点をもち、$\mathscr{I}^+$に未来の端点をもつ。なお、ここで無限遠（infinity）を表す「$\mathscr{I}$」は、筆記体（script）であることから「スクリ（scri）」と呼ばれることが多い[44]。境界線上にはi^-、i^0、i^+という三つの点もあり、それぞれ、過去の時間的無限遠、空間的無限遠、未来の時間的無限遠を意味する。ここで、$\mathbb{M}$中のすべての空間的測地線は過去の端点i^-と未来の端点i^+をもち、すべての時間的測地線は点i^0を経由して閉じたループになる（このすぐあと、i^0が単なる一点であると考えなければならない理由を述べる）。

ここで、双曲平面全体の共形表現を与える図2・3（c）のエッシャーの絵を思い出しておくと、役に立つかもしれない。エッシャーの絵の境界となる円は、共形的に有限な方法で無限を表している。これは、$\mathbb{M}$について$\mathscr{I}^+$、$\mathscr{I}^-$、i^-、i^0、i^+が無限を表しているのと本質的に同じである。双曲平面は、なめらかな共形多様体として、共形境界を越えて、それが描かれているユークリッド平面へと拡張することができる（図2・31）。$\mathbb{M}$についても、同じように境界を越えて、より大きな共形多様体へとなめらかに拡張することができる。実は、$\mathbb{M}$はアインシュタイン宇宙$\mathscr{E}$（あるいは「アインシュタインの円筒宇宙」）と呼ばれる時空モデルの一部と共形的に同じである。この宇宙モ

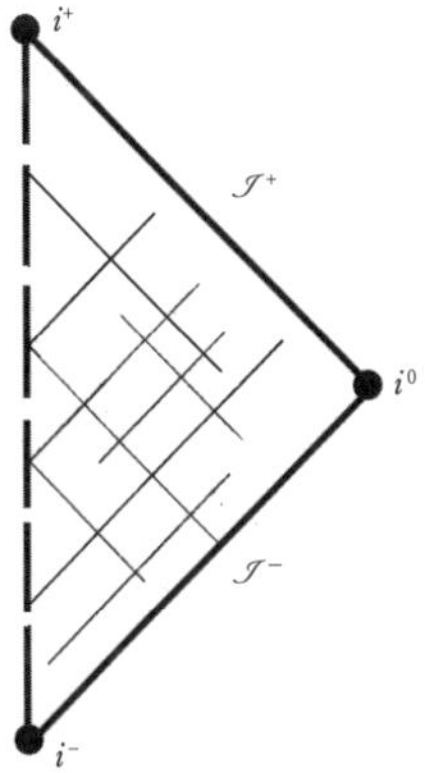

【図 2.29】ミンコフスキー空間 𝕄 の厳密な共形ダイアグラム

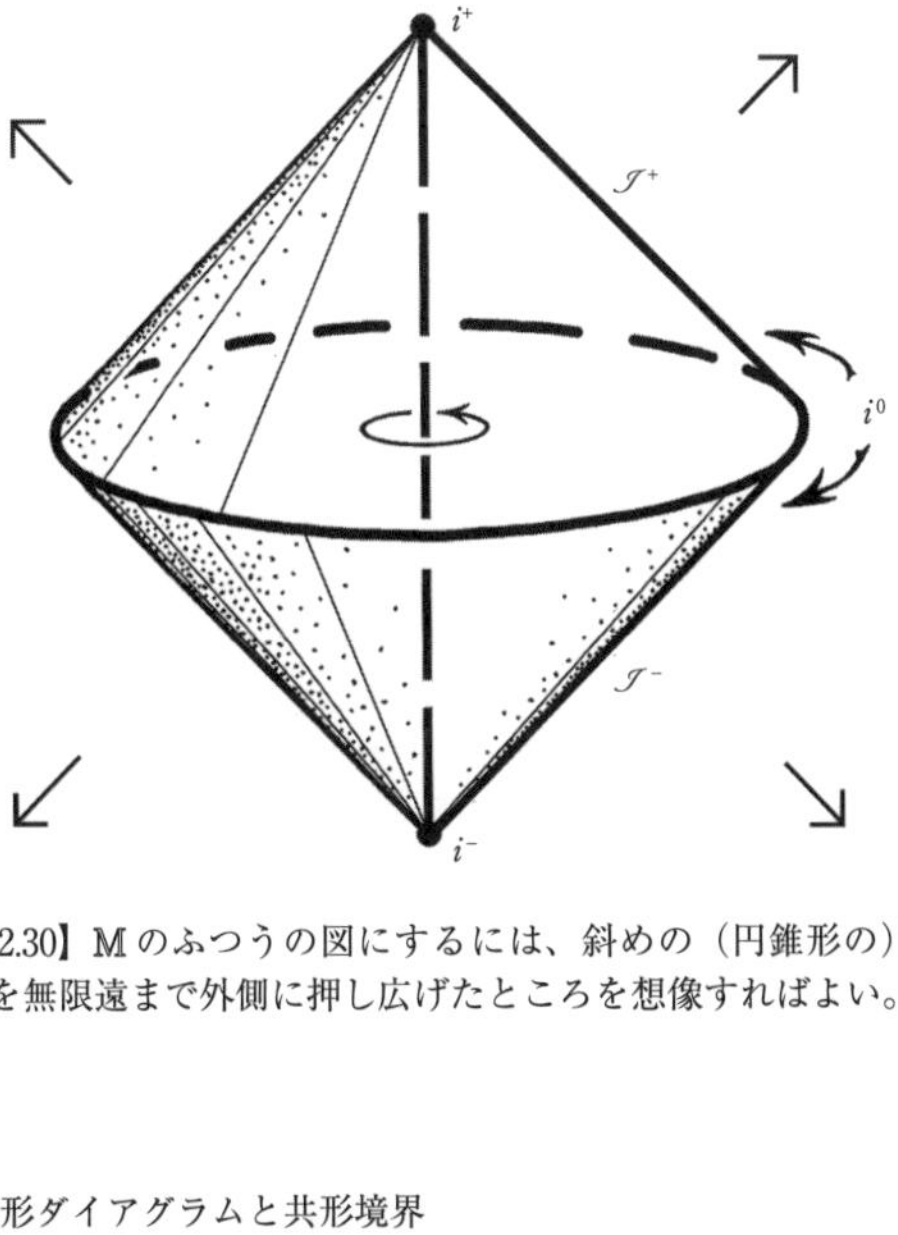

【図 2.30】𝕄 のふつうの図にするには、斜めの（円錐形の）境界線を無限遠まで外側に押し広げたところを想像すればよい。

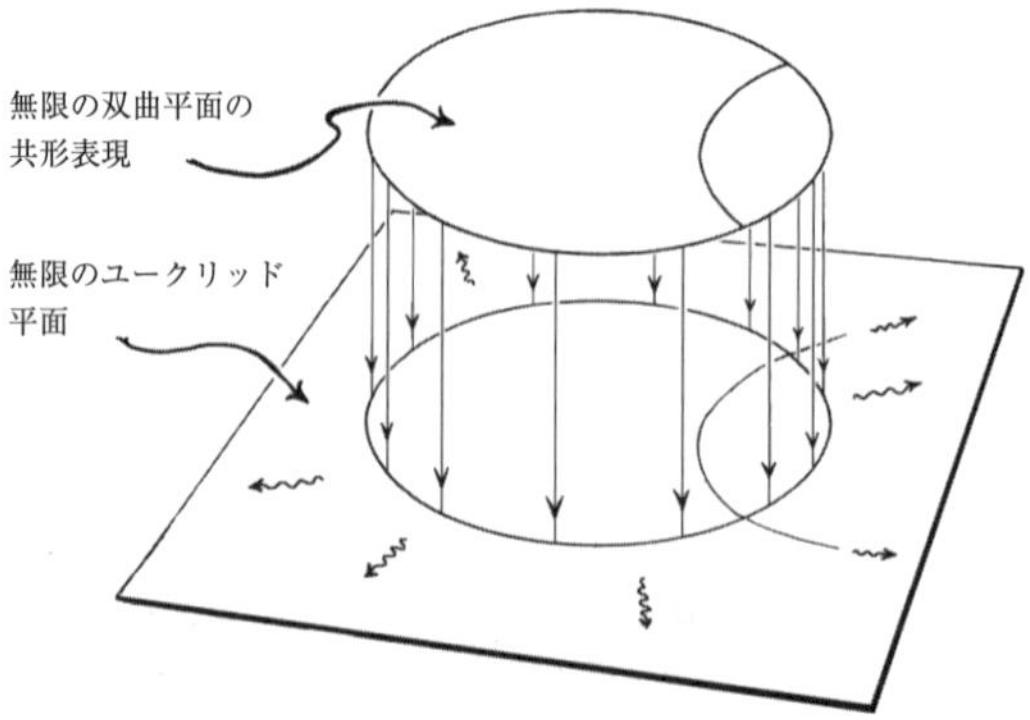

【図 2.31】双曲平面は、なめらかな共形多様体として、共形境界を越えて、それが描かれているユークリッド平面へと拡張することができる。

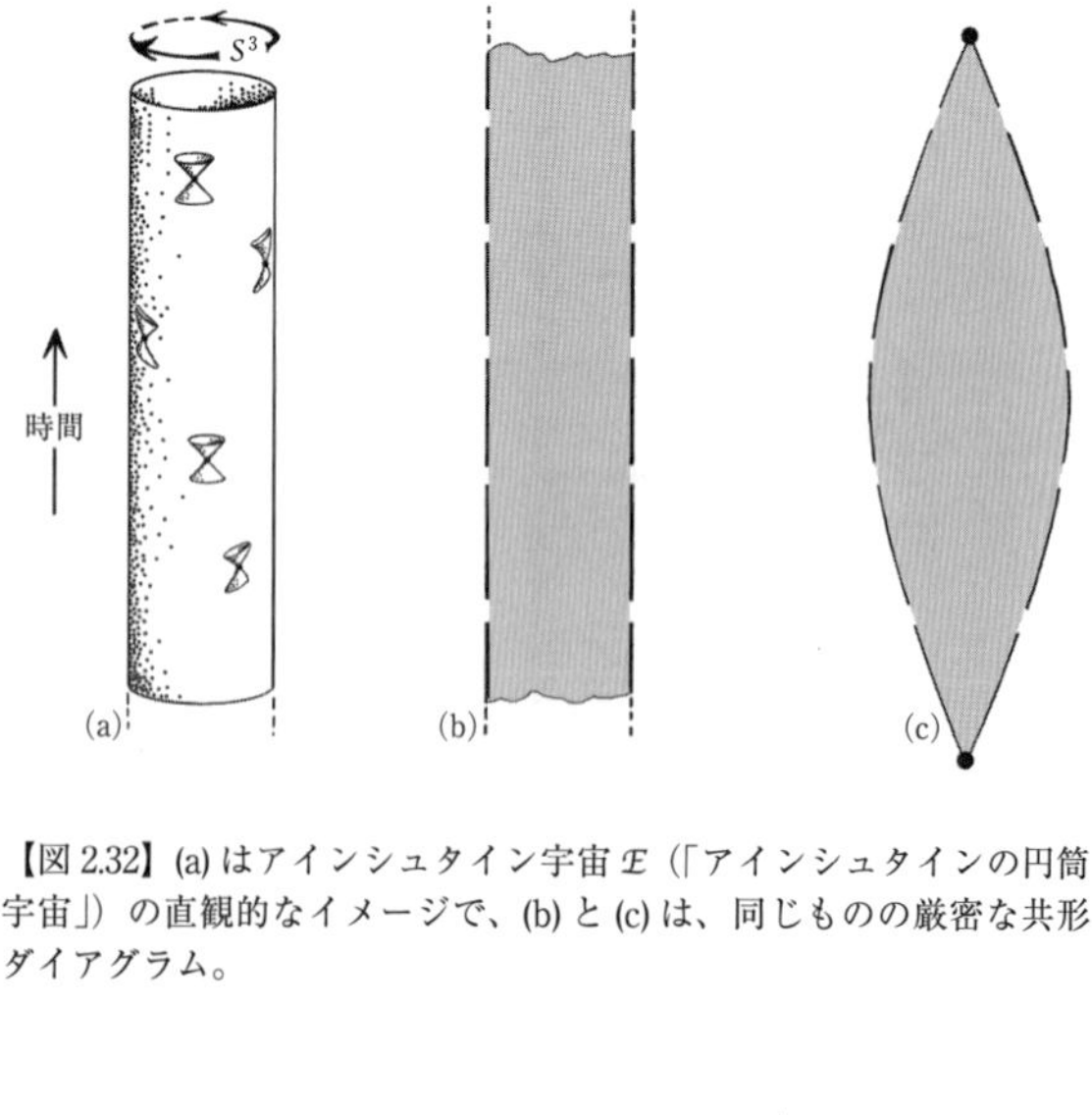

【図 2.32】(a) はアインシュタイン宇宙 $\mathscr{E}$（「アインシュタインの円筒宇宙」）の直観的なイメージで、(b) と (c) は、同じものの厳密な共形ダイアグラム。

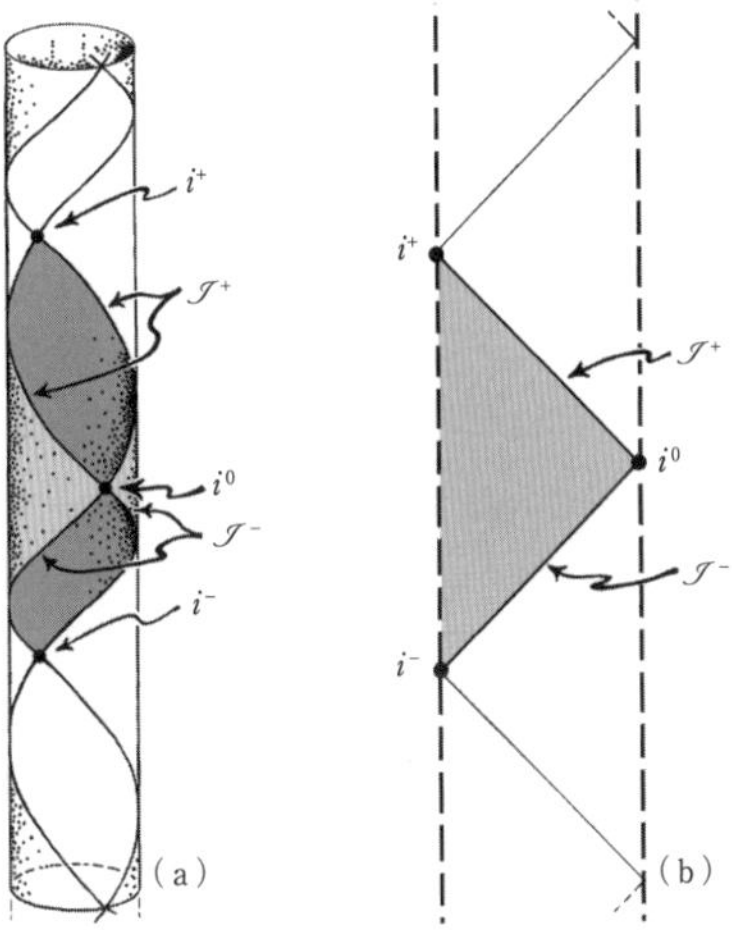

【図2.33】 i^0 が単一の点である理由。(a) 𝕄は ℰ の共形部分領域として生じてくる。多様体ℰの全体は、共形的に、空間 𝕄 が無限に連続したものからなると考えられる。(b) は、この過程を厳密な共形ダイアグラムで表したもの。

デルは、空間的には三次元球面（S^3）で、完全に静的である。このモデルの直観的なイメージを図2・32（a）に示し（一九一七年、アインシュタインはこのモデルを成り立たせるために初めて宇宙定数Λをもち込んだ。第七章参照）、これを表す厳密な共形ダイアグラムを図2・32（b）に示す。後者のダイアグラムには、二本の垂直な破線で表される二つの「回転軸」があることに注目されたい。ここに矛盾はない。われわれは単純に、二本の破線が互いに近づくにつれて、S^2の半径（ダイアグラムの内部の各点がこれを表している）が縮んできて、最終的にはゼロになると考える（図2・32（c））。これにより、𝕄の空間的な無限遠が、共形的には単一の点i^0であるという奇妙な事実も説明できる。なぜなら、これが表していたと思われるS^2の半径は、縮んでゼロになったからだ。時空ℰの空間的なS^3断面は、この手順によって得られる。図2・33（a）は、𝕄がℰの共形部分領域として生じてくる様子を示している。ここで、多様体ℰの全体は、共形的に、空間𝕄の$\mathscr{I}^+$が次の空間𝕄の$\mathscr{I}^-$と連結することを無限に繰り返したものからなると考えられる。図2・33（b）は、この過程を厳密な共形ダイアグラムで表したものである。この図を覚えておくと、第三部で提案するモデルについて考察する際に役立つだろう。

ここで、第七章で紹介したフリードマン宇宙論について考えよう。図2・34（a）、（b）、（c）はそれぞれ、$\Lambda=0$で$K>0$、$K=0$、$K<0$の場合を表している。特異点は波線で表す。境界上の白点「○」は球S^2の全体を表し、黒点「•」は（すでに$\mathbb{M}$の場合に使っていたが）個々の点を表すものとする。白点は、エッシャーが二次元の場合に用いた共形表現での双曲空間の境界の球を表している。宇宙定数が正（$\Lambda>0$）で$K>0$の場合、空間の曲率は、Λを圧倒して最終的に再崩壊を引き起こすほどは大きくないものと仮定する。図2・35（a）、（b）、（c）はそれぞれ、$\Lambda>0$で$K>0$、$K=0$、$K<0$の場合を表している。これらの共形ダイアグラムには重要な特徴がある。どのモデルでも、未来の無限遠$\mathscr{I}^+$は空間的なのだ。このことは、最後の太い境界線の傾きが常に45度より水平であることによって示唆される。一方、図2・34（b）、（c）と図2・29のように$\Lambda=0$の場合、未来の無限遠での境界の傾きは45度で、$\mathscr{I}^+$はヌル超曲面となる。これは$\mathscr{I}^+$の幾何学的な性質と宇宙定数Λの値との関係に見られる一般的な特徴であり、第三部の考察にとって非常に重要になる。

$\Lambda>0$のフリードマン・モデルは、いずれも遠い未来に（すなわち$\mathscr{I}^+$の近くで）ド・ジッター時空$\mathbb{D}$に近いふるまいを見せる。（ミンコフスキー時空の四次元球に相当する）ド・ジッター時空は、物質がまったく存在しない、きわめて対称的なモデル宇宙である。図2・36（a）は$\mathbb{D}$の二次元バージョンのスケッチだが、空間次元は一つしか示していない（完全なド・ジッター四次元空間$\mathbb{D}$は、ミンコフスキー五次元空間の超曲面となる）。図2・36（b）は、ド・ジッター時空の厳密

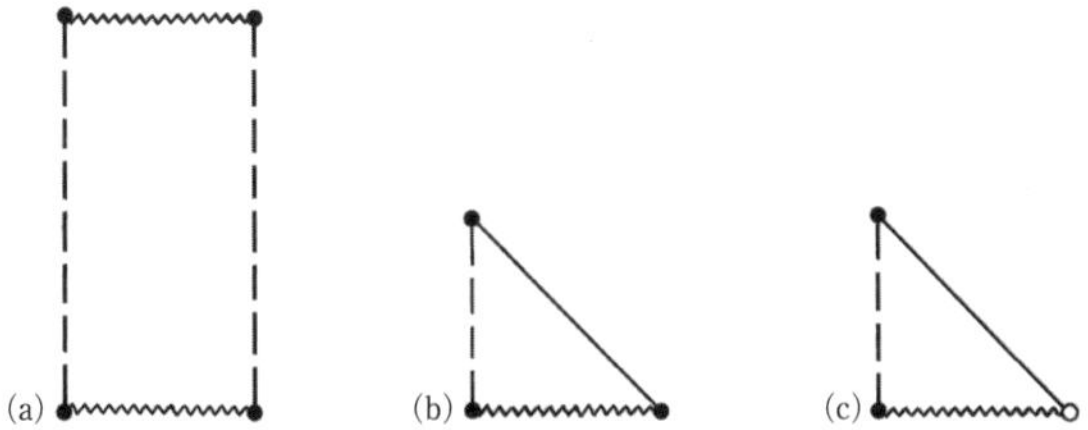

【図 2.34】フリードマン宇宙論において、$\Lambda = 0$ で $K>0$、$K= 0$、$K<0$ の 3 つの場合における厳密な共形ダイアグラム。

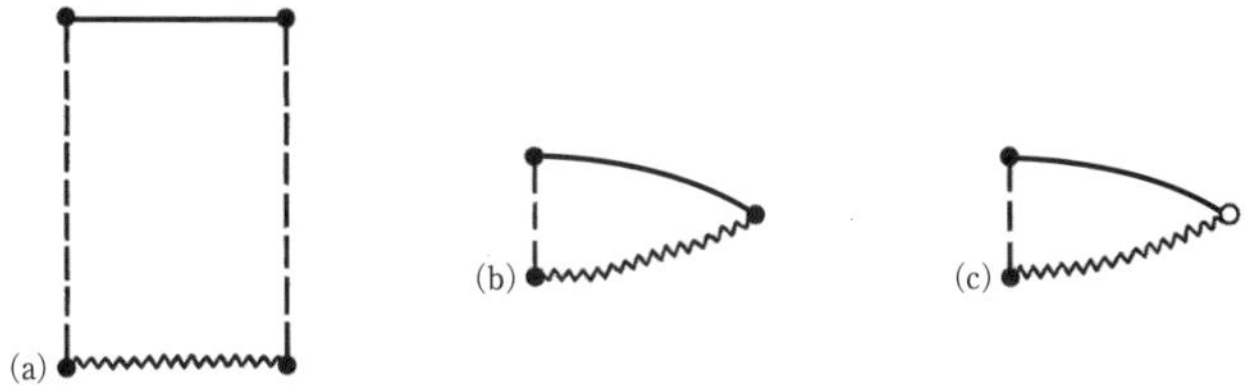

【図 2.35】$\Lambda >0$ のフリードマン・モデルに関する厳密な共形ダイアグラム。(a)$K>0$、(b)$K= 0$、(c)$K<0$。

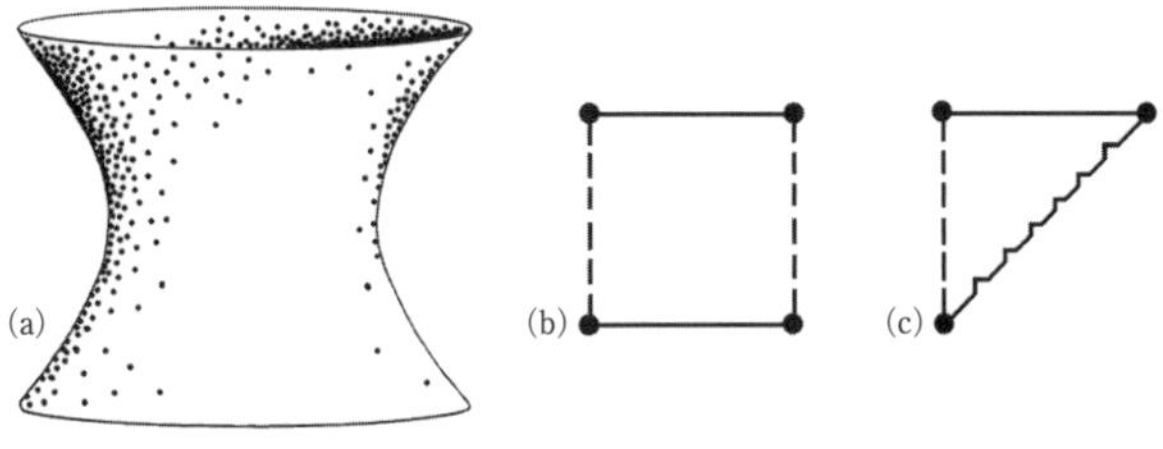

【図 2.36】ド・ジッターの時空。(a)（2 つの空間次元を抑制して）ミンコフスキーの 3 次元空間のなかで表したもの。(b) 厳密な共形ダイアグラム。(c) 半分に分割すると、定常宇宙モデルの厳密な共形ダイアグラムが得られる。

な共形ダイアグラムだ。第八章で紹介した定常宇宙モデルは、図2・36（c）で示すように、𝔻のちょうど半分である。このように𝔻を分割する必要があるため（図中のギザギザの境界）、定常宇宙モデルは過去の方向に「不完全」である。質量をもつ粒子の自由運動を表すことができる通常の時間的測地線はあるものの、その時間のものさしは、ある有限の値より前に拡張することができない。この点は、定常宇宙モデルを未来の方向に適用した場合に問題になると思われるかもしれない。このモデルは、粒子や宇宙旅行者の未来に適用することができるからだ(45)。けれども、そのような粒子運動は絶対にないと言ってよい。

このあたりの物理学についてはさまざまな見解があるが、私の厳密な共形ダイアグラムでは、小さなギザギザのある線を使って、こうした不完全性の存在を示すことにする。厳密な共形ダイアグラムには、もう一種類の線を使っている。ブラックホールの事象の地平線を示す点線だ。図2・37に示すように、私が描く厳密な共形ダイアグラムには、この五種類の線（対称軸を表す破線、無限を表す太線、特異点を表す波線、不完全性を表す小さなギザギザのある線、ブラックホールの地平線を表す点線）と、二種類の点（四次元空間内の個々の点を表す黒点、球S^2の全体を表す白点）が使われている。

オッペンハイマー＝スナイダーの重力崩壊によりブラックホールが誕生する過程を表す厳密な共形ダイアグラムを図2・38（a）に示す。これは、重力崩壊するフリードマン・モデルの一部と、もとのシュヴァルツシルト解をエディントン＝フィンケルスタインが拡張したものの一部とを「くっつけた」もので、それぞれの厳密な共形ダイアグラムを図2・38（b）（c）に示す。図2・39も参照されたい。アインシュタインが一般相対論の方程式を発表した直後の一九一六年、カール・シュヴァルツシルトは一つの解を見つけた。シュヴァルツシルト解と呼ばれるその解は、静的で球

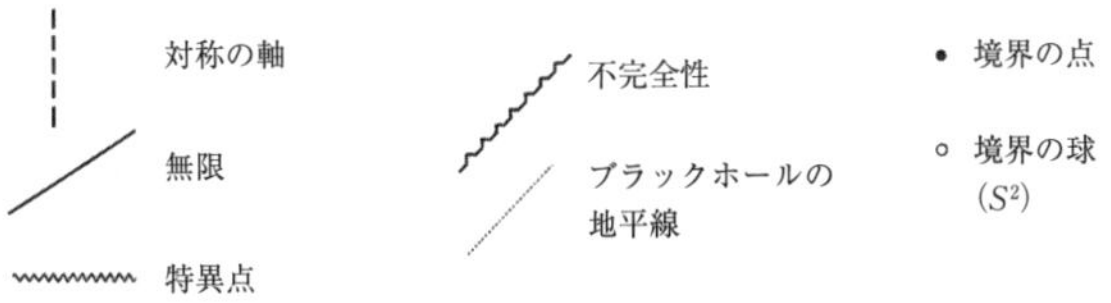

【図 2.37】厳密な共形ダイアグラムを見るための凡例。

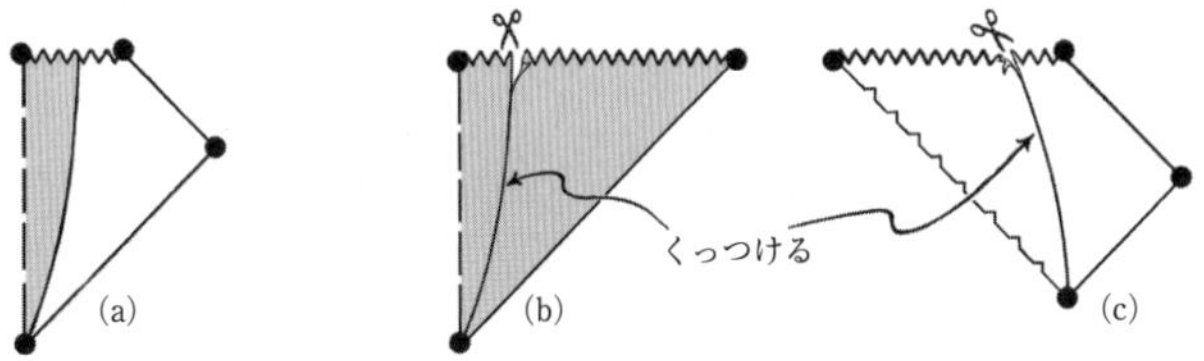

【図 2.38】重力崩壊によりブラックホールが誕生するオッペンハイマー = スナイダーのモデル。(a) は、(b) と (c) をくっつけて作った厳密な共形ダイアグラム。(b) は、図 2.34(b) のフリードマン・モデルの時間反転した左側、(c) は、図 2.39(b) のエディントン = フィンケルスタイン・モデルの右側。これらのような局所的モデルでは、Λは無視され、$\mathscr{I}$はヌルとして扱う。

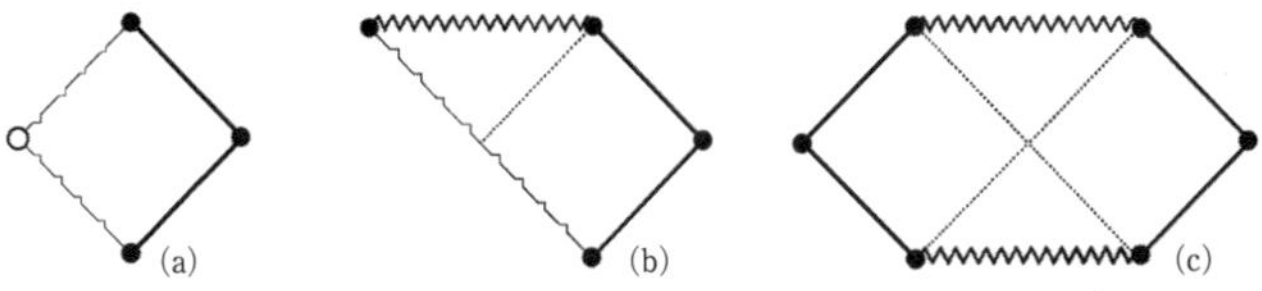

【図 2.39】球対称な真空の（Λ =0 での）厳密な共形ダイアグラム。(a) もとのシュヴァルツシルト解。シュヴァルツシルト半径の外部で成り立つ、(b) エディントン = フィンケルスタインの崩壊計量への拡張、(c) クルスカル = シング = セケレシュ = フロンズダール計量への完全な拡張。

対称な天体（たとえば恒星）の外部重力場を記述しているが、内側のシュヴァルツシルト半径

$$\frac{2MG}{c^2}$$

まで、静的な時空として拡張することができる。ここでMは天体の質量、Gはニュートンの重力定数である。地球のシュヴァルツシルト半径は約九ミリ、太陽のシュヴァルツシルト半径は約三キロメートルで、どちらもシュヴァルツシルト半径は天体の内部にある。シュヴァルツシルト計量は外部領域でしか成り立たないため、時空の幾何学とは直接関係のない、あくまでも理論的な距離ということになる。図2・39（a）の厳密な共形ダイアグラムを参照されたい。

しかし、ブラックホールにとっては、シュヴァルツシルト半径は地平線にある。この半径で、シュヴァルツシルト計量は特異点となる。シュヴァルツシルト半径は、もともとは時空の特異点だと考えられていた。しかし、時空がいつまでも静的であるという要請を捨てれば、これを完全になめらかに拡張できることが明らかになった。一九二七年にそのことを最初に明らかにしたのがジョルジュ・ルメートルである。一九三〇年にはアーサー・エディントンが、この拡張のより単純な記述を発見した（ただし、彼がみずから発見した記述の意味を指摘することはなかった）。エディントンの記述を再発見し、その意味を明確にしたのはデヴィッド・フィンケルスタインで、一九五八年のことだった。その厳密な共形ダイアグラムは図2・39（b）を参照されたい。図2・39（c）の厳密な共形ダイアグラムは、「シュヴァルツシルト解を最大限に拡張したもの」として知られる。しばしば「クルスカル＝セケレシュの拡張」と呼ばれるが、より複雑ではあるが等価な記述が、彼らよりも早い時期にJ・L・シングによって発見されている。[46]

第十六章では、ブラックホールのもう一つの特徴を論じるつもりだ。その特徴は、今日では非常に小さな効果しか及ぼさないが、究極的にはわれわれにとって非常に重要な意味をもつことになる。アインシュタインの一般相対論は古典物理学であり、この理論によれば、ブラックホールは完全に真っ黒でなければならない。けれどもスティーヴン・ホーキングは、一九七四年に行った分析により、背景の曲がった時空における場の量子論の効果を考慮すると、ブラックホールは非常に小さな温度Tをもたなければならないことを明らかにした。[47] この温度は質量に反比例する。たとえば、質量が一〇$M_{\odot}$のブラックホールの温度は6×10^{-9}K程度となるが、これは、二〇〇六年にマサチューセッツ工科大学（ＭＩＴ）の研究チームが達成した最低温度の記録（約10^{-9}K）に近い、非常に低い温度である。今日のブラックホールはだいたいこの程度の温度だろうと考えられていて、まだまだ温かいほうだ。より大きなブラックホールはもっと低温で、銀河系の中心部にある質量約四〇〇万$M_{\odot}$のブラックホールの温度は約1.5×10^{-14}K程度しかないと考えられている。われわれを取り巻く宇宙の温度、すなわち、現時点の宇宙マイクロ波背景放射の温度は約二・七Kなので、ブラックホールに比べればはるかに高温だ。

それでも、もっと長い目でものごとを見るようにして、宇宙の指数関数的な膨張が無限に続き、宇宙マイクロ波背景放射の温度がどこまでも下がっていくと考えるなら、その温度は宇宙に存在しうる最大のブラックホールの温度より低くなるかもしれない。その後、ブラックホールは周囲の空間にエネルギーを放射するようになり、アインシュタインの$E=mc^2$の式によれば、エネルギーを失うことで質量も失うことになる。ブラックホールは質量を失いながら高温になり、信じられないほど長い時間をかけて（今日の最大級のブラックホールなら、おそらく10^{100}年、つまり「一グーゴル年」程度の時間をかけて）少しずつ縮んでゆき、ついには「ポン」と爆発して消滅してしまう。

この最後の爆発は大砲の砲弾が破裂する程度のエネルギーしかなく、「バン」と呼べるような激しいものではない。これだけ長く待ったあとに起こる現象としては、なんとも拍子抜けである！

言うまでもなく、この推論では、今日の物理学の知識と理解を、非常にかけ離れた状況にあてはめようとしている。けれども、ホーキングの分析は広く受け入れられた一般原理とよく一致していて、これらの一般原理によると、われわれは上述の基本的な結論から逃れることができないようだ。ゆえに私は、この予想が、ブラックホールの最終的な運命の説明として信用できると考えている。実は、この予想は、本書の第三部で提案する体系の重要な要素の一つとなる。この過程のスケッチを図2・40に、その厳密な共形ダイアグラムを図2・41に示しておこう。

もちろん、ほとんどの時空は球対称性をもたないし、厳密な共形ダイアグラムによる記述は、もっともらしい近似にさえならないかもしれない。それでも、概略的な共形ダイアグラムの概念は、しばしば、頭のなかの考えをはっきりさせるのに大いに役立つ。概略的な共形ダイアグラムには、厳密な共形ダイアグラムのような明確な規則がない。また、概略的な共形ダイアグラムの意味を十分に理解するため、ダイアグラムが三次元（場合によっては四次元）で描かれていると想像しなければならないこともある。無限の量を有限にする時空の共形表現には二種類あるが、その両方を用いることがポイントとなる。一つは、時間と空間の無限の領域を有限のものとして捉えることであり、厳格な共形ダイアグラムの太線の境界がこれにあたる。もう一つは、別の意味で無限の領域を折りたたむことである。それが時空の特異点で、厳密な共形ダイアグラムでは、波線の境界がこれにあたる。前者は、なめらかにゼロに向かうことを許された共形因子（第九章の $\mathfrak{g}\rightarrow\Omega^2\mathfrak{g}$ の「Ω」）によって実現され、このとき無限の領域は「押しつぶされ」て有限になる。後者は、無限になることを許された共形因子によって実現され、このとき特異点領域は「引き伸ばされ」て有限か

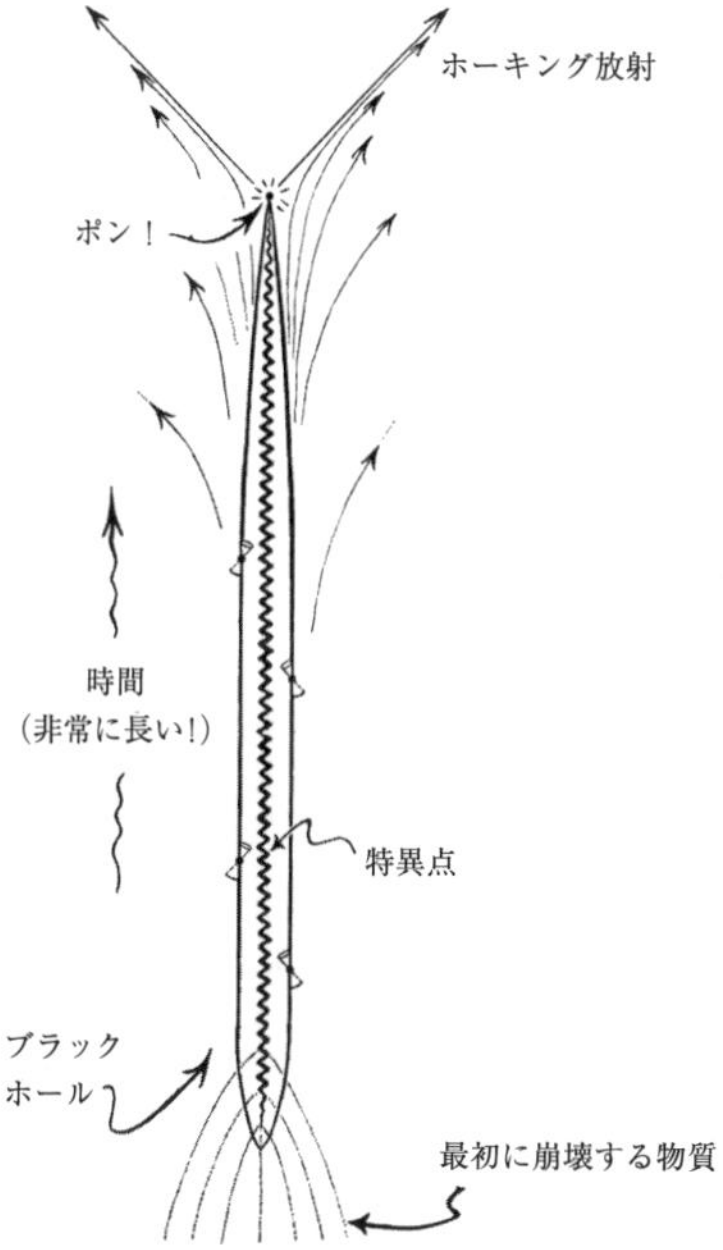

【図 2.40】ホーキング放射により蒸発するブラックホール

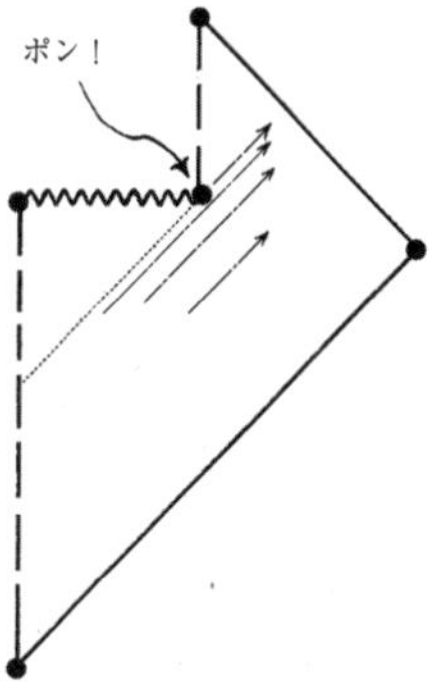

【図 2.41】ホーキング放射により蒸発するブラックホールの厳密な共形ダイアグラム

つなめらかになる。もちろん、具体的な場合に、このような手順がうまくいくと保証されているわけではない。それでも、どちらの手順も、これから述べる概念にとって重要な役割を果たしている。さらに、二つの手順を組み合わせることは、私が第三部で行う提案にとって非常に重要になる。

このセクションを終えるにあたり、二つの手順のことがよくわかるようになる文脈を一つ紹介しておくのは有益だろう。それは、宇宙論における地平線の問題だ。宇宙論の文脈で「地平線」と呼ばれる概念は二つある。[48] 一つは「事象の地平線」と呼ばれるもので、もう一つは「粒子の地平線」と呼ばれるものだ。

最初に宇宙論的事象の地平線の概念について考えよう。これは、ブラックホールの事象の地平線の概念と密接な関係があるが、後者は、観測者の視点に左右される部分が少ないという意味で、より「絶対的」な性質をもつ。宇宙論的事象の地平線は、図2・35（a）（b）（c）の$\Lambda>0$のフリードマン・モデルに関する厳密な共形ダイアグラムや、図2・36（b）のド・ジッター・モデル$\mathbb{D}$のように、モデルが空間的な$\overset{+}{\mathscr{I}}$をもっているときに生じるが、この概念は、対称性が仮定されない空間的な$\overset{+}{\mathscr{I}}$の状況にもあてはまる（これは$\Lambda>0$の一般的な特徴であるため）。図2・42（a）は二次元、（b）は三次元の概略的な共形ダイアグラムだが、不死の観測者O（その世界線$\mathscr{I}$は$\overset{+}{\mathscr{I}}$上の点$\overset{+}{o}$で終わっている）が基本的に観測できる時空領域を示したものだ。観測者Oの事象の地平線$C^-(\overset{+}{o})$は、$\overset{+}{o}$の過去光円錐である。[49] $C^-(\overset{+}{o})$の外で生起するいかなる事象も、Oには永遠に観測されない。図2・43を参照されたい。事象の地平線の厳密な位置が、世界線の端点$\overset{+}{o}$の位置に強く依存していることがわかる。

これに対して、粒子の地平線は、過去の境界線（ふつうは無限ではなく特異点）が空間的であるときに生じる。特異点が現れる厳密な共形ダイアグラムをいくつか見てもらえばわかるように、時

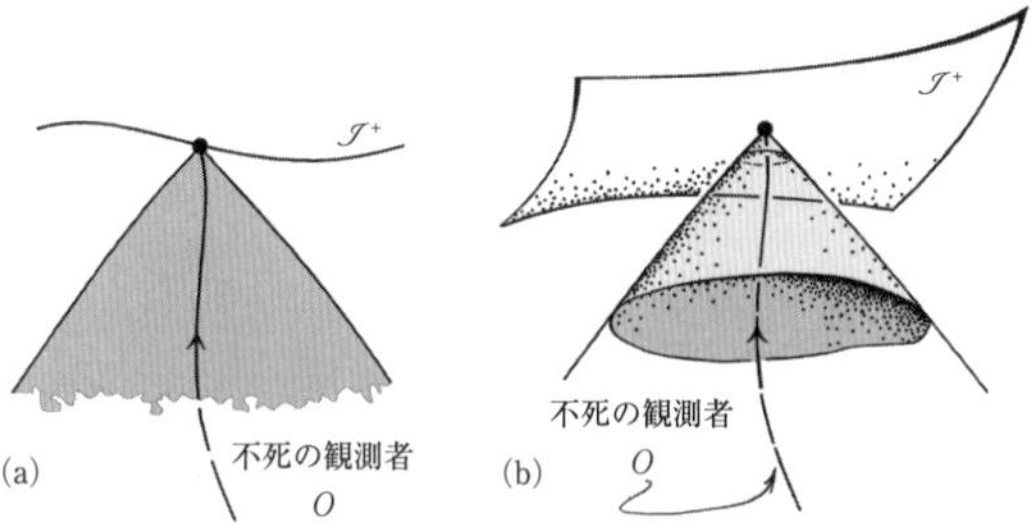

【図 2.42】 Λ >1 のときに生じる宇宙論的事象の地平線の概略的な共形ダイアグラム。(a)2 次元の場合、(b)3 次元の場合

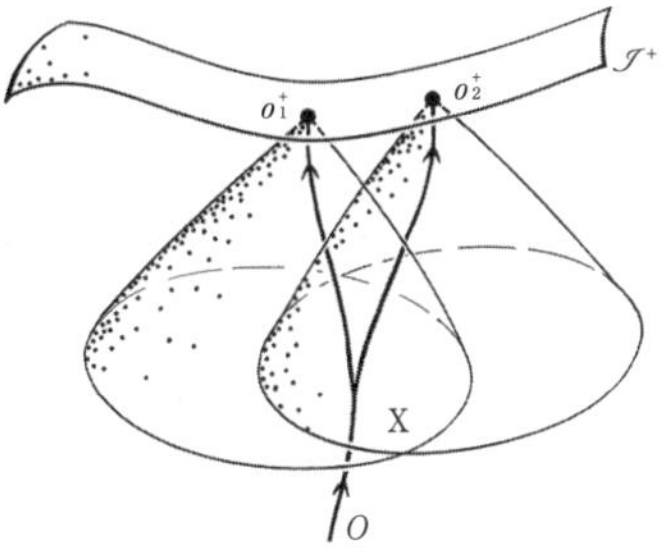

【図 2.43】不死の観測者 O にとって、事象の地平線は、自分が観測できる事象の絶対的な境界線を表している。この地平線は、O が選択する歴史に依存している。X のところで O の気が変われば、事象の地平線は違ったものになる。

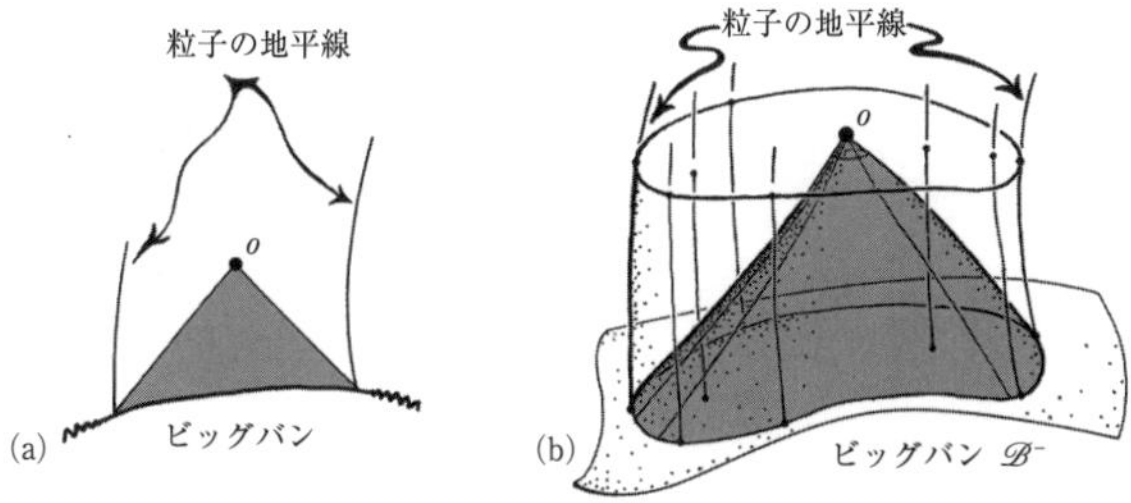

【図 2.44】 (a)2 次元および (b)3 次元における粒子の地平線の概要的な共形ダイアグラム

空の特異点には必ず空間的な性質がある。これは、次のセクションでお話しする「強い宇宙検閲官仮説」と密接に関係している。この初期の特異点の境界を$\mathscr{B}^-$と呼ぼう。観測者Oの時空のなかでの位置を事象oとして、oの過去光円錐$C^-(o)$を考え、それがどこで$\mathscr{B}^-$と出会うか見てみよう。$\mathscr{B}^-$上の交線の外側から始まるどんな粒子も、事象oにいる観測者Oに見える領域に入ってくることはない。ただし、Oの世界線を未来に向かって伸ばすことが許されるなら、より多くの粒子が視界に入ってくることになる。一般的には、事象oの粒子の地平線は、$C^-(o)$と$\mathscr{B}^-$の交線から始まる理想化された銀河の世界線がたどる軌跡であると考える。図2・44を参照されたい。

第十二章　ビッグバンの特殊性を理解する

　ここで、第二部で考察しようとしている基本的な問題、すなわち、われわれの宇宙がビッグバンというきわめて特殊な出来事からどのようにして誕生したのかという問題に戻ろう。ビッグバンには、固有の奇妙さとでも呼ぶべきものがある。ビッグバンの時点でのエントロピーは、重力に関しては、考えられるその他の状態に比べて極端に小さかったが、その他の点に関しては、最大に近かったのだ。

　現代宇宙論の考察では、この問題は人気のインフレーション理論に覆い隠されてしまいがちである。インフレーション理論は、誕生して間もない宇宙が非常に短い間だけ指数関数的に膨張したとする理論で、ビッグバンのおよそ10^{-36}秒後から10^{-32}秒後までの間に、10^{20}倍から10^{60}倍、ひょっとすると10^{100}倍も大きくなったとされている。この途方もない膨張は、宇宙のさまざまな特徴を説明することができ、特に、初期の宇宙の一様性を説明すると考えられている。つまり、アイロンでしわをのばすように、初期の宇宙にあったムラのほとんどすべてが、単純に、この膨張によってならされたと考えられているのである。けれども、このような議論は、第一部で考察してきた根本的な問題、すなわち、ビッグバンの明白な特殊性の起源の問題を解決する役には立たないように思われる。熱力学の第二法則が存在するためには、最初にそのような特殊性が存在している必要があるのだ。インフレーション理論の基礎には、「われわれが見ている宇宙の一様性は、宇宙の進化の初期段階で働いていた（インフレーションという）物理過程の結果であるはずだ」という思想がある。私は、この考え方に誤解があると思っている。

どこに誤解があるのか？　この点を、一般的な考察によって検証しよう。インフレーション理論の基礎にあるダイナミクスは、ほかの物理過程と同じ一般則に支配されていると考えられる。そこにあるのは、時間について対称な力学法則だ。インフレーションは「インフラトン場」という物理場によって引き起こされると考えられているが、インフレーション理論にはいくつかの種類があり、インフラトン場を支配する方程式の厳密な性質は、たいてい、理論ごとに異なっている。インフレーション過程の一環として、なんらかの「相転移」が起きていると考えられるが、これは、液体が凝固して固体になる現象や、固体が融解して液体になる現象の類推として理解できるかもしれない。そのような転移は、第二法則にしたがった過程と見ることができ、ふつうはエントロピーの上昇を伴うだろう。それゆえ、宇宙のダイナミクスにインフラトン場を含めたとしても、第一部の議論の本質に影響を及ぼすことはない。われわれはやはり、宇宙のエントロピーが非常に低いところから始まったことを理解する必要があるし、第八章の議論によれば、このエントロピーの低さは、本質的に、重力の自由度が活性化していなかった（少なくとも、重力以外のすべての自由度に匹敵するほどは活性化していなかった）という事実に由来している。

重力の自由度を考慮するとき、高エントロピーの初期状態がどのようなものなのか考えてみるのは有益だ。それには、崩壊する宇宙の時間を逆転させることを想像してみるとよい。第二法則にしたがうなら、宇宙の崩壊により、エントロピーが非常に高い特異状態になるはずであるからだ。ここで、崩壊する宇宙について考察することは、現実の宇宙が、図2・2のΛ＝0の閉じたフリードマン宇宙のように再崩壊することがあるかどうかとは無関係であることに注意されたい。われわれが考える崩壊は単なる仮定であり、アインシュタイン方程式と一致している。第十章で考察したブラックホールへの崩壊のような一般的な崩壊の際には、あらゆる種類のムラが現れるだろう。しかし、局所的に物質の密度が高くなったところでは、捕捉面が出現して、時空の特異点が生じると予想される。[50]最初に存在していた密度のムラは大きく強調され、最後の特異点は融合するブラックホールが引き起こす途方もない混乱状態に由来すると考えられる。ベリンスキー、ハラトニコフ、リフシッツの考察は、ここから効いてくる。BKL予想が正しいならば（第十章参照）、きわめて複雑な特異点構造が生じると予想される。

特異点の構造に関する問題についてお話しする前に、インフレーション物理学の妥当性について少しだけ考察したい。たとえば、われわれが現在宇宙マイクロ波背景放射として見ている放射が生まれた「脱結合」の時点での宇宙の状態を考えてみよう（第八章参照）。現実の膨張する宇宙では、当時、物質分布はきわめて一様であった。これは明らかに謎である。謎だと考えないと、それを説明するためにインフレーション理論をもち出す理由がなくなってしまうからだ！　説明すべき謎があることが認められたら、今度は、当時の物質分布が一様ではなく大きなムラがあった可能性についても考えなければならない。インフレーション理論を支持する人々は、インフラトン場があるのでムラができるとは考えにくいと主張することになるだろう。しかし、本当にそうなのだろうか？

そんなことはない。われわれは、脱結合の時点で物質分布に大きなムラのある状況を想像することができる。ただし、その時間は反転していて、大きなムラのある宇宙が崩壊していくところである。[51]この想像上の宇宙が内側に向かって崩壊すると、ムラはさらに大きくなり、FLRWモデルの対称性（第七章）からのずれもどんどん大きくなってゆく。やがて、ＦＬＲＷの一様性や等方性からあまりにもかけ離れた状況になり、インフラトン場がインフレーションを引き起こす能力の出る幕がなくなって、（時間を反転させた）インフレーションは起こらないことになる。なぜならインフレーションは、（少なくとも実際に行われている計算においては）ＦＬＲＷの背景をもつことに決定的に依存しているからだ。

こうしてわれわれは、ムラのある宇宙の崩壊とともにブラックホールが融合し、ついには恐ろしい混乱状態に至るという結論に導かれる。その先にあるのは、非常に複雑で、エントロピーが途方もなく高い特異点だ。特異点はおそらくＢＫＬ型で、実際のビッグバンの際に生じたと思われる特異点（それはきわめて一様で低エントロピーの、ＦＬＲＷ型に近いものであっただろう）とは似ても似つかないものである。一連の過程は、許容される物理過程のなかにインフラトン場が存在するかどうかとはまったく無関係に起こるだろう。かくして、ムラのある宇宙の崩壊過程の時間を再び反転させて得られる膨張宇宙は、高エントロピー特異点から始まることになる。それは、現実の宇宙の初期状態であった可能性がある。さらに言えば、現実に起きたビッグバンよりもはるかに実現可能性の高い（つまり、エントロピーがはるかに大きい）初期状態であっただろう。崩壊する宇宙の最終段階で融合するブラックホールのイメージは、時間を反転させて膨張宇宙を考えるときには、何度も分岐するホワイトホールからなる初期特異点のイメージになる！[52]　ホワイトホールはブラックホールの時間を反転させたもので、図２・45に示したような状況になっている。われわれのビッグバンを非常に特殊なものにしているのは、このようなホワイトホール特異点がまったく存在していないことである。

位相空間の体積について言えば、この種の（何度も分岐するホワイトホールがある）初期特異点

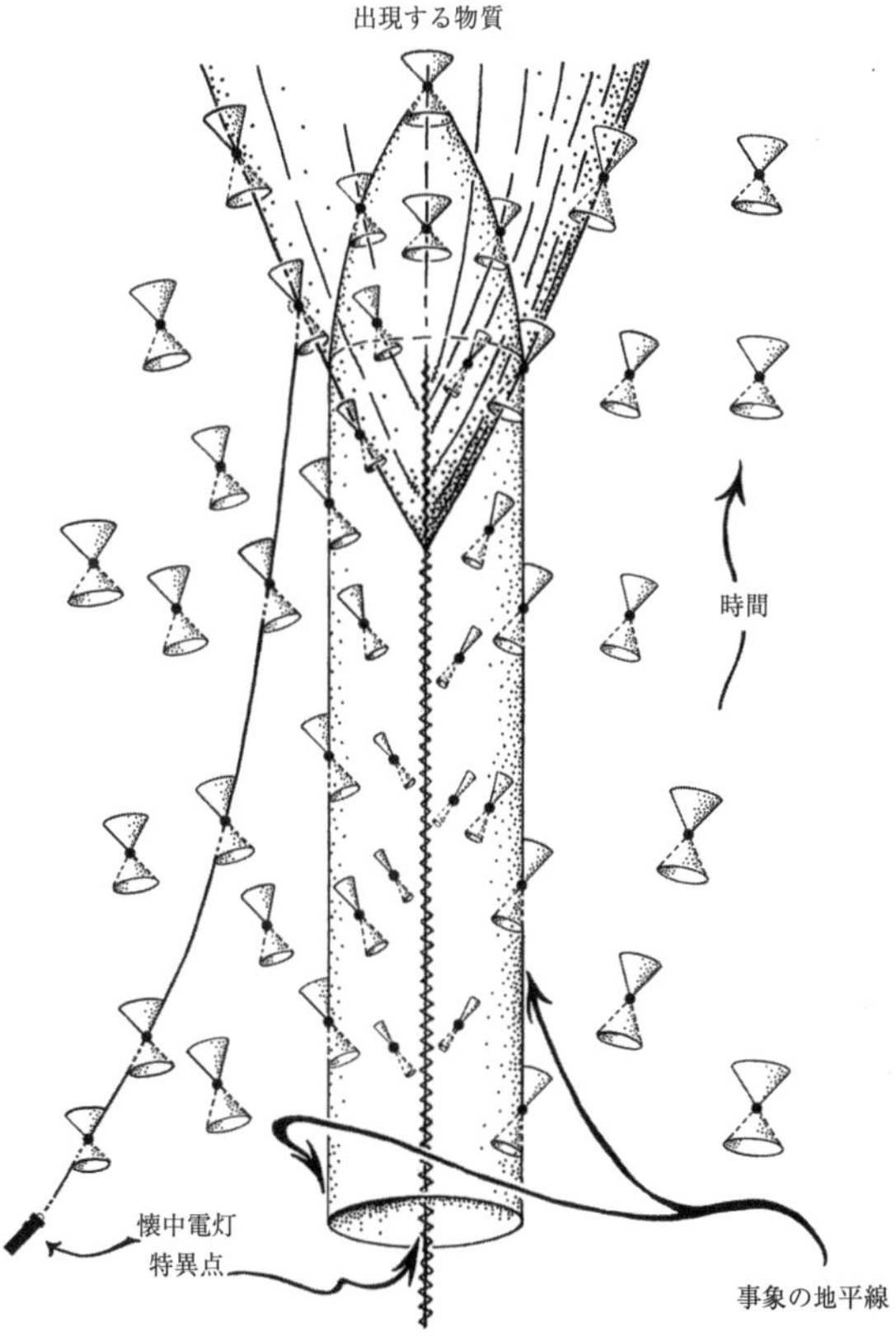

【図 2.45】仮説的な「ホワイトホール」は、図 2.24 に示したようなブラックホールの時間を反転させたものである。ホワイトホールは第二法則に真っ向から反している。光は事象の地平線の内側に入っていくことができないため、図の左下にある懐中電灯の光は、ホワイトホールが爆発してふつうの物質になったときにはじめてなかに入ることができる。

は、現実のビッグバンを引き起こしたような特異点と比べると、途方もなく大きな領域を占めている。インフラトン場が存在していたとしても、それだけでは、ホワイトホール特異点の集まりが作るムラの「しわを伸ばす」力はない。このことは、インフラトン場の性質に関する詳細な考察とはまったく別に断言することができる。それは単に、どちらの方向にも同じように時間発展して特異状態に至るような方程式があるというだけの問題であるからだ。

けれども、ブラックホールのエントロピーの値（つまり、位相空間の体積）を考慮するなら、位相空間の巨大さについて、もっとたくさんの説明をすることができる。ブラックホールのエントロピーについては、ベッケンスタイン＝ホーキングの式という、広く受け入れられている式がある。これによると、質量がMで回転していないブラックホールのエントロピーは、

$$S_{\mathrm{BH}} = \frac{8kG\pi^2}{ch}M^2$$

である。ブラックホールが回転している場合のエントロピーの値は、回転速度に応じて、この値からその半分の値の間になる。M^2の前にある分数はただの定数で、kはボルツマン定数、Gはニュートンの重力定数、hはプランク定数、cは光速である。ブラックホールのエントロピーに関するこの式は、

$$S_{\mathrm{BH}} = \frac{kc^3A}{4G\hbar}$$

という、より一般的な形に書き換えることができる。ここで、Aは地平線の表面積で、$\hbar = h/2\pi$

である。この式は、ブラックホールが回転しているかどうかにかかわらず適用できる。なお、第十四章の終わりで紹介するプランク単位系を使うと、

$$S_{BH} = A/4$$

となる。私自身は、ブラックホールの内部状態を数えるという点では、このエントロピーにつき満足のゆく説明がなされているとは思っていない。[53] けれども、このようなエントロピーの値は、ブラックホールの外部の量子物理学的世界において矛盾のない第二法則を維持するために欠かすことのできない要素となっている。第八章で述べたとおり、今日の宇宙のエントロピーに圧倒的に大きな寄与をしているのは、銀河の中心部にある巨大ブラックホールだ。現在の観測可能な宇宙のなかにあるもの（現在の粒子の地平線の内側にあるもの、第十一章参照）を構成する質量のすべてがブラックホールになるとしたら、そのエントロピーはだいたい10^{124}になる。この値が、同じ量の物質からなる崩壊する宇宙モデルがもちうるエントロピーのおおよその下限になると考えよう。これに対応する位相空間の体積は（第三章で見たボルツマンのエントロピーの式の対数をとった式から）、

$$10^{10^{124}}$$

程度になると考えられる。[54] 一方、同じ量の物質（つまり、観測された宇宙マイクロ波背景放射のなかにある物質）につき、脱結合の時点で実際に観測された宇宙の状態に対応する位相空間の領域の体積は、せいぜい

である。われわれが単なる偶然によりこれほど特別な宇宙にいるのだとしたら、[55] その確率は、インフレーションとは無関係に、およそ $1/10^{10^{124}}$ という、お話にならないほど小さい数字になる。これは、まったく違った種類の理論的説明を要する数字である！

もう一つ、重要かもしれない問題がある。これほど複雑なホワイトホール型の構造をもつ初期特異点を「瞬間的な事象」と呼んでよいのかという問題だ。これは基本的には、初期特異点を時空の過去の「共形境界」として見るときに、「空間的」であると考えてよいのかという問題である。このとき、空間的な初期特異点は、宇宙の時間座標のゼロ点を表すものとして、大きなムラのある〈ビッグバン〉の「瞬間」と見なすことができる。

実は、オッペンハイマー＝スナイダーの重力崩壊の時間反転は、本当に空間的な初期特異点をもっている。このことは、図2・46の厳密な共形ダイアグラムが、図2・38（a）の厳密な共形ダイアグラムの時間反転であることから明らかだ。さらに、BKL型特異点は、全般に、こうした空間的な性質をもっているようである。もっと一般的には、強い宇宙検閲官仮説にもとづき、[56] 特異点が（ところどころでヌル的になるものの）総じて空間的な性質をもつことが予想される。第十章で述べたように、これは、アインシュタイン方程式の解に関する、まだ証明されていない推測の一つである。この仮説によると、一般的な重力崩壊では「裸の特異点」は生じない。ブラックホールの特異点が事象の地平線に隠れているように、一般的な重力崩壊により生成する特異点は直接観測することができないというのだ。強い宇宙検閲官仮説は、これらの特異点が少なくとも一般的には空間的であるはずだと教えている。この予想にしたがい、ホワイトホールだらけの初期特異点が本当に瞬間的な事象であったと言うことは、私には、きわめて理にかなっているように思われる。

ここで、一つの重要な疑問が生じてくる。ビッグバンの「なめらか」で低エントロピーの特異点と、ついさっき考察したばかりの、より一般的な重力崩壊の時間反転であるホワイトホールだらけの高エントロピーの特異点とは、幾何学的にどのような違いがあるのだろうか？ われわれは、「重力の自由度は活性化していなかった」と言うための明快な方法を必要としている。それがないなら、「重力の自由度」の尺度となる数学的な量を見つけなければならない。

電磁場は重力場の類似物である。両者の間にはいくつかの重大な違いがあるが、多くの重要な点でよく似ている。相対論的物理学では、電磁場は**F**というテンソル量によって記述される。**F**は、マックスウェル場のテンソルと呼ばれている。この名称は、一八六一年に電磁場が満たす一連の方程式を発見し、その式により光の伝播が説明できることを示したスコットランドの偉大な科学者ジェームズ・クラーク・マックスウェルにちなんでつけられた。第九章でも、計量テンソル**g**という、別のテンソル量が出てきたことを思い出してほしい。

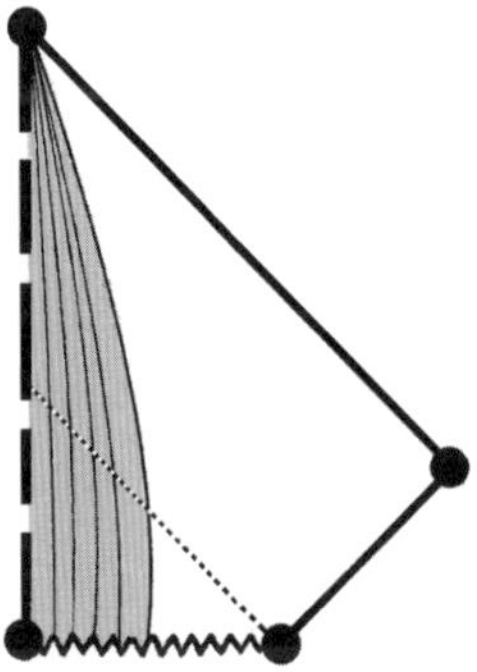
【図 2.46】 図 2.45 のホワイトホールの厳密な共形ダイアグラム。

テンソルは一般相対論に不可欠の概念であり、第九章で考察したようなゴムシート変形（微分同相写像）に影響されない（すなわち「ついていく」）ようなやり方で、幾何学的または物理的な量を数学的に記述する。一つの点のテンソル**F**は六個の独立な数字によって決定される（三個はその点における電場の成分で、残りの三個は磁場の成分である）。計量テンソル**g**は一点につき一〇個の独立な成分をもつ。標準的なテンソル表記法では、二個の下つき添字を使って、計量の成分の集合を g_{ab} などと表記するのがふつうである（これには $g_{ab}=g_{ba}$ という対称性がある）。マックスウェルのテンソル**F**の場合、成分の集合は F_{ab} などと表記される（これは反対称で、$F_{ab}=-F_{ba}$ である）。これらのテンソルはそれぞれ $\begin{bmatrix}0\\2\end{bmatrix}$ という型をもつ。$\begin{bmatrix}0\\2\end{bmatrix}$ 型とは、下つき添字が二個だけあるという意味だ。上つき添字をもつテンソルもあり、$\begin{bmatrix}p\\q\end{bmatrix}$ 型テンソルは、p 個の上つき添字と q 個の下つき添字をもつ量により示される成分の集合によって記述される。縮約という代数的な手順があり、下つき添字と上つき添字を化学結合のように結びつけて、この二つの添字を最終的な表現から除去することができるが、ここでテンソル計算の代数的演算について語るつもりはない。

マックスウェルのテンソル**F**は電磁場の自由度の尺度となる。しかし、マックスウェルの理論には、電荷・電流ベクトル**J**という電磁場源もある。これは $\begin{bmatrix}1\\0\end{bmatrix}$ 型テンソルとして考えられ、一点についての四個の成分は、電荷密度の一成分と電流の三成分を記述している。定常状態では、電荷密度は電場源として作用し、電流密度は磁場源として作用するが、非定常状態では、ものごとはもっと複雑になる。

われわれが求めているのは、アインシュタインの一般相対論によって記述される重力場に関して、**F**と**J**に類似したものだ。この理論では、時空には曲率があり（時空全体で計量**g**がどのように変化するかがわかれば、それを計算することができる）、リーマン（＝クリストッフェル）・テンソルと呼ばれる $\begin{bmatrix}0\\4\end{bmatrix}$ 型テンソル**R**によって記述される。これはいささか複雑な対称性をもつため、**R**は一点につき二〇個の独立の成分をもつ。これらの成分はワイル共形テンソル**C**とアインシュタイン・テンソル**E**という二つの部分に分けられる。ワイル共形テンソルは一〇個の独立な成分をもつ $\begin{bmatrix}0\\4\end{bmatrix}$ 型テンソルである。アインシュタイン・テンソルは、一〇個の独立な成分をもつ対称な $\begin{bmatrix}0\\2\end{bmatrix}$ 型テンソルであり、リッチ・テンソルと呼ばれるわずかに異なる$\left[{0 \atop 2}\right]$型テンソルと等価である。[57] アインシュタイン方程式によれば、重力場源を提供するのは**E**である。これは通常、

$$\mathbf{E} = \frac{8\pi G}{c^4}\mathbf{T} + \Lambda\mathbf{g}$$

という形で表されるが、[58] 第十四章のプランク単位系を用いて、単純に、

$$\mathbf{E} = 8\pi\mathbf{T} + \Lambda\mathbf{g}$$

と書くこともできる。ここでΛは宇宙定数であり、エネルギー$\left[{0 \atop 2}\right]$型テンソル**T**は、質量エネルギー密度や、相対性理論の要請に応じてこれに関連したその他の量を表したりする。言い換えると、**E**（あるいはこれと等価なエネルギーテンソル**T**）は、電荷・電流ベクトル**J**の重力における類似物である。すると、ワイル・テンソル**C**は、マックスウェルのテンソル**F**の重力における類似物ということになる。

磁場の存在は砂鉄が描き出す模様や方位磁針の針の向きとして観察できるし、電場の存在は検電器に及ぼす影響として観察できる。**C**や**E**にも、じかに観察できるような作用はあるのだろうか？ 実は、ほぼ文字通りの意味において、われわれは**E**の作用（より具体的には**C**の作用）を「見る」ことができる。これらのテンソルは光線に対して直接的で識別可能な作用を及ぼすからだ。Λ**g**は光線になんの影響も及ぼさないため、この点で、**E**と**T**は完全に等価である。一般相対論の裏づけとなる最初の明白な証拠も、直接観測によって得られたものだった。一九一九年の日食の際に、（サ

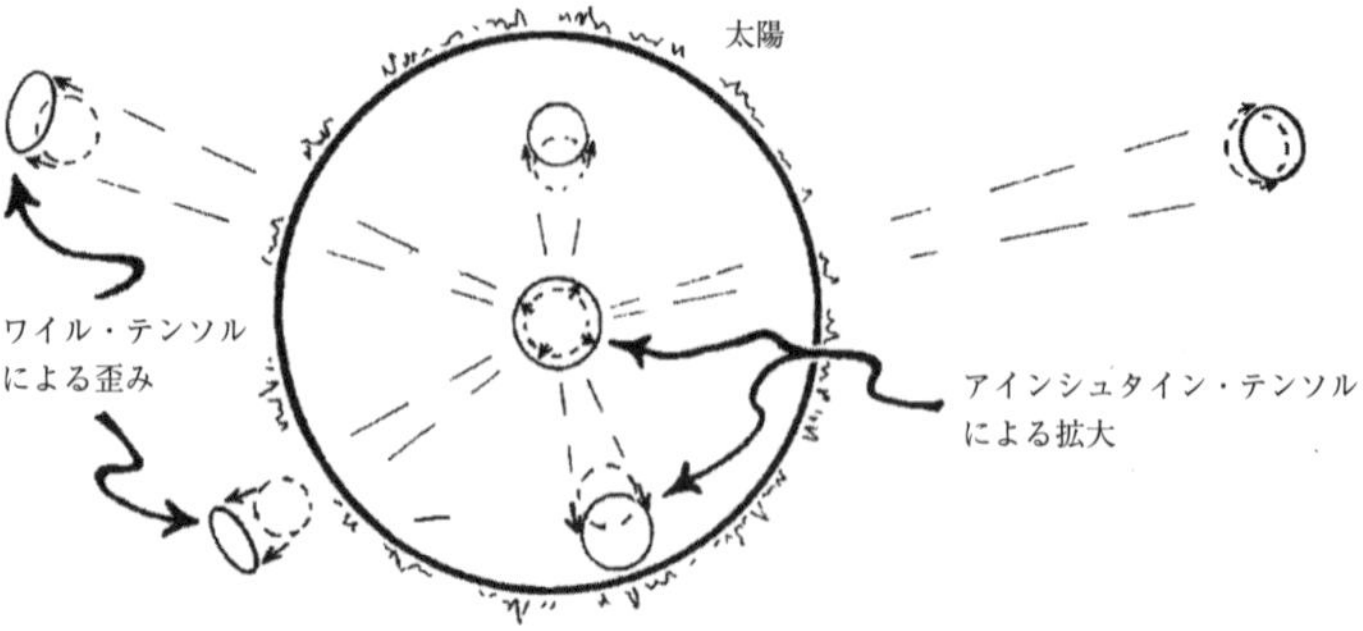

【図 2.47】重力を及ぼす天体（この場合は太陽）を取り巻くワイル曲率の存在は、背景の星空を歪ませる（非共形）効果として見ることができる。

ー・）アーサー・エディントンがアフリカのプリンシペ島に遠征して、太陽の重力場によって恒星の見かけの位置がずれることを確認したのだ。

基本的には、アインシュタイン・テンソル**E**は拡大レンズ、ワイル・テンソル**C**は単なる乱視レンズとして作用する。これらの作用は、遠方の星からの光線が太陽のような質量の大きい天体の近傍や内部を通過するときにどのような影響を受けるかを想像してみるとよくわかる。もちろん、ふつうの光が太陽の内部を伝わってくることも、日食の際に太陽を覆い隠す月の内部を伝わってくることもないため、実際にはこのような光線を直接観測することはできない。けれどももし、太陽を透かして背後の星空を見ることができたとしたら、太陽の本体部分に重力を及ぼす物質があり、**E**が存在していることにより、星々はわずかに拡大されているだろう。**E**の効果は、太陽の真後ろにある星空の「見た目」を、歪ませることなく拡大することにある[59]。これに対して、太陽の外側に見える星空の歪みについては（こちらは実際に観察できる）、太陽の本体部分から遠ざかるほど外側へのずれが小さくなり、乱視的な歪みになる。これらの効果を図

2・47に示す。太陽の外側に見える星空の歪みは、小さな円形のパターンを楕円形にし、その楕円率は視線の先の空間のワイル曲率Cの大きさの目安となる。

このような重力レンズ効果は、もともとはアインシュタインによって予言されたもので、現代の天文学と宇宙論にとって非常に重要なツールになっている。この効果を利用すれば、ほかの手法ではまったく見えないような質量分布も測定することができるからだ。ほとんどの場合、背景の星空にはきわめて遠方の銀河が多数見えている。われわれの目的は、こうした背景銀河が実際に歪んで楕円になっているのかどうかを検証し、銀河と地球の間にあり、その重力場によって楕円率のパターンを作り出している質量分布を見積もることにある。厄介なのは、銀河がもともと楕円に近い形をしているため、個々の銀河の像が歪んでいるかどうかをふつうは判断できないことだ。しかし、多数の背景銀河が見えているところでは統計を用いることができ、この方法で、しばしば非常に興味深い質量分布が見積もられている。ときに、重力レンズ源の存在を示唆する楕円率のパターンを目で見て判断できることもある。特にわかりやすい例を図2・48に示す。この技術を用いると、ほかの手法では見ることのできないダークマターの分布の地図を作成することができ（第七章参照）、重要な応用になっている[60]。

ワイル曲率Cが太陽の近傍を通過する光線に影響を及ぼして円形のパターンを楕円形に見せるという事実は、Cが共形曲率を記述する量としての役割をもつことを示している。第九章の終わりで述べたように、時空の共形構造は、そのヌル円錐の構造である。それゆえ、時空の共形曲率（すなわちC）は、このヌル円錐の構造がミンコフスキー空間𝕄の構造からどれだけ隔たっているかの尺度となる。この隔たりが、光線の束を楕円形にするというわけだ。

これでようやく、ビッグバンの特殊性について記述するために必要な条件を考えられるようにな

(a)

(b)

【図 2.48】重力レンズ効果。(a) エイベル 1689 銀河団、(b) エイベル 2218 銀河団。

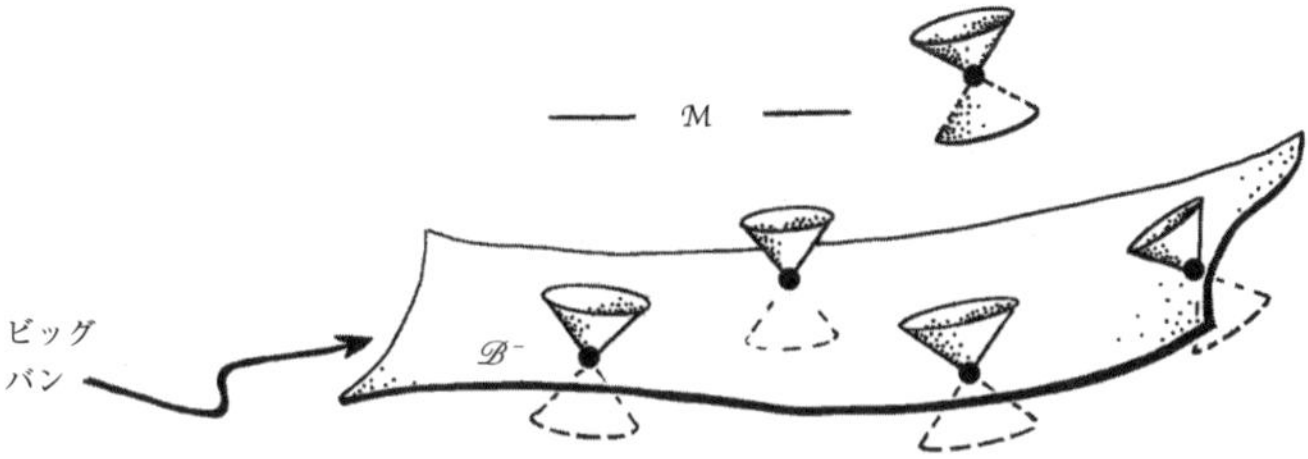

【図 2.49】ポール・トッドが提案する形の「ワイル曲率仮説」の共形ダイアグラムの概略図。ビッグバンは時空 ℳ になめらかな境界 ℬ を与える。

った。われわれが必要としているのは、ビッグバンの時点では重力の自由度は励起されていなかったという表現である。つまり、「そこでワイル曲率**C**が消えた」と言いたいのだ。私は以前から、「初期型」の特異点ではそのような「**C**＝0」の条件が成り立っていると提案してきた。これに対して、（オッペンハイマー＝スナイダーの重力崩壊の際に特異点に近づくにつれて**C**が無限大になるように）ブラックホールで生じる「最終型」の特異点では**C**は無限大になり、BKL型特異点と同じように発散するはずだ。[61] 一般論としては、初期型特異点で**C**が消えるこの条件は適切であるように見えるが（私はこれを「ワイル曲率仮説」と名づけた）、このような表現にはいくつもの異なるバージョンがあるため、少々扱いにくい。基本的な問題は、**C**がテンソル量であり、そのような量が時空の特異点でどのようにふるまうかにつき明白な数学的断定をするのは難しいという点にある。時空の特異点では、テンソルの概念そのものが、いかなる通常の感覚においても、その意味を失うからだ。

そんな状況だったため、オックスフォード大学の私の同僚ポール・トッドが、これとはまったく違う、数学的にはるかに満足のゆくやり方で定式化した「ワイル曲率仮説」を詳しく研究してくれたことは幸運だった。その内容は、ビッグバン三次元表面$\bar{\mathscr{B}}$というものがあり、共形多様体である時空Mのなめらかな過去側の境界としてふるまうというものだ。これは、図2・34と図2・35の厳密な共形ダイアグラムで示した対称なFLRWモデルと同じであるが、モデルのような対称性は前提とされていない。図2・49を参照されたい。トッドの提案では、ビッグバンの時点で（$\bar{\mathscr{B}}$での共形構造はなめらかだと仮定されているため）Cは少なくとも有限に抑えられていて、野放図に発散することはない。この表現は、われわれの要請を十分に満たすものだと言える。

この条件を数学的にもっと明確にするためには、時空を超曲面$\bar{\mathscr{B}}$の少し先まで延長し、共形多様体としてなめらかに連続するような形にするのが便利である。ビッグバンの「前」まで？　もちろん違う。ビッグバンは万物の始まりを意味するのだから、その「前」などありえない。心配は無用だ。これは数学的なトリックにすぎず、延長に物理的意味があることは前提とされていないのだから。

けれどもひょっとして……？

第三部　共形サイクリック宇宙論

第十三章　無限とつながる

はるかな昔、ビッグバン直後の物質宇宙は、物理的にどのようなものだったのだろうか？　確実にわかっているのは、高温だったということだ。ただの高温ではなく、おそろしく高温だった、と言うべきだろう。当時、宇宙を飛び回っていた粒子の運動エネルギーはあまりにも大きく、比較的小さな静止エネルギー（静止質量 m の粒子では $E = mc^2$）を完全に圧倒していた。そのため、粒子の静止質量はほとんど問題にならず、これに関連した力学過程においては事実上ゼロと言ってよいほどだった。ごく初期の宇宙は、事実上質量のない粒子からできていたと言ってよい。

このことを別の言葉で表現するために、心にとめておくべきことがある。それは、基本粒子の質量の起源に関する現在の素粒子物理学理論によると、(1) 素粒子の静止質量は、ヒッグス・ボソンと呼ばれる特別な粒子（ひょっとすると、特別な粒子のファミリー）の作用を通じて生じてきたと考えられるということだ。ヒッグス粒子と関連した量子場があり、量子力学的な「対称性の破れ」という不思議な過程を通じて、ほかの素粒子に質量を与えたというのが、自然界の任意の基本粒子の静止質量の起源に関する標準理論になっている。つまり、これらの素粒子はヒッグス粒子がなかったら質量をもたなかったと考えられるのに対して、ヒッグス粒子自体は独自の質量（静止質量）をもっていることになる。けれども、ごく初期の宇宙では、温度があまりにも高く、ヒッグス粒子の静止質量を大幅に上回る運動エネルギーを付与するため、標準理論によれば、すべての粒子が、事実上、光子のように質量がゼロであったということになる。

第九章の議論を思い出してほしい。質量のない粒子は、時空の計量の「全体像」にはあまり関心がなく、その共形（またはヌル円錐）構造しか尊重していないように見える。もう少し明確に（そして慎重に）説明するため、原初の質量ゼロの粒子であり、今日も質量がないままである光子について考えよう[2]。光子を正しく理解するためには、量子力学（より正確には「場の量子論」）という、奇妙だが厳密な理論のなかで考える必要があるが、ここで場の量子論を詳細に説明しているわけにはいかない（ただし、第十六章では量子論の基本的な問題をいくつかとりあげることになる）。われわれが主に興味をもっているのは、光子が量子的な構成要素となるような物理場である。この場がマックスウェルの電磁場で、第十二章で説明したようにテンソル**F**により記述される。マックスウェル方程式は、完全に共形不変であることがわかっている。これは次のような意味である。計量**g**を共形的に関連した計量$\hat{\mathbf{g}}$に置き換えて、

$$\mathbf{g} \rightarrow \hat{\mathbf{g}}$$

とする。（非一様に）再スケーリングされる新しい計量$\hat{\mathbf{g}}$は、

$$\hat{\mathbf{g}} = \Omega^2 \mathbf{g}$$

と書ける。ここでΩは、正の値をとり、時空のなかをなめらかに変化するスカラー量である（第九章参照）。このとき、すべての操作を**g**ではなく**ĝ**によって定義すれば、マックスウェル場のテンソル**F**についても、その源である電荷・電流ベクトル**J**についても、適当なスケール因子を見つけて、以前とまったく同じマックスウェル方程式が成り立つようにすることができるのだ[3]。それゆえ、特定の共形スケールを選択した場合のマックスウェル方程式の任意の解は、ほかの共形スケールを選択した場合に完全に対応する解に変換することができる（この点については第十四章でもう少し詳しく説明し、補遺A6でもっとしっかり説明する）。さらに根本的なレベルでは、粒子（光子）の記述との一致が「ˆ」のついた計量**ĝ**にもあてはまり、個々の光子が個々の光子に対応するという点で、これは場の量子論と矛盾しない[4]。ゆえに、光子そのものは、局所的なスケールが変更されたことに「気づきもしない」のだ。

マックスウェルの理論は、この強い意味で共形不変であり、電荷を電磁場に結びつける電磁相互作用も、スケールの局所的な変更に気がつかない。光子も、光子と荷電粒子の相互作用も、その方程式が組み立てられるためには、時空がヌル円錐構造（つまり共形時空構造）をもつことを必要とするが、実際の計量を相互に区別し、このヌル円錐構造と矛盾しないようなスケール因子は必要としない。さらに、まったく同じ不変性がヤン＝ミルズ方程式にも成り立つ。ヤン＝ミルズ方程式は、強い相互作用だけでなく弱い相互作用も支配する。強い相互作用とは、核子（陽子と中性子）や、核子を構成するクォークや、これらに関連したその他の粒子との間ではたらく力のことで、弱い相互作用とは、放射性崩壊を引き起こす力のことである。ヤン＝ミルズ理論[5]は、数学的にはマックスウェルの理論に「余分な内部添字［訳注：時空を表すt、x、y、zとは別の「内部自由度」を表す添字のこと］」をつけて（補遺A7参照）、一個の光子を粒子の多重項に置き換えたものにすぎない。強い相互作用では、クォークとグルーオンと呼ばれるものが、それぞれ電磁気理論における電子と光子に相当している。グルーオンには質量がないが、クォークには質量があり、その質量はヒッグス粒子と直接関係していると考えられている。弱い相互作用の標準理論（現在は電磁気理論もこの理論に組み込まれているため「電弱理論」と呼ばれている）では、光子はほかの三つの粒子（W^+、W^-、Z）を含む多重項の一部と考えられている。W^+、W^-、Zは質量をもっていて、これらの質量もヒッグス粒子と結びついていると考えられる。

それゆえ、現在の理論によれば、ビッグバン直後の超高温の状態で、ほかの素粒子に質量を与えたヒッグス粒子を除去すると、完全な共形不変性が回復されるはずである。ちなみに、ジュネーブの欧州原子核研究機構（ＣＥＲＮ）の大型ハドロン衝突型加速器（ＬＨＣ）がフルパワーで稼働すれば、これに近い超高エネルギーを生み出すことができる。[6]もちろん、共形不変性の回復についての詳細は、これらの相互作用に関する標準理論が適切であるかどうかにかかっているが、素粒子物理学の現状を見ると、決して不合理な仮定ではないと考えられる。いずれにせよ、たとえＬＨＣなどから得られた詳細な知見により現行の理論が示唆するとおりにはなっていないことが明らかになったとしても、エネルギーをさらに高くしていったときに、静止質量の寄与がどんどん小さくなり、物理過程が共形不変の法則によって支配されるようになる可能性はある。

まとめると、ビッグバンの直後、おそらくビッグバンの瞬間から10^{-12}秒後あたりまでさかのぼると、[7]温度は約10^{16}Kを超えていて、物理学はスケール因子Ωをまったく気にしないものになり、共形幾何学が、その物理過程に適した時空構造になると考えられる。[8]そのため、当時の物理的活動のすべては、局所的なスケール変化の影響を受けなかったと考えられる。第十二章で紹介したトッドが提案する共形ダイアグラムによると（図２・49）、ビッグバンを引き伸ばして完全になめらかな

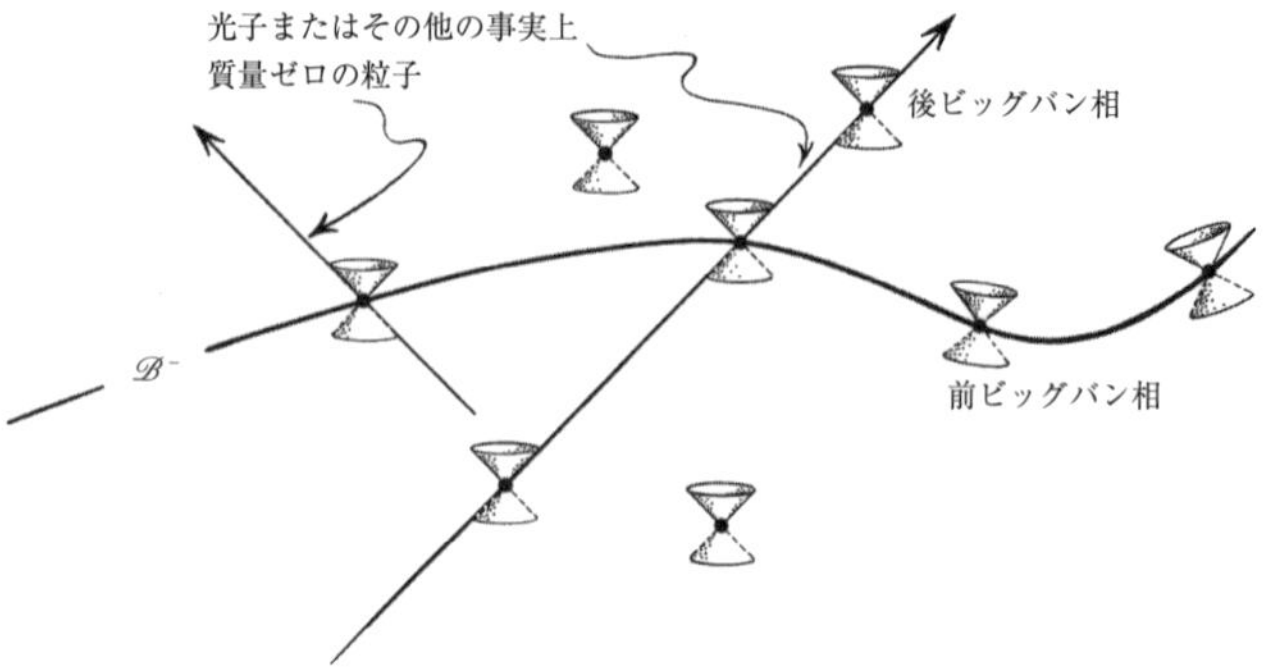

【図 3.1】光子とその他の（事実上）質量ゼロの粒子 / 場は、それ以前の前ビッグバン相から現在の後ビッグバン相へとなめらかに伝わることができる。逆に、粒子 / 場の情報を、後ビッグバン相から前ビッグバン相へと伝えることもできる。

空間的三次元表面$\mathscr{B}^-$にするとき（$\mathscr{B}^-$は数学的にビッグバンの前の共形「時空」まで伸びている）、物理的活動は数学的にコヒーレントなやり方で時間をさかのぼって伝わり、物理的に理にかなったイメージを与え（このイメージは大きなスケール変化による影響を受けないように見える）、トッドの提案にしたがって与えられた仮説的な前ビッグバン領域に至る。図3・1を参照されたい。

この仮説的な領域を物理的に現実の領域として扱ってよいのだろうか？　もしそうならば、この「前ビッグバン相」は、どのような時空領域なのだろう？　おそらく、最も直接的なイメージは崩壊する宇宙であり、この宇宙は、なんらかの方法によって跳ね返り、ビッグバンで膨張宇宙に転じることができる。このイメージでは、崩壊する前ビッグバン相が、なんらかの方法により、信じられないほどの正確さで、（実際のビッグバンに匹敵するほど）途方もなく特殊な究極の状態に「狙いをつけていた」ことになってしまい、私のこれまでの考察のすべてが否定されてしまう。これは、前ビッグバン相でエン

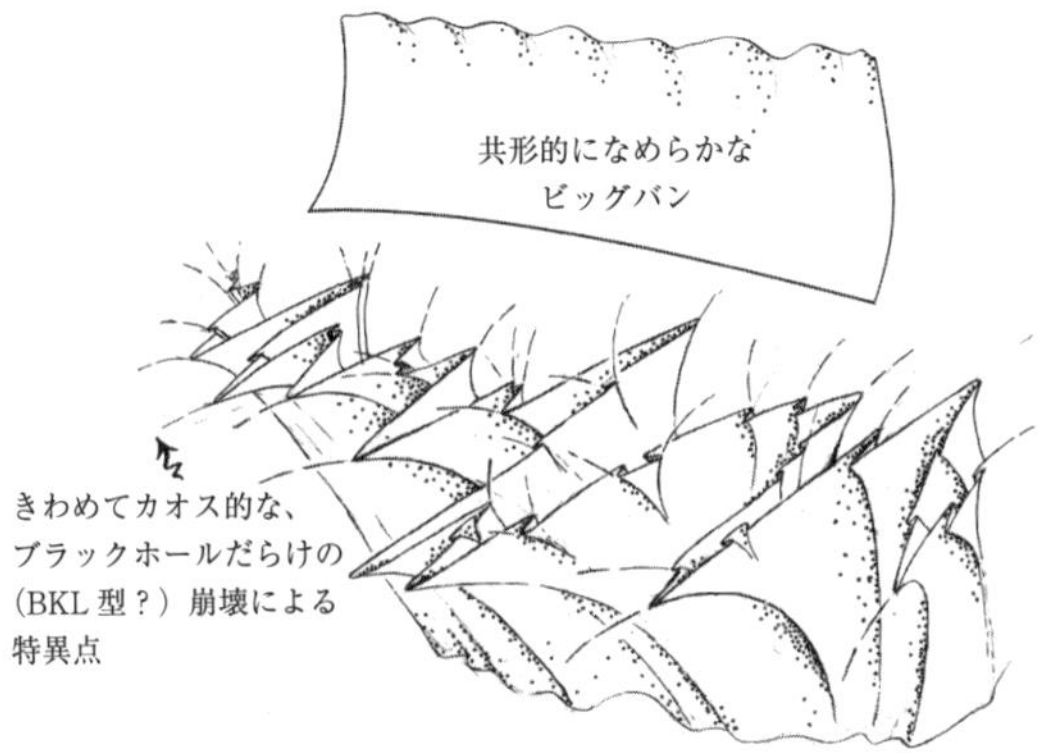

【図3.2】一般的な崩壊により生じるタイプの特異点は、共形的になめらかな低エントロピーの＜ビッグバン＞とは調和しない。

トロピーが減少し、ビッグバンの時点のように（相対的に）非常に小さい値になっていたことを意味する。つまり、第二法則が大きく破綻していたということだ。第十二章で、第二法則にしたがいながら崩壊する宇宙のイメージについて考察したことを思い出してほしい。これはブラックホールだらけの時空であり、崩壊して特異点になるが、その特異点の幾何学は、トッドの理論が要請するタイプの一致に必要な「共形的ななめらかさ」とはかけ離れたものである（図3・2参照）。もちろん、前ビッグバン相では第二法則は時間を逆行してはたらくという見方をすることもできるが（第六章の最終段落参照）、それでは本書のもくろみとは正反対の方向に進んでしまう。われわれが求めているのは、第二法則の「説明」のようなもの、少なくとも、第二法則を正当化するものを見いだすことだ。宇宙の歴史のどこかの段階で、考えるのがばかばかしいほど特殊な状態（たとえば、さきほど考察したような「跳ね返り」の瞬間）が生じると言い放つことではないのだ。第十五章でトールマンの放射に満たされた宇宙モデルとの関係で述べるように、この種の「跳ね返り」の提案には数学的な困難もあることがわかっている（補遺B6も参照されたい）。

ここで、まったく違ったことを考えてみよう。時間のもう一方の端、すなわち、はるか遠い未来に起こると予想されていることを検証するのだ。第七章で考察した正の宇宙定数Λをもつ宇宙モデルによれば（図2・5参照）、われわれの宇宙は最終的には指数関数的な膨張に落ち着くはずだ。そのモデルは図2・35の厳密な共形ダイアグラムに酷似したものになり、なめらかで空間的な未来の共形境界$\mathscr{I}^{+}$をもつだろう。もちろん、われわれの宇宙には、現在、いくつかの種類のムラがある。高度な対称性をもつFLRWモデルの幾何学から局所的に最も大きく逸脱しているのは、ブラックホール、特に、銀河の中心部にある巨大質量のブラックホールだ。けれども、第十一章の議論によれば、すべてのブラックホールは最終的には「ポン」と消滅してしまう（図2・40と、その厳密な共形ダイアグラムである図2・41を参照されたい）。とはいえ、最大級のブラックホールは、ポンと消滅するまでに一グーゴル（10^{100}）年以上の時間を要するだろう。

この気の遠くなるような時間における宇宙の物理的構成を考えるとき、粒子数が圧倒的に多いのは光子だろう。これらの光子は、非常に強く赤方偏移した星の光、宇宙マイクロ波背景放射、およびホーキング放射に由来している。ホーキング放射は、最終的には、無数の巨大ブラックホールの質量エネルギーのほとんどすべてを、非常に低エネルギーの光子の形で運び去ってしまう。光子のほかには重力子（グラビトン）もあるはずだ。重力子は重力波を構成する量子で、ブラックホールどうし、特に、銀河中心の巨大ブラックホールどうしの接近によって生成する。ブラックホールどうしの接近がわれわれにとって非常に重要な役割を果たすことについては、第十八章で詳しく述べる。光子は質量をもたないが、重力子も質量をもたないため、第九章の図2・21で説明したとおり、どちらも時計の製作に利用することはできない。

光子と重力子のほかに、おそらく大量の「ダークマター」も存在しているだろう。この謎めいた物質の正体がなんであろうと（ダークマターについて私自身が基本的にどのような提案をしているかについては第七章と第十四章を参照されたい）、ブラックホールに捕まらずにすんだものが残存しているはずである。重力場を通してしか相互作用しないダークマターが、時計づくりにどのように役に立つのか、考えることは困難だ。けれども、そのような視点をもつことは、哲学的立場を微妙に変えることにつながる。第十四章で見ていくように、このような微妙な変化は、少なくとも私がこれから提案する全体像にとっては、なくてはならないものである。結局のところ、われわれの宇宙が膨張の最終段階に入ったときに物理的に意味があるのは、時空の共形構造だけかもしれない。

宇宙がこの最終段階に入るとき（それは「大退屈時代」とでも呼べるかもしれない）、もはや面白そうなことは起こらないように思われる。その前に起こる出来事のなかで最も興味深いのは、ブラックホールがホーキング放射という苦痛なほどゆっくりしたプロセスにより全質量を徐々に失い、その小さな残骸が「ポン」と爆発して消滅する（と考えられる）現象だ。われわれの偉大な宇宙が、最終段階で無限の退屈に陥ると想像するのは恐ろしい。今日の宇宙は刺激的で、至るところで、あらゆる種類の興味深い活動が起きている。ほとんどの活動は美しい銀河のなかで起きている。銀河には驚くほど多様な恒星があり、恒星の多くは惑星をもち、一部の惑星にはなんらかの生命がいるだろう。そうした風変わりな植物や動物のなかには、深い知識と理解力をもち、すばらしい芸術的創造性に恵まれたものもいるかもしれない。それなのに、これらのすべてが消滅してしまうというのだ。最後の興味深い出来事は、長い長い歳月のあとに起こる。待ち時間は10^{100}年以上になるだろう。そしてついに最後のブラックホールが「ポン」と爆発する。おそらく、小さめの大砲の砲弾が破裂した程度の威力しかなく、その後は指数関数的な膨張だけが続く。宇宙はどんどん希薄になり、冷たくなり、空っぽになり、また冷たくなり、希薄になり……それが永遠に続くのだ。このイメージは、われわれの宇宙の究極の運命を語り尽くしているのだろうか？

　私はずっと、このような考えに鬱々としていたが、二〇〇五年の夏のある日、別の考えが頭に浮かんだ。それは「宇宙が永遠の単調さに支配されたとき、そのことを退屈に感じる存在があるのだろうか？」という自問だった。その頃にはもちろん、われわれは存在していない。存在しているのは主として、光子や重力子のような質量のない粒子だろう。こうした粒子が意味のある経験をすることなどありえないが、たとえ光子や重力子がなにかを経験することができたとしても、彼らを退屈させるのは非常に難しい！　なぜなら、質量のない粒子にとっては、時間の経過などなんでもないからだ。図2・22に示したように、質量のない粒子は、その内なる時計が最初の時を刻む前に永遠（つまり$\mathscr{I}^+$）に到達してしまう。だから、光子や重力子のような質量のない粒子にとっては、「永遠なんて、たいしたことじゃない」のである！

　換言すると、時計をつくるためには静止質量をもつ粒子が必要であるようだ。そのため、遠い未来に、静止質量をもつ粒子がほとんどなくなってしまったとしたら、時間の経過を測定できなくなってしまう（同時に、距離の測定もできなくなる。距離の測定も、時間の測定に依存しているからだ。第九章参照）。さきほども述べたように、質量ゼロの粒子は時空の計量がどのようなものであるかにあまり関心がなく、その共形（またはヌル円錐）構造しか尊重していないようである。それゆえ、質量ゼロの粒子にとって、最終的な超曲面$\mathscr{I}^+$は、ほかの領域と特に変わりない共形時空の一領域にすぎず、この共形時空を$\mathscr{I}^+$の「向こう側」まで拡張できると仮定したとき、粒子がそこに入っていくことを禁じていないように見える。さらに、ヘルムート・フリードリヒの重要な研究などにより[9]、ここで考察したような一般的な状況において、正の宇宙定数Λがあるときには、時空を未来方向に共形的に拡張できることが数学的に強く支持されている。

われわれはトッドの提案にもとづいてビッグバン超曲面での物理学について議論したが、その主旨はこれと同じだ。$\mathscr{I}^+$も$\mathscr{B}^-$も（それぞれ異なる理由により）、共形時空をこれらの超曲面の「向こう側」までなめらかに拡張することを許容しているように思われる。それだけではない。超曲面の両側にある物質は、本質的に質量がない物質であるかもしれない。そうした物質の物理的なふるまいは、基本的に共形不変な方程式に支配されるため、物質の活動は（共形）時空の仮説的な拡張部分のどちらの側にも続いていくことができるだろう。

この点で、一つの可能性が立ち現われてくる。$\mathscr{I}^+$と$\mathscr{B}^-$が同じ一つのものである可能性はないのだろうか？　ひょっとすると、われわれの宇宙は、共形多様体として単純に「ぐるりと輪になって」いるのではないだろうか？　$\mathscr{I}^+$の先にはまたビッグバンから始まるわれわれの宇宙があって、トッドの提案にしたがい、共形的に引き伸ばされて$\mathscr{B}^-$となるのではないだろうか？　このアイディアの魅力は、その経済性にある。けれども私は個人的に、この提案には一貫性の点で深刻な問題があるため成り立たないと考えている。基本的に、そのような時空には閉じた時間的曲線があるため、因果関係にパラドックスが生じたり、少なくとも、行動に不愉快な制約を課したりするからだ。こうしたパラドックスや制約は、一貫性のある情報が$\mathscr{I}^+$／$\mathscr{B}^-$超曲面を横切れるかどうかにかかっている。第十八章では、私がここで提案するような体系のなかで、このようなことが現実になる可能性があり、また、閉じた時間的曲線が本当に深刻な矛盾を引き起こすおそれがあることを見ていく[10]。

このような理由から、私は$\mathscr{I}^+$と$\mathscr{B}^-$が同じ一つのものであるとは考えない。

だから私は次善の策を提案したい。$\mathscr{B}^-$の前には「前の宇宙相」の未来の果てにあたる物理的にリアルな時空領域があり、$\mathscr{I}^{+}$の先にも物理的にリアルな時空領域があって、「次の宇宙相」の〈ビッグバン〉が起こると考えるのだ。この提案に合わせて、われわれの$\bar{\mathscr{B}}$から始まり$\mathscr{I}^{+}$まで続く宇宙相を「現イーオン［訳注：イーオン（aeon）とは、はかり知れないほど長い年月のことである］」と呼び、宇宙全体は（おそらく無限に）連続するイーオンからなる、拡張された共形多様体として理解できると考えよう。図3・3を参照されたい。各イーオンの「$\mathscr{I}^{+}$」を次のイーオンの「$\bar{\mathscr{B}}$」と同一視することで、前のイーオンと次のイーオンとの連続性が確保され、両者の結合は共形時空構造として完全になめらかなものとなる。

　読者諸氏は、未来の果てと〈ビッグバン〉の爆発を同一視することを不安に思われるかもしれない。未来の果てでは、放射の温度が下がってゼロとなり、膨張により宇宙の密度もゼロになるのに対して、〈ビッグバン〉では、放射の温度も密度も無限大であるからだ。けれども、〈ビッグバン〉での共形的な「引き伸ばし」は、無限大の密度と温度を有限の値まで引き下げ、無限遠の未来での共形的な「押しつぶし」は、ゼロだった密度と温度を有限の値まで引き上げる。これらは両者を一致させるための再スケーリングにすぎず、引き伸ばしも押しつぶしも、両側の物理学に対してなんの影響も及ぼさない。もう一つ、言っておくべきことがある。クロスオーバー［訳注：イーオンとイーオンが重なる部分］の両側の物理的活動がとりうるすべての状態を記述する位相空間$\mathcal{P}$は（第三章参照）、共形不変な体積をもつ[11]。その基本的な理由は、距離が減少するときには対応する運動量が増加し、距離が増加するときには対応する運動量が減少して、距離と運動量の積が再スケーリングによって完全に不変になっているからだ。この事実は、第十六章で決定的に重要になる。私は、この宇宙論の体系を共形サイクリック宇宙論（conformal cyclic cosmology：CCC）と呼んでいる[12]。

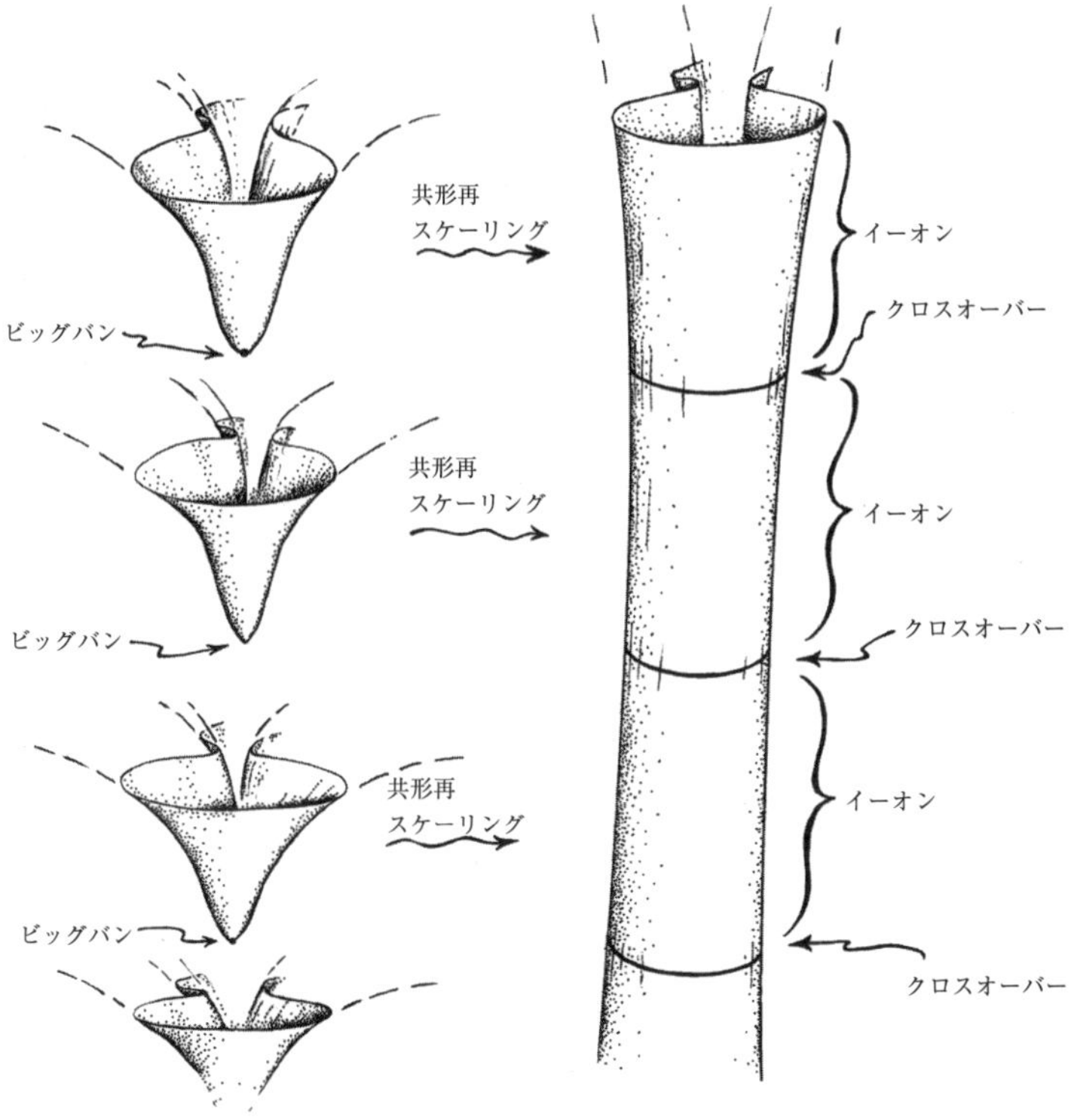

【図 3.3】共形サイクリック宇宙論（図 2.5 の絵と同じく、宇宙が空間的に開いているか閉じているかという問題につき先入観を与えないように描いた）。

第十四章　共形サイクリック宇宙論の構造

　この提案には、これまで見てきた以上に詳細に見ていくべき側面がたくさんある。鍵となる問題の一つは、はるか遠い未来において、宇宙にある物質の内訳はどのようになっているかということだ。われわれはこれまで、星の光、宇宙マイクロ波背景放射、ブラックホールのホーキング放射に由来する光子を主要な背景として考えてきた。また、重力波の基本的（量子的）な構成要素である重力子による寄与も大きいと考えてきた。重力波は時空の曲率の「さざ波」であり、主として、銀河の中心にある巨大なブラックホールどうしの接近によって生じるものだ。

　光子も重力子も質量はゼロであるため、はるか遠い未来の宇宙について、次のような哲学的見地を採用することは不合理ではないように思われる。すなわち、質量ゼロの粒子から時計をつくることは原理的に不可能であるため、宇宙の歴史のきわめて後期の段階では、宇宙自体が「時間のスケールがわからない」状態となり、物理的な宇宙の幾何学は、アインシュタインの一般相対論の計量が完全な幾何学ではなく共形幾何学（ヌル円錐の幾何学）になってしまうと考えるのだ。われわれはこのあと、重力場との関連で微妙な問題があるため、これほど極端な話にはならないことを見ていくことになる。けれども今は、この哲学的見地に関するもう一つの問題について考えよう。

私はこれまで、晩年を迎えた宇宙にある主な物質はなんであるかと考えるときに、ブラックホールに飲み込まれずにすんだ天体には大量の物質があるはずだという事実を無視してきた。こうした天体は、ランダムな過程によって、もといた銀河から飛び出したり、さらには、その銀河が所属していた銀河団からも飛び出したりしたものである（そこには、ブラックホールに飲み込まれずにすんだダークマターも大量に存在しているはずだ）。銀河や銀河団から飛び出した天体が白色矮星であった場合、冷えきって、目に見えない黒色矮星になったあとに、どのような運命をたどるのだろうか？　最終的には陽子が崩壊するだろうと言われているが、観測からわかっている陽子の半減期の下限によれば、陽子の崩壊が起こるペースはおそろしくゆっくりしている[13]。いずれにせよ、崩壊によるなんらかの生成物があるはずで、黒色矮星の物質の大半が、やがてはそうした過程を通じてブラックホールに飲み込まれてゆくのかもしれないが、もともと所属していた銀河団からなんらかの形で逃げてきた、質量をもつ多くの「はぐれ者」粒子もたくさんあるにちがいない。

なかでも私が関心をもっているのは、電子と、その反粒子である陽電子（ポジトロン）である。これらの粒子は、質量が最も小さい荷電粒子であるからだ。陽子や、電子や陽電子よりも質量の大きいその他の荷電粒子が、途方もなく長い時間の果てに、より質量の小さい粒子へと崩壊するという主張は、特にめずらしいものではない。すべての陽子が究極的にはこのようにして崩壊すると想像する場合、電荷は絶対に保存されなければならないという通説を受け入れるなら、一個の陽子の最終的な崩壊生成物は正味の正電荷をもつはずで、最後に残るもののなかには少なくとも一個の陽電子が含まれているはずだ。同様の議論は負の電荷をもつ粒子にもあてはまるため、これらの陽電子に加えて、おびただしい数の電子も存在しているはずだという結論を回避するのは困難だ。もちろん、より質量の大きい荷電粒子である陽子や反陽子が崩壊しないとしたら、これらも存在してい

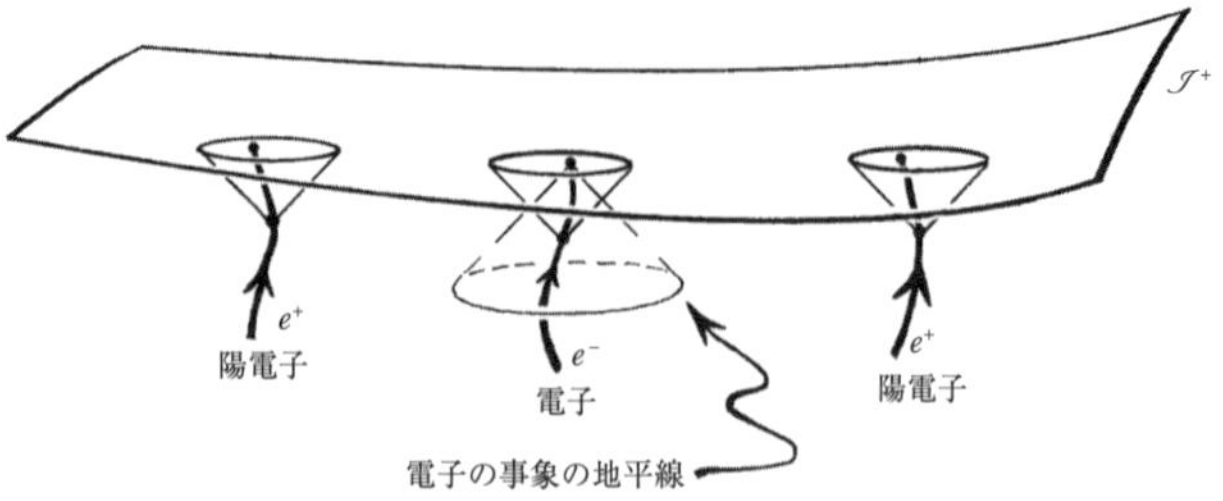

【図 3.4】ときに「はぐれ者」の電子や陽電子が生じ、最終的にはそれぞれの事象の地平線のなかに捕えられて、対消滅によって電荷を失うことができなくなる。

るだろう。それでも、重要なのは電子と陽電子に関する問題だ。

それはなぜか？　一個の正電荷と一個の負電荷の両方をもつ質量のない荷電粒子があって、電子と陽電子は最終的に崩壊してこの粒子になり、上述の哲学的見地が保持されるということはないのだろうか？　答えは「否」であるようだ。今日の物理的活動に関与する各種の素粒子のなかに、質量のない荷電粒子が存在していれば、多くの素粒子過程のさまざまなところに現れているはずだ[14]。けれども、これらの素粒子過程を観察しても、質量のない荷電粒子が生成している気配はない。ゆえに、今日では質量のない荷電粒子は存在しないという結論になる。そうすると、（質量のある）電子と陽電子は、われわれの哲学的見地に反して、永遠に存在しつづけなければならないのだろうか？

この哲学的見地を維持するためには、どうすればよいだろうか？　その一つは、残っている電子と陽電子がお互いを探し出し、対消滅を起こして、光子を生成すると考えることだ。こう考えれば、電子と陽電子の存在は、われわれの哲学にとって無害になる。けれども残念ながら、はるか遠い未来には、図3・4に示すように、多くの荷電粒子がそれぞれ宇宙論的事象の地平線のなかに隔離されてしまっていて（第十一章の図2・43も参照されたい）、そのような状態になると（その可能性はある）、最終的に電荷が消滅する可能性はゼロになる。解決法としては、われわれの哲学的立場をいくぶんか弱めて、事象の地平線のなかに捕われた残り物の電子や陽電子は、ほとんど時計づくりの役に立たないと主張することが考えられる。私自身は、そのような考え方は物理法則に備わっているべき厳密性を欠くように思われ、不満である。

もっと大胆な解決法は、電荷の保存は自然が厳密に要請するものではないと仮定することだ。そうであれば、ごくまれに荷電粒子が崩壊して電荷をもたない粒子になり、永遠に近い歳月の間に、すべての電荷が同様にして消滅するかもしれない。このとき、電子や陽電子は最終的に電荷をもたない兄弟粒子のニュートリノなどに変わるかもしれないが、その場合、現時点で知られている三種類のニュートリノのうちの一種類は静止質量がゼロであることが要請される。[15] しかしながら、今のところ電荷保存の法則が破られている証拠はないし、そのような可能性は理論的に非常に気持ちが悪いもので、光子が小さな質量をもつことも要請すると考えられ、提案された哲学的見地を破綻させる。

私が思いついた最後の可能性は、静止質量の概念は、われわれが想像しているほど絶対的に不変なものではないというものだ。私はこれを、すべての好ましくない可能性のなかで最もましであるだけでなく、真剣に検討する価値があるものだと考えている。質量のある粒子で、永遠に近い時間のなかで残ってゆくものとしては、電子、陽電子、ニュートリノのほか、陽子と反陽子（崩壊しない場合）、ダークマターをつくる物質（その正体がなんであれ、電荷はもたないが、静止質量はもっている）がある。これらの残存粒子の静止質量が非常にゆっくりしたペースで減ってゆき、極限においてゼロになると考えるのだ。電荷の保存則について述べたのと同じように、静止質量に関する従来の概念を打ち破るような観測的証拠は、現時点では皆無である。けれども、静止質量に関する従来の概念の理論的な裏づけの強固さは、電荷の保存則に比べるとはるかに劣っている。系の総電荷が常にそれを構成する個々の電荷の和になっているという意味で、電荷は加法的な量である。けれども静止質量はそうではない（アインシュタインの$E = mc^2$の式は、個々の構成要素の運動エネルギーの和が全体の静止エネルギーに寄与すると教えている）。また、宇宙に存在するほかのすべての粒子の電荷をその整数倍で表せるような基本的な電荷の実際の値は、いまだに理論上の謎のままである（たとえば、反ダウンクォークの電荷は、電気素量と呼ばれる陽子の電荷の三分の一という半端な値になっている）。しかし、静止質量についてはこのようなことはないようで、各種の粒子の静止質量の具体的な値の基礎にどのような理由があるのかは、まったく知られていない。それゆえ、素粒子の静止質量は絶対的な定数ではないと考える余地がまだあるように思われる。実際、第十三章で述べたとおり、素粒子物理学の標準理論によれば、原初の宇宙では素粒子の静止質量はなかったのだ。そう考えると、はるか遠い未来に静止質量が減少してゆき、最終的にゼロになると考えてもよいかもしれない。

これに関連して、最後に技術的なコメントをしておこう。それは、素粒子物理学における静止質量の位置づけに関するものだ。「素粒子」の概念を検討する際には、いわゆる「ポアンカレ群の既約表現」を探すことが標準的な手順となる。すべての素粒子は、そうした既約表現によって記述される。ポアンカレ群は、ミンコフスキー空間$\mathbb{M}$の対称性を記述する数学的な構造であり、特殊相対論と量子力学の文脈では、ポアンカレ群の既約表現を探す手順は自然なものとなる。ポアンカレ群には、カシミール演算子と呼ばれる二つの量があり、(16) 一つは静止質量で、もう一つは固有スピンである。そのため、静止質量とスピンは「良い量子数」であるとされていて、粒子が安定で、ほかのものと相互作用しないかぎり、安定なままでいる。けれども、物理法則のなかに正の宇宙定数Λがある場合には（𝕄ではΛ＝0）、𝕄のこの役割は本質的なものではないように見え、宇宙論に関連した事項については、最終的には𝕄ではなくド・ジッター時空𝔻の対称性群に注目すべきであるように思われる（第十一章、図2・36（a）、（b）参照）。ところが、静止質量は厳密にはド・ジッター群のカシミール演算子ではないため（宇宙定数Λを含む小さな項があるから）、この場合の最終的な位置づけについては疑問があり、私は、静止質量がごくゆっくりと失われる可能性も論外とは言えないと考えている[17]。

静止質量がごくゆっくりと失われてゆくことは、時間の測定に関して新しい問題を提起するため、共形サイクリック宇宙論の体系全体に対して興味深い意味をもつ。第九章の終わりのほうで、粒子の静止質量を利用すれば、時間のスケールを明確に定義できると説明したことを思い出してほしい。そのようなスケーリングさえあれば、共形構造から完全な計量へと移ることができるのだ。上の議論からは、粒子の質量がごくゆっくりとではあるが失われてゆく必要があるようだが、その場合、少々困ったことになる。質量をもつ粒子がまだ存在しているが、その質量が徐々に失われつつあるような場合にも、まだ、粒子の静止質量を利用して時空の計量を厳密に定義することを考えるのだろうか？　特定の種類の粒子（たとえば電子）を時間の基準として、$\mathscr{I}^+$でちょうどゼロになるようなペースで電子の質量が失われてゆくと考えると（補遺A2参照）、$\mathscr{I}^+$はまったく無限遠ではないことになるし、この「電子計量」によれば、宇宙の膨張は徐々に遅くなって止まってしまうか、あるいは収縮に転じて潰れてしまう。そのようなふるまいは、アインシュタイン方程式とは矛盾するように見える。さらに、「電子計量」の代わりに「ニュートリノ計量」や「陽子計量」を用いた場合（質量のあらゆる値が当初の比率を維持したままゼロへのスケーリングが起こらないかぎり）、時空の詳細な幾何学的挙動は、電子計量を用いた場合とは違ったものになりそうだ。私自身は、これには不満である。

宇宙定数Λを含むアインシュタイン方程式がイーオンの最初から最後まで適切な形を維持できるようにするためには、計量のスケーリングについて、別の提案をする必要があるようだ。それは、宇宙定数Λそのものを使ってスケールを決定することである（もちろんこれは、時計づくりという目的を達成するための「実際的」な解決策では全然ない）。これと密接に関係しているが、重力定数Gの実際の値を利用してもよいだろう。そうすれば、はるか遠い未来まで時間発展し、指数関数的にどこまでも膨張する宇宙というイメージを維持することができる上、宇宙はやがて局所的には時間のスケールがわからなくなるという哲学に大きく反することもない。

この問題は、私がこれまで解説してきた別の問題と密接に関係している。それは、自由重力場にはワイル共形テンソル**C**によって記述される共形不変性があるのに対して（なぜなら**C**は共形曲率を表しているから）、自由重力場とその源との結びつきは共形不変ではないという事実である。これはマックスウェルの理論の場合とはまったく異なっている。マックスウェルの理論では、自由電磁場**F**についても、自由電磁場とその源（電荷・電流ベクトル**J**として記述される）との結びつきについても、共形不変性が成り立つからだ。こうしてまた、われわれのイメージに本気で重力をもち込もうとすると、共形サイクリック宇宙論の基礎となる哲学が少々曖昧になってしまう。共形サイクリック宇宙論の哲学は、重力がない（そして宇宙定数Λがない）物理学であり、時間を追跡することができず、全体として完全な物理学にはなっていないと言わざるをえない。

アインシュタインの理論と共形不変性との関係について考えよう。これは、いささかデリケートな問題だ。電磁気の場合、共形再スケーリングにより方程式の全体が保存される。時空の計量**g**を、スケール因子Ω（時空のなかをなめらかに変化する正の数）により、共形的に関連した計量$\hat{\mathbf{g}}$に置き換えるときに、なにが起こるか検証しよう（第六章、第十三章参照）。これは、

$$\mathbf{g} \to \hat{\mathbf{g}} = \Omega^2 \mathbf{g}$$

と表すことができる。マックスウェルの理論の共形不変性を理解するため、電磁場を記述する$\left[{0 \atop 2}\right]$型テンソル**F**と、電荷・電流源を記述する$\left[{1 \atop 0}\right]$型テンソル**J**につき、

$$\mathbf{F} \to \hat{\mathbf{F}} = \mathbf{F} \quad \text{および} \quad \mathbf{J} \to \hat{\mathbf{J}} = \Omega^{-4} \mathbf{J}$$

という式で表される再スケーリングを行う。マックスウェルの方程式は、記号を使うと、

$$\nabla \mathbf{F} = 4\pi \mathbf{J}$$

と表すことができる。ここで∇は、計量**g**により決定される微分演算子の特定の集合を表している。(18)スケール変化$\mathbf{g} \to \hat{\mathbf{g}}$が行われるとき、$\nabla$は、$\hat{\mathbf{g}}$に合わせて決定される$\hat{\nabla}$という演算子量に置き換えられなければならない。このときわれわれが見いだすのは（補遺A6参照）、

$$\hat{\nabla} \hat{\mathbf{F}} = 4\pi \hat{\mathbf{J}}$$

という式である。これは、さきほどと同じ方程式だが、今は上に「^」がついた形になっていて、マックスウェルの方程式の共形不変性を表している。特に $\mathbf{J}=0$ の場合には、自由空間でのマックスウェル方程式：

$$\boldsymbol{\nabla}\mathbf{F}=0$$

しかない。$\boldsymbol{g}\rightarrow\hat{\boldsymbol{g}}$ を適用すると、

$$\hat{\boldsymbol{\nabla}}\hat{\mathbf{F}}=0$$

に共形不変性が見られる。この（共形不変な）方程式の集合は電磁波（光）の伝播を支配するもので、個々の自由光子が満たす量子力学のシュレーディンガー方程式として見ることもできる（第十六章および補遺A2、A6参照）。

　重力の場合、その源である $\left[\begin{smallmatrix}0\\2\end{smallmatrix}\right]$ 型テンソル $\mathbf{E}$（アインシュタイン・テンソルと呼ばれ、$\mathbf{J}$ に対応するもの：第十二章参照）には、方程式に共形不変性を与えるようなスケーリング挙動はないが、$\boldsymbol{\nabla}\mathbf{F}=0$ に類似した共形不変な式はある。この式は重力波の伝播を支配し、個々の自由重力子について、類似のシュレーディンガー方程式を与える。記号を使って、これを

$$\boldsymbol{\nabla}\mathbf{K}=0$$

と書くことにしよう（補遺A2、A5、A9参照）。もとの（アインシュタインの）物理的計量$\mathbf{g}$を用いるときには、この$\left[{}^{0}_{4}\right]$型テンソル$\mathbf{K}$は（第十二章の）ワイルの共形$\left[{}^{0}_{4}\right]$型テンソル$\mathbf{C}$と同じ、すなわち、

$$\mathbf{K} = \mathbf{C}$$

である。これに対して、$\mathbf{g} \to \hat{\mathbf{g}} = \Omega^2 \mathbf{g}$にしたがって新しい計量$\hat{\mathbf{g}}$への再スケーリングを行うときには、共形曲率のものさしを与えるという$\mathbf{C}$の意味を保存し、$\mathbf{K}$の波の伝播の共形不変性を保存するために、異なるスケーリング

$$\mathbf{C} \to \hat{\mathbf{C}} = \Omega^2 \mathbf{C} \quad \text{および} \quad \mathbf{K} \to \hat{\mathbf{K}} = \Omega \mathbf{K}$$

を用いて、

$$\hat{\nabla} \hat{\mathbf{K}} = 0$$

になるようにしなければならない（補遺A9）。これらのスケーリングから、

$$\hat{\mathbf{K}} = \Omega^{-1} \hat{\mathbf{C}}$$

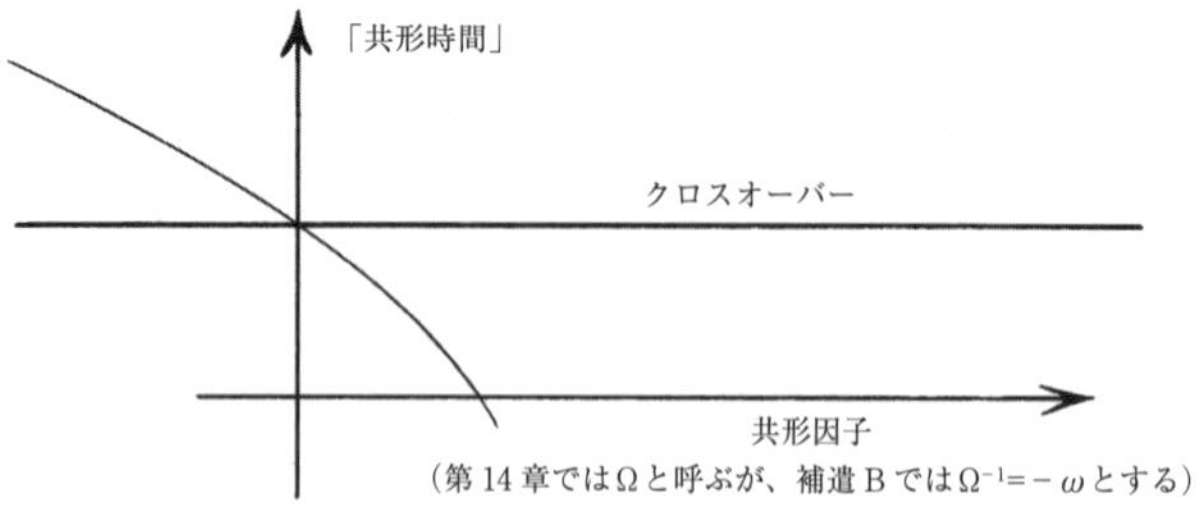

【図3.5】共形スケール因子はクロスオーバーにて、正から負へときれいに移行する。その曲線の傾きは水平でも垂直でもない。ここで言う「共形時間」は、単に、適当な共形ダイアグラムの「高さ」を意味する。

が導かれる。[19]

ここから得られる奇妙な結果は、共形サイクリック宇宙論にとって非常に重要だ。過去から$\mathscr{I}^+$に接近するときには、なめらかにゼロに近づくが、法線微分係数はゼロではないような共形因子Ωを用いる必要がある。[20] その幾何学的な意味を図3・5に示す。$\mathbf{K}$に関する波の伝播の方程式が共形不変であることは、それが無限に続き、$\mathscr{I}^+$に至るときに、有限の（そして通常はゼロではない）値をとることを意味している。これらの値は、重力放射（重力について光に相当するもの）の強度（および偏極）を決定する。図3・6を参照されたい。同じことは$\mathscr{I}^+$での$\mathbf{F}$の値にもあてはまり、電磁場（光）の強度と偏極を決定する。しかし、Ωは$\mathscr{I}^+$でゼロになるため、$\hat{\mathbf{C}}=\Omega\hat{\mathbf{K}}$と書き直した上記の方程式から、$\hat{\mathbf{K}}$が有限であるなら共形テンソル$\hat{\mathbf{C}}$は$\mathscr{I}^+$でゼロになる必要があることがわかる（ここでは、$\mathscr{I}^+$で有限の値になるような計量$\hat{\mathbf{g}}$を用いている）。$\hat{\mathbf{C}}$は$\mathscr{I}^+$で共形幾何学の直接的なものさしを与えるため、各イーオンから次のイーオンへのクロスオーバー三次元表面において共形幾何学はなめらかでなければならないという共形サイクリック宇宙論の要請から、次のイーオンのビッグバン表面

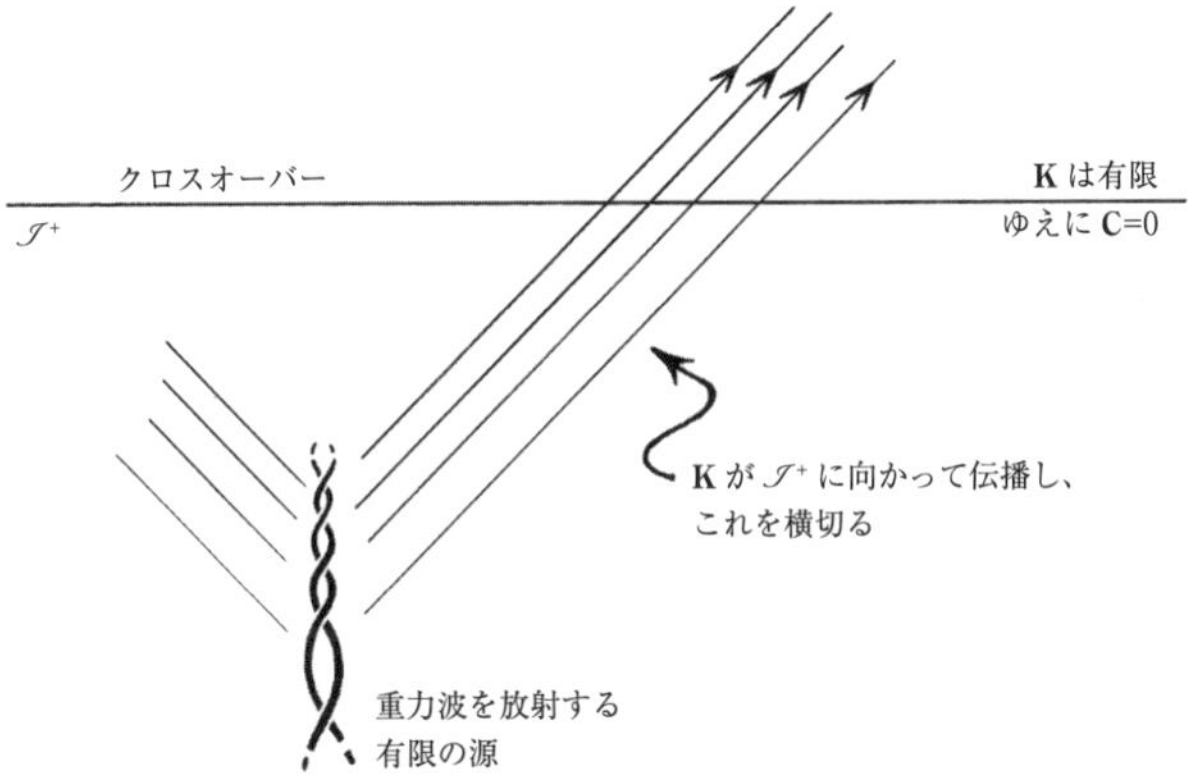

【図 3.6】重力場はテンソル **K** によって表され、共形不変な方程式にしたがって伝播し、一般に、$\mathscr{I}^+$ でゼロでない有限の値をとる。

$\hat{\mathscr{B}}$でも共形曲率はゼロでなければならないことになる。つまり、トッドの提案するワイル曲率仮説（第十二章参照）が「共形曲率は有限でなければならない」という条件を課すのに対して、共形サイクリック宇宙論では、「共形曲率は各イーオンの$\hat{\mathscr{B}}$において消えなければならない」という、より強い条件を課すのである。これは、オリジナルのワイル曲率仮説の内容と一致している。

　クロスオーバー表面の向こう側、すなわち、次のイーオンの$\hat{\mathscr{B}}$のすぐ後には、$\hat{\mathscr{B}}$で無限大になるような共形因子があるが、このとき$\hat{\Omega}^{-1}$は$\hat{\mathscr{B}}$でなめらかにふるまう[21]。つまりΩは、クロスオーバー三次元表面を横切って続き、突然、逆数になれなくてはならないようなのだ！　この状況を数学的に扱う方法の一つは、Ωの本質的な情報を、その逆数である$\hat{\Omega}^{-1}$と区別しないような方法で表現することである。そのためには、$\left[\begin{smallmatrix}0\\1\end{smallmatrix}\right]$型テンソル**Π**《パイ》（一次形式）を考えればよい。数学者は**Π**を、

$$\boldsymbol{\Pi} = \frac{d\Omega}{\Omega^2 - 1}$$

と書く。[22] $\boldsymbol{\Pi}$について特に重要なことは二つある。一つは、それがクロスオーバー三次元表面を横切る際になめらかなままであることで、もう一つは、$\Omega \to \Omega^{-1}$の置換について不変であることだ。

共形サイクリック宇宙論では、$\boldsymbol{\Pi}$がクロスオーバーを横切る際に本当になめらかに変化する量であることを要請したい。このとき、必要なスケーリング情報をΩではなく$\boldsymbol{\Pi}$が決定することにすれば、クロスオーバーの前後で$\boldsymbol{\Pi}$がなめらかである一方で、$\Omega \to \Omega^{-1}$への移行が起こると想像できる。そのためには、$\mathscr{I}^+$でのΩのふるまいが、ある種の数学的条件を満たしていることが要請されるが、これらの条件は実際に一意的に満たされる（詳細な議論については補遺Bを参照されたい）。まとめると、前のイーオンの未来の果て（つまり$\mathscr{I}^+$の直前）に質量のない場のみがあったと仮定すると、質量のない場がクロスオーバー三次元表面を横切って未来まで続くような、明確かつ一意的な数学的手順があるということだ。

質量のない場のみがあるときには、前のイーオンの$\mathscr{I}^+$の直前領域の再スケーリングされた計量$\hat{\mathbf{g}}$の選択において、与えられた共形構造と矛盾しないようなスケーリングを行う自由がある。この自由は、$\boldsymbol{\varpi}$という場を用いて記述される。$\boldsymbol{\varpi}$は、自己結合をもち（すなわち非線形で）共形不変な、質量のないスカラー場の方程式を満たしていて、私はこの式を（補遺B2にて）「$\boldsymbol{\varpi}$方程式」と呼んでいる。$\boldsymbol{\varpi}$方程式の各種の解は、さまざまな計量のスケーリングの可能性を与え、われわれが選択した$\hat{\mathbf{g}}$計量から、ほかの計量$\boldsymbol{\varpi}^2\hat{\mathbf{g}}$への変更を可能にする。$\boldsymbol{\varpi}^2\hat{\mathbf{g}}$は、アインシュタイン方程式（宇宙定数$\Lambda$を含むもの）により、質量のない源のみにあてはまるとされている。アインシュタインのオリジナルの物理的計量$\mathbf{g}$を与えるような$\boldsymbol{\varpi}$の選択は、「幽霊場」と呼ばれる（アインシュタインの$\mathbf{g}$計量のなかでは一という値をとり、見えなくなってしまうからである）。幽霊場は、$\mathscr{I}^+$の前の領域では独立の物理的自由度をもたず、ただ計量**g**を追跡して、現在使われている$\hat{\mathbf{g}}$計量から**g**計量に戻るためのスケーリングを教える。

　クロスオーバーの向こう側の、次のイーオンの〈ビッグバン〉の直後では、単に場をなめらかに連続させるだけで、この新しいイーオンの実際の重力定数が負の値になってしまう。これは物理学的に不可能であるため、別の解釈をとることが必要になる。そこで、クロスオーバーの向こう側では、**Π**と矛盾しない、別のΩ^{-1}を選択する。これにより、クロスオーバーの〈ビッグバン〉側で、幽霊場ϖは（当初は無限大だが）本物の物理的な場になる。この〈ビッグバン〉に続くϖ場が、質量を獲得する前の新しいダークマターの初期の形を与えると解釈するのは魅力的だ。どうして、そのような解釈をするのだろうか？　理由は単純だ。新たなイーオンの〈ビッグバン〉において、数学がϖ場にスカラー場としての新しい主要な寄与をさせるからである。これは、共形因子の上述のふるまいから生じてくる。この寄与は、光子（電磁場）またはその他の任意の物質粒子（クロスオーバー三次元表面に到達するときには、静止質量を失っていると考えられる）からの寄与に追加されたものである。それは、クロスオーバーでの変換$\Omega \to \Omega^{-1}$を用いた途端に、数学的整合性のために必要とされるのだ。

　数学からくるもう一つの特徴として、クロスオーバーの〈ビッグバン〉側では、すべての源が質量をもたないという条件は厳密には維持することができない。ただし、共形因子の好ましからざる自由度を抑制する自然の制約により、静止質量の出現はできるだけ遅い時期になる。このように、〈ビッグバン〉後の宇宙にある物質には、静止質量をもつものも含まれている。この物質は、初期宇宙における静止質量の出現になんらかの役割を果たしているヒッグス場（あるいはそれ以外のなにか）と関係があると仮定するのが自然である。

ダークマターは物質の主要な形であり、われわれのイーオンの初期段階にはすでに存在していたようである。ダークマターは、ふつうの物質の約七〇%を占めているが（ここで言う「ふつう」とは単に、一般に「ダークエネルギー」と呼ばれる宇宙定数Λの寄与を考えに入れないという意味である）[23]、素粒子物理学の標準モデルにきれいに収まっているようには見えず、ほかの種類の物質とは重力を通じてのみ相互作用する。前のイーオンの最終段階での幽霊場$\boldsymbol{\varpi}$は、重力場のスカラー成分として現れる。$\boldsymbol{\varpi}$は、われわれが共形再スケーリング$\mathbf{g}\to\Omega^2\mathbf{g}$を許容しているから生じているだけであり、独立の自由度をもたない。次のイーオンで最初に出現する新しい$\boldsymbol{\varpi}$物質は、前のイーオンの重力波の自由度を受け継ぐ。われわれのビッグバンが起こったときにはダークマターは特別な状態をもっていたようであり、それはたしかに$\boldsymbol{\varpi}$にあてはまる。ビッグバンの少しあと（おそらくヒッグス粒子が働きはじめるとき）に、この新しい$\boldsymbol{\varpi}$場が質量を獲得してダークマターになり、今日観測されている各種のムラのある物質分布の形成に重要な役割を果たしたのかもしれない。

ここ数十年間の詳細な宇宙論的観測から徐々に明らかになってきたダークマターとダークエネルギーという二つの「ダーク」な量が、いずれも共形サイクリック宇宙論にとって必要な成分であるように見えることは重要だ。$\Lambda>0$という条件が満たされないかぎり、この体系はうまくいかない。なぜなら、$\mathscr{B}^-$の空間的な性質と矛盾しないためには、$\Lambda>0$の帰結である$\mathscr{I}^+$の空間的な性質が必要になるからだ。さらに上記の議論から、この体系は初期になんらかの物質分布があることを要請しており、それはダークマターと無理なく同一視することができる。ダークマターのこの解釈が、理論的・観測的にも妥当かどうか検証するのは興味深い。

宇宙定数Λに関して、宇宙論研究者と場の量子論研究者をおもに当惑させているのは、その値である。場の量子論の研究者は、$\Lambda\mathbf{g}$という量をしばしば真空のエネルギーとして解釈している（第十七章参照)。相対性理論との関連から、この「真空のエネルギー」は**g**に比例した$\left[\begin{smallmatrix}0\\2\end{smallmatrix}\right]$型テンソルであると考えられているが、その比例定数はΛの観測値の約10^{120}倍も大きく、この理論には明らかになにかが欠けていると思われる![24] わからないことはもう一つある。それは、Λの小さな観測値が、現時点の宇宙にある物質による引力の合計に対抗して、宇宙の膨張に影響を及ぼしはじめるのにちょうどよい大きさであるということだ。物質による引力の合計は、過去には今より途方もなく大きく、未来には途方もなく小さくなると考えられるため、単なる偶然の一致と言うにはあまりにも不思議に思われるのだ。

私自身は、この「偶然の一致」は、たいして不思議なことではないと考えている。少なくとも、Λの値が非常に小さいことを示唆する観測証拠が得られるよりもずっと前からあったいくつかの謎以上に不思議ということはないだろう。もちろん、Λの観察値については説明が必要だ。おそらくΛは、ごく単純な式

$$\Lambda \approx \frac{c^3}{N^6 G \hbar}$$

により、重力定数G、光速c、プランク定数hと関連しているが、その式の分母にはNという大きな数の六乗が入っている。$\hbar$はディラック定数で、プランク定数hとの間には

$$\hbar = \frac{h}{2\pi}$$

という関係がある($\hbar$は「換算プランク定数」と呼ばれることもある)。数字Nの大きさは約10^{20}だ。

偉大な量子物理学者のポール・ディラックは一九三七年に、いくつかの無次元の基礎物理定数の比の値はNの整数乗（に近い数字）になり、重力がなんらかの形で関与している場合には特にその傾向があると指摘した。たとえば、水素原子中の電子と陽子の間にはたらく電気力対重力の比の値は約$10^{40} \approx N^2$である。ディラックは、宇宙の年齢が約^{3}Nであるとも指摘した。ここでは、時間の絶対単位としてプランク時間t_Pを用いている。プランク時間に対応する長さ$l_P = ct_P$はプランク長と呼ばれ、

$$t_P = \sqrt{\frac{G\hbar}{c^5}} \approx 5.4 \times 10^{-44}\mathrm{s}$$

$$l_P = \sqrt{\frac{G\hbar}{c^3}} \approx 1.6 \times 10^{-35}\mathrm{m}$$

である。量子重力に関する一般的な概念により、プランク時間とプランク長は時空の「最小」のものさしを与える（あるいは、それぞれが時間の「量子」と空間の「量子」を与える）とされる。「プランク単位系」には、これらのほかに、自然に決定される（が、まったく実用的でない）単位であるプランク質量m_PとプランクエネルギーE_P

$$m_P = \sqrt{\frac{\hbar c}{G}} \approx 2.1 \times 10^{-5}\mathrm{g}$$

$$E_P = \sqrt{\frac{\hbar c^5}{G}} \approx 2.0 \times 10^{9}\mathrm{J}$$

がある。これらを使うと、自然界のほかの多くの基礎定数を純粋な（無次元）数として表すことができる。たとえば、宇宙定数は$\Lambda \approx N^{-6}$と表される。

プランク温度もある。ボルツマン定数を$k=1$とすると、プランク温度の一単位は2.5×10^{32}Kという、信じられないほど大きな値となる。大きなブラックホールや（第十六章のように）宇宙全体について非常に大きなエントロピーを考えるときには、このプランク単位系を用いることにしたい。しかし、これだけ大きい値になると、どんな単位系を使ってもあまり差がないことがわかる。

ディラックは当初、宇宙の年齢は（明らかに）時間とともに増えていくのだから、時間とともにNが大きくなるか、あるいはそれと同じことだが、Gが（宇宙の年齢の二乗に反比例して）小さくなると考えていた。しかし、ディラックがこの仮説を提案した時代よりも正確にGを測定できるようになると、G（またはN）が定数でないなら、ディラックの仮説が要請するほどのペースでは変化できないことが明らかになった[25]。一九六一年には、ロバート・ディッケがNに関して次のような提案を行った（のちにブランドン・カーターが、その提案を発展させた[26]）。恒星の進化に関する標準理論によれば、一般的な「主系列星」の寿命は自然界のさまざまな定数と関連していて、そうした恒星の活動中期の条件に合わせて生存・進化してきた生物が宇宙の年齢を測定すると、プランク時間単位で約N^3になるだろうというのである。宇宙定数ΛがN^{-6}と表されることが理論的に理解できるなら、宇宙定数の値がちょうど現在の宇宙に影響を及ぼし始める大きさであるという「偶然の一致」の謎も説明できるはずである。しかし、これらはどう見ても思弁的な問題であり、こうした数字の意味を理解するためには、明らかに、もっとよい理論が必要だ。

第十五章　初期の前ビッグバン説

前ビッグバン相の宇宙の活動に関する仮説は、これまでにもいくつか提案されてきた。われわれの共形サイクリック宇宙論の体系を、これらと対比してみるのは有益だ。アインシュタインの一般相対論と矛盾しない最も初期の宇宙論モデル、すなわち、一九二二年にフリードマンが提案したモデルにも、のちに「振動宇宙モデル」と呼ばれるようになるものがあった。この名称は、宇宙定数のない閉じたフリードマン・モデル（$K>0$, $\Lambda=0$ 図2・2（a）参照）において、空間的な宇宙を記述する三次元球面の半径を時間の関数として表現すると、サイクロイドの形をしたグラフになることに由来しているようだ。サイクロイドとは、時間軸に沿って転がる輪の円周上の点が描く軌跡のことである（光速 $c=1$ になるように規格化してある。図3・7参照）。この曲線がアーチを一つ描いて終わるなら、〈ビッグバン〉から広がり、それから潰れて〈ビッグクランチ〉に至る、空間的に閉じた宇宙を記述していることになる。けれども明らかに、曲線はアーチ一つでは終わらず、アーチがいくつも連続している。われわれは、このモデルの全体を「イーオン」の終わりなき連続として考えることができる（図3・8）。この体系は、アインシュタインが一九三〇年に短期間ではあるが興味をもったものである。[27] もちろん、各段階で空間的半径がゼロになるたびに見られ

【図 3.7】図 2.2(a) のフリードマン・モデルの半径を時間の関数としてプロットすると、サイクロイドを描く。サイクロイドは、転がる輪の円周上の点が描く軌跡である。

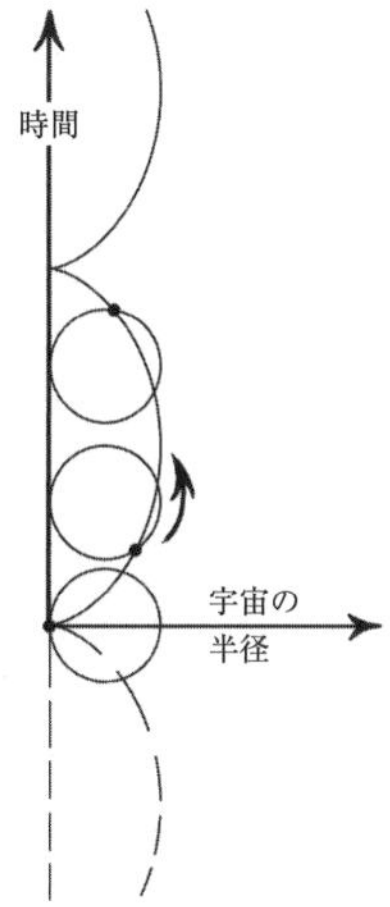

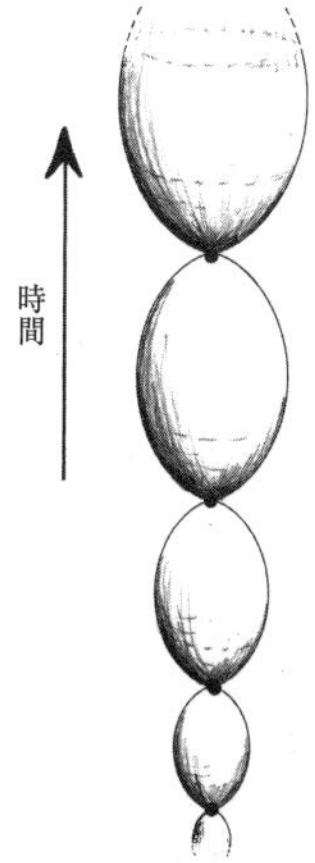

【図 3.9】トールマンによるこのモデルは、宇宙論に第二法則を取り入れるために宇宙に物質をもたせてエントロピーが増大できるようにする。これにより、モデルは各ステージで次第に大きくなっていく。

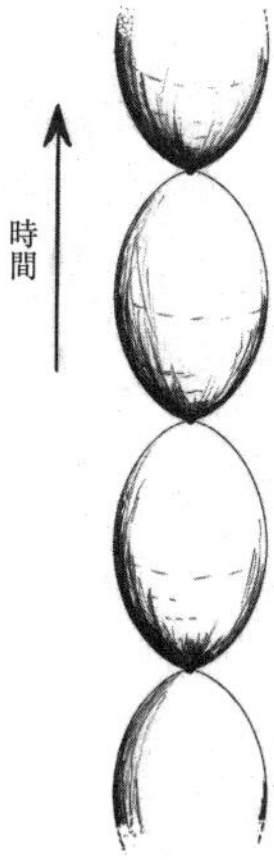

【図 3.8】図 3.7 のサイクロイドをまじめに受けとめると、振動する閉じた宇宙モデルが得られる。

る「跳ね返り」は、時空の特異点で起きていて（時空の曲率はここで無限大になる）、第十四章のような方法での修正が考えられそうだが、アインシュタイン方程式を使って合理的な時間発展を記述することはできない。

けれども本書の視点からは、このようなモデルが第二法則の問題をどのような方法で取り扱うかということのほうが重要だ。なぜなら、フリードマンの振動宇宙モデルでは、エントロピーのとどまることない増加に対応する進行性の変化が起こる余地がないからだ。そこで、一九三四年に、アメリカの著名な物理学者のリチャード・チェイス・トールマンが、フリードマンの振動宇宙モデルの修正を行った[28]。彼は、フリードマンの「ダスト」を、内部自由度があり互いに重力作用を及ぼす複合的な物質へと変えることで、エントロピーの増加を伴う変化を可能にした。トールマンのモデルはフリードマンの振動宇宙モデルにいくぶん似ていたが、連続するイーオンの持続時間は次第に長くなり、最大半径も大きくなっていく（図3・9参照）。このモデルはまだＦＬＲＷ型であるため（第七章参照）、重力凝縮を通じてエントロピーに寄与する余地はない。したがって、このモデルでのエントロピーの増加は比較的穏やかである。それでも、宇宙論に第二法則を取り入れようとする驚くほど少ないまじめな試みの一つである点で、トールマンの提案は重要だった。

ここで、宇宙論に対するトールマンのもう一つの貢献について述べておこう。それは、共形サイクリック宇宙論とも大いに関係がある。フリードマン・モデルで宇宙にある物質を圧力のない流体（すなわち「ダスト」。第十三章参照）として表したのは、重力源（すなわちアインシュタイン・テンソル**E**／第十二章参照）を扱うためだった。モデル化された実際の物質がそれなりに分散していて、低温であるなら、これは第一近似としてそう悪くない。しかし、ビッグバンに近い時期の状況を考えるときには、非常に高温な物質を扱う必要があるため（第十三章の冒頭を参照されたい）、この時期を扱うのならインコヒーレントな放射の近似のほうがはるかによいと考えられる。ただし、脱結合のあとの宇宙の時間発展については（第八章）、フリードマンのダストの近似のほうがよい。トールマンは、ビッグバンに近い時期の宇宙をもっとよく記述するために、第七章の全六種類のフリードマン・モデルのすべてに似た、放射で満たされた宇宙モデルを導入した。トールマンの放射解の全体的な見た目は、それらに対応するフリードマン解とたいして変わらない。図2・2と図2・5の絵は、トールマンの放射解にも十分にあてはまる。また、図2・34と図2・35の厳密な共形ダイアグラムも、トールマンの放射解にあてはまる。厳密に言えば、図2・34（a）の長方形は正方形にする必要がある（厳密な共形ダイアグラムを描く際にはスケールの違いを受け入れられるだけの自由があることが多いのだが、この場合は、状況があまりにも厳密であるため、二つの図の全体的なスケールの違いをなくすことができないのだ）。

図3・7に示した$K>0$のフリードマン・モデルのサイクロイドのアーチは、トールマンの$K>0$の放射モデルでは、宇宙の半径を時間の関数として表す図3・10の半円に置き替えなければならない。トールマンの半円の自然な（解析的）連続が、サイクロイドの連続とは大きく異なるふるまいをするのは興味深い。純粋な解析的連続を考えるなら、半円の先を補って真円にする必要があるからだ[29]。もとのモデルの範囲を超えて時間変数の値が連続すると考えようとすると、ナンセンスなことになる。基本的に、トールマンの宇宙モデルを〈ビッグバン〉の前の相まで解析的に拡張しようとすると、宇宙の半径は虚数になる必要がある[30]。トールマンの放射モデルは、実際のビッグバンに近い、途方もなく高温であった時期の宇宙のふるまいとして、フリードマン・モデルよりはるかに現実的である。けれども、フリードマンのダストからトールマンの放射へと移行するときに、フリードマンの$K>0$の「振動」解で起こるような「跳ね返り」を得ようとして後者の解析的連続を

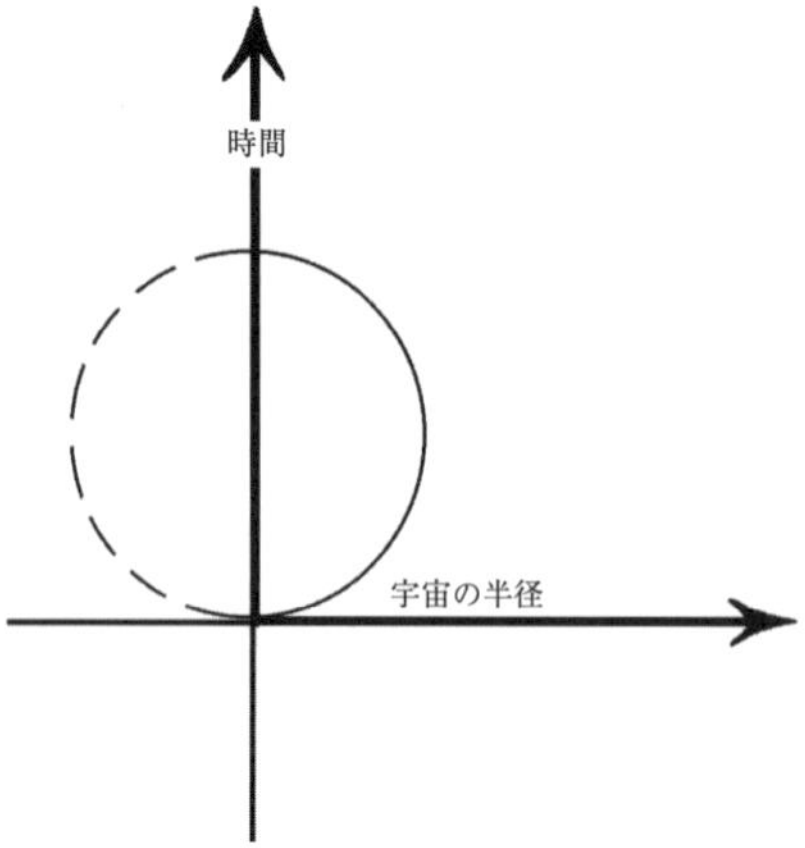

【図 3.10】トールマン・モデルの放射に満たされた閉じた宇宙では、半径の関数は半円になる。

考えることは、意味がないように思われる。

特異点でのふるまいにこのような違いがあることは、トッドの提案（第十二章）との関係で重要だ。これは、フリードマンの解とトールマンの放射解の〈ビッグバン〉を「爆発」させて、なめらかな三次元表面$\mathscr{B}$にするために必要な共形因子Ωの性質と関係している。こうしたΩは$\mathscr{B}$で無限大になるため、ものごとを説明する際にはΩの逆数を使うとわかりやすい。本書ではこれを、小文字のωを使って、

$$\omega = \Omega^{-1}$$

と表すことにしよう（ここと補遺BではΩの定義に用いる表記法が違っているが、ここのωは補遺Bのωと一致している）。フリードマンの解において、三次元表面$\mathscr{B}$の近くでは、ωは局所的な（共形的な）時間変数（$\mathscr{B}$でゼロになる）の平方のようにふるまうため、ωは符号を変えることなくなめらかに$\mathscr{B}$を横切る。それゆえ、図3・11（a）に示すように、ωの逆数であるΩも、$\mathscr{B}$を横切るときに負にならない。一方、トー

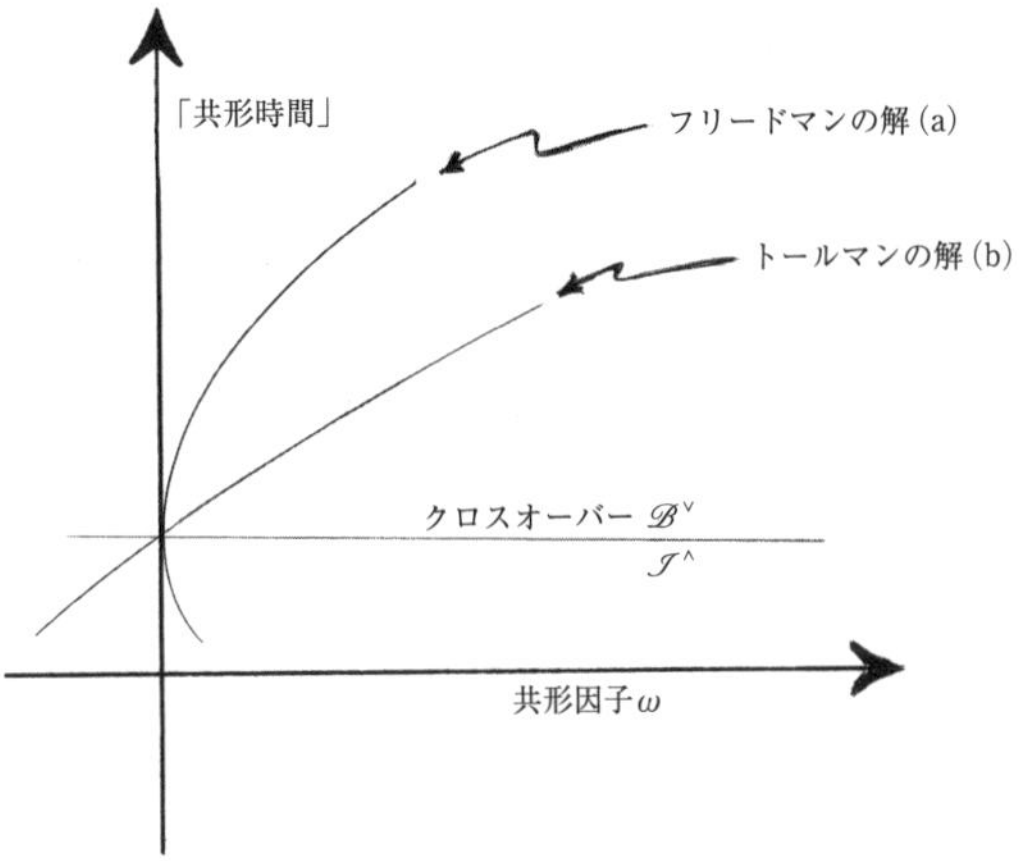

【図 3.11】(a) フリードマンのダストと (b) トールマンの放射についての共形因子ωのふるまいの比較。後者 (b) のみが共形サイクリック宇宙論と矛盾しない（用語と表記法については図 3.5 と補遺 B を参照されたい）。

ルマンの放射解では、ωはそうした局所的な時間変数（$\mathscr{B}$でゼロになる）に比例して変化するため、ωのなめらかさは、$\mathscr{B}$のどちらかの側でωの符号（したがってΩの符号）がマイナスになることを要請する。実は、後者のふるまいは共形サイクリック宇宙論で起こることに非常に近い。第十四章で見てきたように、クロスオーバー三次元表面の前のイーオンの膨張した未来の果てのなめらかで共形的な連続は、これを横切って続き、次のイーオンではΩの値はマイナスになる（図3・11（b））。これは、クロスオーバー表面で$\Omega\to\Omega^{-1}$という変換を行わないかぎり、重力定数の符号が反転して破局的な事態になることを意味する（第十四章参照）。けれども、この変換を行うなら、クロスオーバーの〈ビッグバン〉側の（−）Ωは、必然的に、フリードマンの解ではなくトールマンの放射解のようにふるまうことになる。これは申し分ないことに思われる。なぜなら、トールマンの放射モデルは、実際に、ビッグバン直後の時空の良い局所的近似になるからだ（ここで私はインフレーションの可能性を無視しているが、その理由については第十二章、第十六章、第十八章を参照されたい)。

一部の宇宙論研究者が提案した概念のうち、図3・8のフリードマンの振動モデルや、その修正版である図3・9のトールマンのモデルなどの周期的なモデルに取り入れられそうな概念がもう一つある。この概念は、ジョン・A・ホイーラーによる興味深い提案から始まったようだ。彼は、宇宙が特異状態(たとえば、これらの振動宇宙モデルの半径がゼロになる瞬間など)を通るときに、自然界の無次元定数が変化するかもしれないと提案した。もちろん、宇宙がこうした特異状態を通り抜けるには、ふつうの物理学の力学法則は捨てなければならない。このとき、さらに一歩進んで、基礎定数も変化すると考えてならない理由はないように思われる!

ここで基礎定数について考察することは重要だ。自然界にはさまざまな基礎定数があり、地球上の生命はこうした定数の上に成り立っているが、しばしば指摘されるように、基礎定数どうしの関係には多くの興味深い符合がある。たとえば、湖の表面が凍りついたときにも氷の下の水は凍らず、水中の生物が生き続けることができるのは、水よりも氷のほうが密度が低いおかげであるが、実は、このような性質をもつ物質は非常にめずらしいのだ。こうしたデリケートな事実を決定する各種の変数が、まさに今あるような値になっていることは、考えてみれば不思議であるが、単に、われわれになじみの深いタイプの生命にしか価値のない事実として片づけることもできる。もっと問題の多い例を挙げる人々もいる。たとえば、各種の安定核が生成し、多種多様な化学元素の基礎になっているのは、中性子が陽子よりわずかに重いという事実のおかげであり、そうでなかったら、すべての化学が不可能になっていただろう。そのような不思議な符合のなかで最も印象的なのは、フレッド・ホイルが予言していた炭素の特定のエネルギー準位の存在を、ウィリアム・ファウラーが実験によって証明したことだった。そのエネルギー準位が存在していなければ、恒星内の重元素の合成は炭素までしか進まず、惑星には窒素も酸素も塩素もナトリウムも硫黄もその他のさまざまな元素もなかっただろう（ファウラーはこの研究により、チャンドラセカールとともに一九八三年のノーベル賞を共同受賞したが、不思議なことに、ホイルは受賞しなかった）。

「人間中心原理」という言葉は、この概念について一連の真剣な研究を行ったブランドン・カーターによる造語である。[31] それは、自然界の基礎定数が、この宇宙で、あるいは、この宇宙の特定の場所または時刻において、厳密に正しい値をとっていなかったとしたら、われわれは、知的生命体の生存に適した値の自然定数をもつ別の宇宙にいなければならないとするものだ。この仮説は非常に興味深く、多くの議論があるが、この場で詳細に解説するつもりはない。私は、自分がこの問題についてどのような立場をとるかについても確信がない。ただ、人間中心原理に過度に依存した怪しげな理論（と私には思われる理論）を提案する者が多いとは思っている。[32] ここで単に、共形サイクリック宇宙論にしたがって一つのイーオンから次のイーオンへと移るときに、第十四章に出てきた「N」（広範にわたる無次元の基礎定数のさまざまな比の値がNの累乗になる）などの値の変化を考える余地があるかもしれないとだけ指摘したい。この問題については、第十八章でもう一度取り上げる。

ホイーラーのアイディアは、リー・スモーリンが一九九七年［訳注：邦訳書の出版は二〇〇〇年］に『宇宙は自ら進化した　ダーウィンから量子重力理論へ』で提案した、さらに奇妙な仮説にも取り入れられている。[33] スモーリンはここで、ブラックホールが形成されるとき、その内部の崩壊領域は（未知の量子重力効果により）ある種の「跳ね返り」によって膨張に転じ、その一つ一つが新しい膨張宇宙の種となるという、胸が躍るような提案をした。この提案は、新しい「赤ちゃん宇宙」の一つ一つが膨張して「大人の宇宙」になり、やがて内部にブラックホールが形成されて……

【図 3.12】ブラックホールの特異点から新しい「イーオン」が現れるという、スモーリンのロマンティックな宇宙観。

と続いてゆく。図3・12を参照されたい。崩壊から膨張に転じるこの過程は、明らかに、共形サイクリック宇宙論で考えるような共形的になめらかな移行とは大きく違っているし（図3・2参照）、第二法則との関係も不明である。けれども、このモデルには自然選択という生物学の原理の観点から検討できるという長所がある上、統計的に有意な予測も可能である。スモーリンは、そうした予測を試みており、ブラックホールと中性子星の観測的統計の比較を示している。これにホイーラーのアイディアを加味すると、崩壊から膨張に転じるプロセスが起こるたびに無次元定数はごくわずかだけ変化する可能性があり、その場合、新たなブラックホールを形成する傾向にはなんらかの「遺伝」があり、これが自然選択のような作用を受けると考えられる。

個人的には、ひも理論の概念を基礎とし、ひも理論と同じく余分な空間次元の存在に依拠する宇宙論も、同じくらい突拍子もない提案だと思う。私が知るかぎり、前〈ビッグバン〉相に関するこのタイプの提案として最も早いのは、ガブリエーレ・ヴェネツィアーノによるものだ。[34] このモデルは共形サイクリック宇宙論より七年ほど前に提案され、共形サイクリック宇宙論と共通の長所をもっている。具体的には、共形再スケーリングの役割に関する点と、「インフレーション期」は、われわれが現在経験している相よりも前の宇宙で起こる指数関数的膨張として考えたほうがよいとしている点である〈第十六章、第十八章参照〉。一方で、ヴェネツィアーノの理論は、ひも理論文化の概念に依存しているため、本書で提案する共形サイクリック宇宙論と直接結びつけることは困難で、特に、共形サイクリック宇宙論から導かれる第十八章の明確な予測との関係で食い違いが生じる。

ポール・スタインハートとニール・トゥロックが行った、より最近の提案についても、同じことが言える。[35] 彼らは、一つの「イーオン」から次のイーオンへの移行は「Dブレーンの衝突」を経由して起こると主張する。Dブレーンとは、通常の四次元時空に付随する、より高次元の時空のなかにある構造のことである。ここで、クロスオーバーは10^{12}年の数倍という短い時間で起こるとされているが、そのときには、現在、天体物理学的過程により生じると考えられているブラックホールのすべてがまだ存在しているはずである。さらに、この理論もひも理論文化の概念に依存しているため、共形サイクリック宇宙論との明確な比較は困難だ。余分な次元の構造は近似的に四次元ダイナミクスにまとめることができるため、彼らの体系を定式化しなおして、より一般的な四次元時空にもとづく理論として見られるようにすれば、もっと明確になるはずだ。

量子重力の概念を利用して、前の崩壊宇宙相から次の膨張宇宙相への「跳ね返り」を可能にしようとする試みは、ほかにもいろいろある。[36] 古典論では、宇宙のサイズが最小になったときに特異状態が生じるとされるのに対して、これらの理論では、特異状態の代わりに非特異的な量子的時間発展が起こるとされる。それを可能にしようとする多くの試みでは、単純化された低次元モデルが利用されることが多いが、それが四次元時空でなにを意味するかははっきりしない。さらに、量子的時間発展の試みの大半において、特異点はまだ除去されていない。非特異的な量子的跳ね返りの提案のなかで現時点で最もうまくいっているのは、量子重力にループ変数のアプローチを用いるものであるようだ。アシュテカとボジョワルドによると、古典論では宇宙論的特異点であった量子的時間発展が、この方法で可能になるという(37)。

けれども、私が見るかぎり、このセクションで紹介した前ビッグバン相に関する提案のうち、第一部で述べた第二法則が提起する根本的な問題に踏み込んでいるものは一つもない。また、第八章、第十章、第十二章で強調したとおり、ビッグバンの時点での重力の自由度の抑制は、われわれになじみの形の第二法則の起源の鍵となる問題であるが、この問題に取り組んでいるものも一つもない。実は、ここで紹介した提案のほとんどがFLRWモデルの範囲内にとどまっているため、根本的な問題に近づくことができないのだ。

けれども、二〇世紀初頭の宇宙論研究者たちでさえ、FLRWモデルの対称性からのずれを許容した途端に、ものごとがまったく違ってくるかもしれないことに気づいていた。アインシュタイン自身も、ムラを導入することにより特異点を回避できるかもしれないという希望を表明したことがある(38)(その着想は、後年、リフシッツとハラトニコフが提案し、のちに彼ら自身とベリンスキーによって修正された研究の着想によく似ていた。第十章参照)。けれども、一九六〇年代の特異点定理により(39)、古典的な一般相対論の体系のなかではこの期待は実現しえないことや、このタイプの宇宙モデルは時空の特異点を回避できないことが明らかになった。さらに、崩壊相にそのようなムラがあり、重力崩壊に伴うエントロピーの極端な増加とともにムラがどんどん大きくなる場合には

（第十二章参照）、崩壊相にある宇宙が〈ビッグクランチ〉の時点でもつ幾何学が、単なる共形（ヌル円錐）幾何学であったとしても、次のイーオンのはるかになめらかな（FLRW様）〈ビッグバン〉と調和する可能性はない。

それゆえ、前ビッグバン相が第二法則にしたがったふるまいをしなければならず、重力の自由度が完全に活性化していると考えるなら、古典的にせよ量子的にせよ、単純な跳ね返りとはまったく違ったことが起こらなければならないように思われる。この深刻な疑問を解決しようとする私自身の取り組みが、共形サイクリック宇宙論という奇妙な理論を提案するおもな理由の一つになっている。この理論は、無限大のスケール変化を考えることにより、一つのイーオンと次のイーオンの間に要請される幾何学的調和を可能にしている。それでもなお、深遠な謎が残っている。このような循環過程が第二法則と矛盾しないのはなぜなのか？　エントロピーはイーオンから次のイーオンへ、そのまた次のイーオンへと増大していくというのに……？　これは、本書の鍵となる問題だ。次のセクションでは、いよいよこの問題に正面から取り組むことになる。

第十六章　第二法則との折り合いをつける

ここで、本書の最初の疑問に戻ろう。第二法則の起源の問題である。最初にはっきりさせておきたいのは、われわれは難問に直面しなければならないということだ。この問題は、共形サイクリック宇宙論とは無関係にわれわれの前に立ちはだかっているようであり、「ごく初期の宇宙と未来の果ての宇宙が不気味なほど相似であるにもかかわらず、われわれの宇宙（共形サイクリック宇宙論を考えるなら、現在のイーオン）のエントロピーが途方もなく増大しているように見える」という明白な事実と関係している。なお、ここで言う「相似」とはユークリッド幾何学の用語で、そっくり同じという意味ではなく、両者の間に基本的にはスケールの違いしかないという意味である（ただし、スケールの違いは巨大である）。また、全体のスケールをどんなに変えても、エントロピーの大きさには基本的に無関係である。エントロピーの量はボルツマンのすばらしい公式によって定義されるが（第三章参照）、第十三章の終わりで述べたとおり、位相空間の体積は共形なスケール変化によって変化しないという重大な事実があるからだ(40)。けれども、われわれの宇宙では、重力凝縮によりエントロピーが途方もなく増大しているように見える。われわれが抱える難問とは、これらの事実がどのようにして互いに折り合いをつけているかを理解することなのだ。一部の物理学者は、われわれの宇宙が最終的に到達する最大のエントロピーは、塊の形成によるブラックホールの誕生ではなく、宇宙論的事象の地平線のベッケンスタイン＝ホーキングのエントロピーによって生じると主張している。この可能性については第十七章で考察するが、それによりこのセクションでの議論が無駄になることはないので安心されたい。

初期の宇宙がどのような状態にあったのか、もっと慎重に検証してみよう。ここでは、初期の宇宙での重力のエントロピーを低く抑えるために、ビッグバンの時点での重力の自由度を相殺するのに適した条件が課されている。宇宙のインフレーションを考慮する必要はあるだろうか？　今日では広く受け入れられているこのプロセスに私が懐疑的であることを読者諸氏は覚えておられるだろうが（第十二章）、心配は無用である。ここでの議論では、インフレーションを考慮するか否かによる違いはほとんど生じないからだ。われわれはインフレーションの可能性を無視してもよい。共形サイクリック宇宙論はインフレーションの別の解釈を提供しているだけであり、インフレーション相は前のイーオンの指数関数的に膨張する相であると見てもよい（第十八章参照）。あるいは単に、インフレーションが終わったと考えられる宇宙的「瞬間」（ビッグバンの約10^{-32}秒後）の直後の状況であると考えてもよい。

第十三章の冒頭で述べたとおり、初期（ビッグバンの約10^{-32}秒後）の宇宙の状態が共形不変な物理学に支配されていて、そこには事実上質量ゼロの内容物があると推測するのは理にかなっている。第十二章で紹介したトッドの提案の詳細が正しいにせよ間違っているにせよ、重力の自由度が非常に強く抑制されている初期宇宙の状態について、共形的な引き伸ばしによってなめらかな非特異状態が得られ、そこにはまだ質量ゼロの粒子（おそらくその大半は光子）が存在していると考えることは、そう見当はずれでもないように思われる。それに加えてダークマターの自由度も考える必要があるが、ダークマターも宇宙の初期には事実上質量がゼロであったと考えられる。

時間スケールのもう一方の端には、最後に指数関数的に膨張するド・ジッター宇宙に似た宇宙がある（第十一章）。この宇宙にも、おもに質量ゼロの粒子（光子）がある。そのほかに、質量のある安定な粒子からなる物質もさまよっているかもしれないが、エントロピーのほとんどすべては光子がもっているだろう。未来の果てを共形的につぶしてなめらかな状態の宇宙（それは、ビッグバンに近い時点、たとえばビッグバンから10^{-32}秒後の状況を共形的に引き伸ばしたときに得られるなめらかな状態の宇宙に似ていなくもないだろう）を得られると仮定することは、第十三章で引用したフリードリヒの研究結果を支持することになるが、あながち間違ってはいないように思われる。どちらかといえば、引き伸ばされたビッグバンでは、より多くの重力の自由度が活性化しているかもしれない。なぜなら、ダークマターで活性化していると思われる重力の自由度があるだけでなく、トッドの提案では、ゼロではないが有限なワイル・テンソル$\mathbf{C}$の重力の自由度が存在する余地も認められているからだ（ちなみに、共形サイクリック宇宙論は$\mathbf{C}=0$を要請する。第十二章および第十四章参照）。しかし、そのような自由度が本当にあったとしたら、われわれが抱えている難問をさらに厄介なものにするだけだ。われわれは、ビッグバンの10^{-32}秒後から未来の果てまでの間にエントロピーは途方もなく大きくなっていなければならないにもかかわらず、ごく初期の宇宙のエントロピーが、未来の果ての宇宙のエントロピーに比べて（大きくはないにしても）それほど小さいようには見えないという問題をどうにかしなければならないのだ。

この難問に適切に対処するためには、エントロピーの途方もない増加に主要な寄与をするものの性質と寄与の大きさを理解しておく必要がある。現時点では、宇宙のエントロピーに主要な寄与をしているのは、大半の（あるいはすべての？）銀河の中心にある巨大なブラックホールであるようだ。ブラックホールは、その性質上、目で見るのが困難であるため、全銀河のブラックホールの大きさを正確に推定するのは難しい。しかし、われわれの銀河系は、ごくありふれた銀河であると考えられていて、中心には質量が約 $4 \times 10^{6} M_{\odot}$（第十章参照）のブラックホールがあるようだ。ベッケンスタイン＝ホーキングのエントロピーの式からは、銀河系のバリオン一個あたりのエントロピーは約 10^{21} であることになる（ここで言う「バリオン」は、実質的に、陽子または中性子である。記述を容易にするために、バリオン数は保存されているものとする。実際、この保存則に反する現象は現時点では観測されていない）。そこで、この数字を、現在の宇宙全体でのバリオン一個あたりのエントロピーの推定値としよう[41]。エントロピーに対してバリオンの次に大きな寄与をしているのは宇宙マイクロ波背景放射であると思われるが、バリオン一個あたりのエントロピーはせいぜい 10^{9} である。そう考えると、ビッグバンの 10^{-32} 秒後と比べたときはもちろん、脱結合の時点と比べても、エントロピーがすでに途方もなく大きくなっていることがわかる。そして、エントロピーの莫大な増加に主要な寄与をしているのはブラックホールである。この話をもっとドラマチックに見せるため、二つの数字を日常的な表記法で書いてみよう。宇宙マイクロ波背景放射のバリオン一個あたりのエントロピーが約 1,000,000,000 であるのに対して、（上述の見積もりによれば）現在の宇宙のバリオン一個あたりのエントロピーは約

1,000,000,000,000,000,000,000

であり、これが主としてブラックホールに由来しているというのだ。さらに、ブラックホールも宇宙のエントロピーも、今後、もっと大きくなると考えなければならないため、この巨大な数字でさ

え、はるか遠い未来には完全に圧倒されてしまうのだ。そのため、われわれの難問は、「このことと、このセクションの冒頭で述べたことの折り合いをつけるには、どうすればよいか?」と「ブラックホールのエントロピーは最終的にどうなるのか?」という問いかけになる。

われわれは、エントロピーがどのようなしくみで最終的にそんなに小さくなるように見えるのかを理解する必要がある。エントロピーがどこに行ってしまうのかを理解するために、エントロピーが大きく増加する原因であるブラックホールが、はるかに遠い未来にはどうなると推測されていたかを思い出してほしい。第十一章によれば、ブラックホールはホーキング放射によって蒸発し、最終的にはポンと爆発してしまうため、10^{100}年ほど後には、すべてのブラックホールが消滅しているはずである。

われわれは、ブラックホールが物質を飲み込むことによるエントロピーの増加も、ホーキング放射によるブラックホールの大きさ(と質量)の減少も、第二法則と矛盾しないことを心にとめておかなければならない。むしろ、これらの現象は第二法則が直接暗示していることなのだ。その意味を大まかに捉えるだけなら、ホーキングが一九七四年に行ったブラックホール(それは、はるかな過去に重力崩壊によって形成されたと考えられる)の温度とエントロピーに関する最初の議論を詳細に理解している必要はない。第十二章のベッケンスタイン=ホーキングのエントロピーの式の厳密な係数 $8kG\pi^2/ch$ を気にせず、その近似で満足できるなら、ベッケンスタインが一九七二年に最初に証明したブラックホールのエントロピーの一般的な形を考えればよい[42]。それは第二法則にもとづく完全に物理的な議論で、量子力学と一般相対論の原理にしたがい、ブラックホールのなかに物体を下ろしてゆく思考実験だ。回転しない質量Mのブラックホールについて、ホーキングのブラックホールの表面温度T_{BH}は、

$$T_{BH}=\frac{K}{M}$$

である。ここで、定数Kは実際には$K=1/(4\pi)$により与えられ、エントロピーの公式を受け入れるなら、標準的な熱力学の法則にしたがう。[43]これは無限遠から見た温度であり、この温度がブラックホールのシュヴァルツシルト半径（第十章）を半径とする球から一様に広がると考えることで、ブラックホールの放射レートを決定することができる。

私がこうした点を強調するのは、ブラックホールのエントロピーと温度の概念や、この奇妙な天体のホーキング放射による蒸発の過程が、どんなに異様に見えたとしても、この宇宙の物理学の一部をなしていて、われわれになじみの根本原理（特に第二法則）とも矛盾していないことを強調したいからにすぎない。ブラックホールが莫大なエントロピーをもつことは、ブラックホールの不可逆的な性質と、定常ブラックホールの構造が、その状態を記述するのに、わずか数個の変数しか必要としないという驚くべき事実から予想される。[44]これらの変数の値についてどんな組み合わせを考えても、それに対応する位相空間の体積は非常に広いにちがいないため、ボルツマンの公式（第三章）から、そのエントロピーが非常に大きいことが示唆される。物理学全体の整合性から、ブラックホールの役割と挙動に関する現時点の全体像は妥当であると考えてよいはずだ。ブラックホールが最後にポンと消滅することについては、いくらかおぼつかないところがあるものの、その段階でほかにどんなことが起こりうるのか、予想するのは難しい。

われわれは本当にブラックホールがポンと消滅することを信じる必要があるのだろうか？　ブラックホールの時空の幾何学が古典的（非量子的）であるかぎり、その放射は、有限の時間でブラックホールを消滅させるようなペースでブラックホールから質量／エネルギーをもち出しつづけるはずである。ブラックホールの質量がMで、ほかになにも落下してこないなら、この時間は約$2\times10^{67}(M/M_{\odot})^{3}$年である。[45] しかし、古典的な時空の幾何学の概念は、どの段階まで、信頼できるイメージを提供してくれるのだろうか？　次元のみを考慮した一般的な予想からは、ブラックホールが信じられないくらい小さくなって、陽子の古典的半径の約10^{-20}倍であるプランク長l_{P}（約10^{-35}m）に近づいてきた頃に、ようやくなんらかの量子重力が関与してくると考えられる。けれども、この最終段階でなにが起こるにしても、残っている質量はおそらくプランク質量m_{P}程度で、それがもつエネルギーはプランクエネルギーE_{P}程度であり、プランク時間t_{P}よりたいして長く保たれるとは考えにくい（第十四章の終わりを参照されたい）。一部の物理学者は、最終的には質量がm_{P}程度の安定な残骸が残る可能性を考えたが、これは、場の量子論との関係で若干の問題がある。[46] さらに、ブラックホールが最後にどのような運命をたどるにしても、その最終状態はブラックホールのもとの大きさとは無関係であると考えられ、ブラックホールの質量／エネルギーのごくわずかな部分としか関係していない。この小さなブラックホールの残骸の最終状態については、物理学者たちの意見は分かれている。[47] 一方、共形サイクリック宇宙論では、静止質量に関して、なにも永遠には残らないことを要請するため、ブラックホールがポンと消滅してしまうというイメージ（および、ブラックホールが消滅する際に生成する質量のある粒子の静止質量が、最終的に減少して消滅すること）となじみやすい上、第二法則とも矛盾しない。

　これだけの整合性があるにもかかわらず、ブラックホールには明らかに奇妙な点がある。それは、未来への時間発展により、その内部に不可避的に時空の特異点が生じることだ。おそらく、未来に向かって時間発展する物理現象のなかで、このような例はほかにない。ブラックホールの特異点は古典的な一般相対論からの帰結であるが（第十章、第十二章）、量子重力を考慮して古典的描写を大きく修正し、時空の曲率が巨大になり、時空の曲率半径がプランク長l_Pほどの極小スケールになっていくようにする必要があると考えるのは困難だ（第十四章の終わりを参照されたい）。特に、銀河の中心にある巨大なブラックホールでは、そうした極小の曲率半径が現れはじめる場所は、古典的な時空のイメージのなかで特異点を抱える極小の領域になる。古典的な時空のイメージにおいて「特異点」と呼ばれる場所は、本当なら、「量子重力に圧倒される」場所として考えなければならない。けれども実際には、両者の違いはほとんどない。なぜなら、アインシュタインの連続的な時空のイメージの代わりになるような、広く受け入れられている数学的な構造がないからだ。だからわれわれは、その先でなにが起こるのかは問わずに、ただ、野放図に発散し、おそらくBKL型のカオス的なふるまいをする曲率の特異点の境界を付加することにしたい（第十章、第十二章）。

古典的イメージのなかのこの特異点の役割をもっとよく理解するためには、図3・13の共形ダイアグラムについて考察するのがよい。この図の二つの部分は、それぞれ図2・38（a）と図2・41を描き直したものである。これらの図には正確な球対称性が与えられているため、厳密な共形ダイアグラムとして解釈すると、崩壊の過程でムラができたときには正確なものとは言えなくなる。しかし、ブラックホールがポンと消滅する直前まで「強い宇宙検閲官仮説」が成り立つと考えるなら（第十一章の終わりと第十二章を参照されたい）[48]、その特異点は基本的に空間的であるはずで、古典的特異点の近くの時空の幾何学に極端なムラがあっても、図3・13は概略的な共形ダイアグラムとして質的に正確なものであり続ける。

量子重力効果が古典的な時空のイメージを破壊する領域では、古典的な時空の物理学が信頼できなくなるところまで時空の曲率が大きくなって、特異点に非常に近くなる。共形サイクリック宇宙

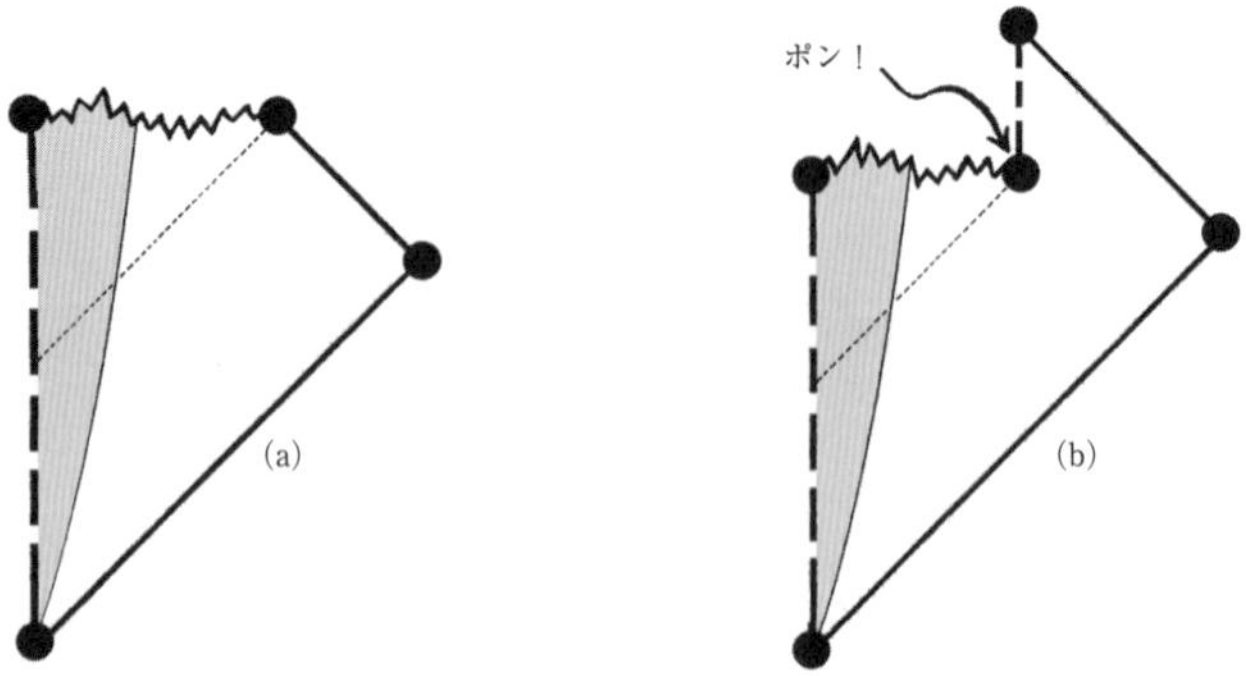

【図 3.13】（対称性の欠如を示すために）不規則な形に描いた共形ダイアグラム。(a)は重力崩壊によるブラックホールの誕生、(b)はホーキング放射により蒸発するブラックホール。強い宇宙検閲官仮説によると、特異点は空間的なままである。

論のクロスオーバー三次元表面では、時空はなめらかに拡張して特異点を抜け、ある意味、連続的に「向こう側」に到達することができる。けれども、ブラックホールの特異点では、このような見方ができる見込みはほとんどないように思われる。実際、トッドの提案は、ビッグバンの際に遭遇する非常におとなしい特異点を、ブラックホールの特異点で予想されるようなもの（たとえば、BKL型のカオス的なふるまいをする特異点）から区別するためのものだった。第十五章で紹介したスモーリンの刺激的な提案（図3・12）にもかかわらず、私は、量子重力がわれわれを救いに来て、なんらかの「跳ね返り」を可能にしてくれるとはほとんど思っていない。基本的に時間対称な基礎的物理過程が直接的に意味するところでは、ブラックホールの特異点から現れてくる時空は、ブラックホールの特異点に入ってくるものを反映しているからである。もし「跳ね返り」が可能であったら、ブラックホールから現れてくるのは、図2・46のホワイトホールか、第十二章で考察した何度も分岐するホワイトホールだろう（図3・2と対比されたい）。そのようなふるまいがわれわれになじみの宇宙で起こるとは考えられず、われわれが経験する第二法則に似たものもないだろう。

いずれにせよ、少なくともわれわれに考えることができそうな物理的時間発展によれば、そうした領域では物理学は終焉を迎えることになる。そこで物理学が終わらなかったとしたら、われわれが知っているものとは完全に異質な宇宙構造へと続いてゆくだろう。どちらにしても、特異点領域に出くわした物質は、われわれの知る宇宙からは失われ、その物質がもっていた情報も失われるようだ。情報は本当に失われるのだろうか? それとも、なんらかの方法で図3・13(b)の図の脇道にそれ、一般的な時空の幾何学の概念が量子重力によりゆがめられることで、第九章のふつうの因果律に反する空間的な伝播のようなものが許容されたりするのだろうか? たとえそうだとしても、ブラックホールが消滅する瞬間よりもずっと前に、そのような方法で情報が現れてくると想像するのは困難だ。大きな(たとえば太陽の質量の数百万倍の)ブラックホールの形成に使われた物質がもっていた膨大な量の情報のすべてが、ブラックホールの消滅が起こる微小な領域から、なんらかの方法で瞬間的にどっと流れ出してくるなど、私にはとうてい信じられない。未来への時間発展が時空の特異点に向かうような過程に含まれる情報はすべて破壊されると考えるほうが、はるかに理にかなっていると思う。

別の提案もある。[49] それは、情報はなんらかの方法でずっと前から「漏れ出している」とするもので、しばしば賛成意見が述べられている。それによると、漏れ出してくる情報は「量子もつれ」という方法で表現されていて、ブラックホールからのホーキング放射との微妙な相関に表れているという。この見解によると、ホーキング放射は厳密には「熱的」(つまり「ランダム」)ではないが、特異点で失われて回収できなくなったように思われたすべての情報が、ブラックホールの外側で、なんらかの方法で考慮されている（再現される？）ことになる。私は、こうした提案にも強い疑いをもっている。この種の提案にしたがえば、特異点の近傍にきた情報は、ブラックホールの外側にあるもつれた情報として、なんらかの方法で「再現」あるいは「複製」されなければならないはずだが、これは量子力学の基礎的原理に反しているからだ[50]。

さらに、一九七四年にホーキングがブラックホールからの熱放射の存在を示す最初の論証を行ったときには[51]、テスト波の形でブラックホールに入っていった情報は、ブラックホールから逃れるものとブラックホール内に落ち込むものの間で分割されなければならないという事実をはっきりと利用していた。ブラックホールから出てくるものが熱的な性質をもち、その温度はいわゆるホーキング温度に等しいという結論が導かれたのは、ブラックホール内に落ち込んだ部分の情報が失われて回収できなくなるという仮定があったからである。この議論は、図2・38（a）の共形ダイアグラムに依拠している。この図は、ブラックホールに入っていった情報が、ブラックホール内に落ち込むものとブラックホールから無限遠へと逃れてゆくものの間で分割されることを明示しているように思われる。ここで、ブラックホール内に落ち込んだ情報は失われる。それが、彼の議論の本質的な部分である。ホーキングは長年、ブラックホールに入った情報は本当に失われるという見解を誰よりも強く支持してきた。ところが彼は、二〇〇四年にダブリンで開催された「一般相対論と重力に関する第十七回国際会議」において、自分は意見を変えたと宣言した。彼（とキップ・ソーン）は以前、ジョン・プレスキルと賭けをして、ブラックホールに入った情報を外に取り出すことはできないという方に賭けたが、それは間違いだったと言って、公の場で賭け物を手渡した[52]。私は個人的には、ホーキングの最初の見解のほうがはるかに真実に近く、彼は意見を曲げるべきではなかったと考えている！

とはいえ、ホーキングの新しい見解は、場の量子論研究者の「通説」の立場と非常によく合う。実のところ、ほとんどの物理学者は、物理的な情報が本当に破壊されるという見解には否定的で、ブラックホールのなかでこのようにして情報が破壊されるという概念は、しばしば「ブラックホールの情報のパラドックス」と呼ばれている。ブラックホールで情報が失われることを物理学者が受け入れられないおもな理由は、ブラックホールの運命を正しく記述する量子重力理論は、量子力学の根本原理の一つである「ユニタリ発展」と矛盾してはならないと信じているからだ。ユニタリ発展とは、基本的には量子系の時間対称的・決定論的な時間発展のことであり、[53] 基礎的なシュレーディンガー方程式によって支配される。その性質上、情報はユニタリ発展の過程で失われるはずがない。なぜならそれは可逆的であるからだ。それゆえ、ホーキング放射によるブラックホールの蒸発にとって欠かせない要素であるように思われる情報の喪失は、ユニタリ発展と矛盾していることになる。

ここで量子論について詳述するわけにはいかないが、[54] 基本的な概念について簡単に説明することは、これから考察を進めるために重要である。特定の時刻における量子系は、基本的には系の量子状態すなわち波動関数によって数学的に記述され、Ψ《プサイ》というギリシャ文字で表されることが多い。上述のとおり、放っておけば、量子状態Ψはシュレーディンガー方程式にしたがって時間発展する。これはユニタリ発展であり、決定論的で、基本的に時間対称性で、連続的なこの過程を、**U**という文字で表そう。けれども、tという時刻に、観測可能な変数qがどのような値をとるかを確認しようと思ったら、Ψに対して、これとはまったく違った数学的過程を作用させなければならない。それは「観測」または「測定」と呼ばれるもので、Oという文字で表す。ΨにOを作用させると、さまざまな可能性の集合Ψ_1、Ψ_2、Ψ_3、Ψ_4……が得られる。ここで、Ψ_1、Ψ_2、Ψ_3、Ψ_4……は、任意の変数qがq_1、q_2、q_3、q_4……という値をとるときの量子状態で、qがそれぞれの値をとる確率は、P_1、P_2、P_3、P_4……である。すべての可能性の集合と、それぞれに対応する確率は、特別な数学的手順を用いてOとΨによって決定される。物理的世界で実際に起きているように見えることを反映させると、測定の瞬間、Ψはさまざまな可能性の集合$Ψ^1$、$Ψ^2$、$Ψ^3$、$Ψ^4$……のなかのいずれか一つ（これを$Ψ^j$としよう）へとジャンプする。自然によるこの選択は完全にランダムなように見えるが、対応する確率P_jで起きている。量子状態Ψから$Ψ^j$への置換は、「量子状態の縮退」または「波動関数のつぶれ」と呼ばれるもので、ここでは**R**という文字で表す。Ψを（$Ψ_j$へと）跳躍させたこの測定のあと、新しい波動関数$Ψ^j$は再び**U**にしたがって時間発展し、次に測定が行われると、また同様のことが起こる。

ここでの量子状態のふるまいは、連続的で決定論的な**U**と不連続で確率的な**R**というまったく異なる二つの数学的手順の間を行き来しているように見えて、非常に不思議である。この混成は、量子力学の特に奇妙な点である。当然、物理学者たちはこの状況に満足しておらず、さまざまな哲学的立場をとっている。ハイゼンベルクによると、シュレーディンガー本人も、「このいまいましい量子飛躍がこれからも消えないならば、自分がこれまで量子論にかかわってきたことを遺憾に思う」と言っていたらしい[55]。ほかの物理学者たちは、時間発展方程式を発見したシュレーディンガーの貢献の大きさは認めているものの、「量子跳躍」に対する彼の嫌悪に同意することは、量子的時間発展についての物語のすべてが明らかになったわけではないという彼自身の立場に反するものだと考えている。実際、すべての物語はなんらかの方法で（Ψの意味に関する適切な「解釈」とともに）**U**のなかに含まれていて、そこからなんらかの方法で**R**が出てくるというのが一般的な見解である。ひょっとすると、真の「状態」には、われわれが考えている量子系だけでなく、測定装置などの複雑な環境も含まれているのかもしれない。あるいは、(最終的な観測者である)われわれ自身がユニタリな時間発展状態の一部になっているのかもしれない。

私はここで、**U**／**R**問題をいっそう混乱させる別の意見や論争にいちいち首を突っ込むことはせず、自分の意見だけを紹介したい。それは、基本的にはシュレーディンガー本人やアインシュタインの側に立つ意見であり、意外かもしれないが、ディラックの側にも立っている。[56] 私は、今日の量子力学全般を定式化したディラックと同じく、[57] 今日の量子力学は暫定的な理論であるという見解をとる。もちろん、この理論による予測が見事に裏づけられていることや、幅広い現象がこの理論によって説明されていることや、この理論の反証となるような観察事実が一つも確認されていないことを知っていて、あえて言っているのである。自然はユニタリ性を堅持しているが、私は、**R**現象はユニタリ性からの逸脱であり、重力が(わずかであっても)本格的にかかわってくるときに起こるものだと考えている。[58] 実を言うと、私は以前から、ブラックホールでの情報の喪失と、その結果としての**U**の破れは、「**U**の堅持は、真の(未知の)量子重力理論の要素ではありえない」という主張の大きな部分を占めていると考えていた。

私は、このセクションの冒頭で直面した難問を解決する鍵はここにあると信じている。読者諸氏には、ブラックホールにおける情報の喪失(および、その結果としてのユニタリ性の破れ)は、現実に起こる可能性があるだけでなく、われわれが考えているような状況では現実でなければならないということを受け入れてもらいたい。われわれは、ブラックホールの蒸発という背景のなかで、ボルツマンによるエントロピーの定義を再検討しなければならない。特異点での「情報の喪失」は、実際には、なにを意味するのだろうか？　これを記述するには、情報の喪失を自由度の喪失として捉え、位相空間を記述する変数がいくつか消滅し、位相空間が以前より小さくなると考えればよい。

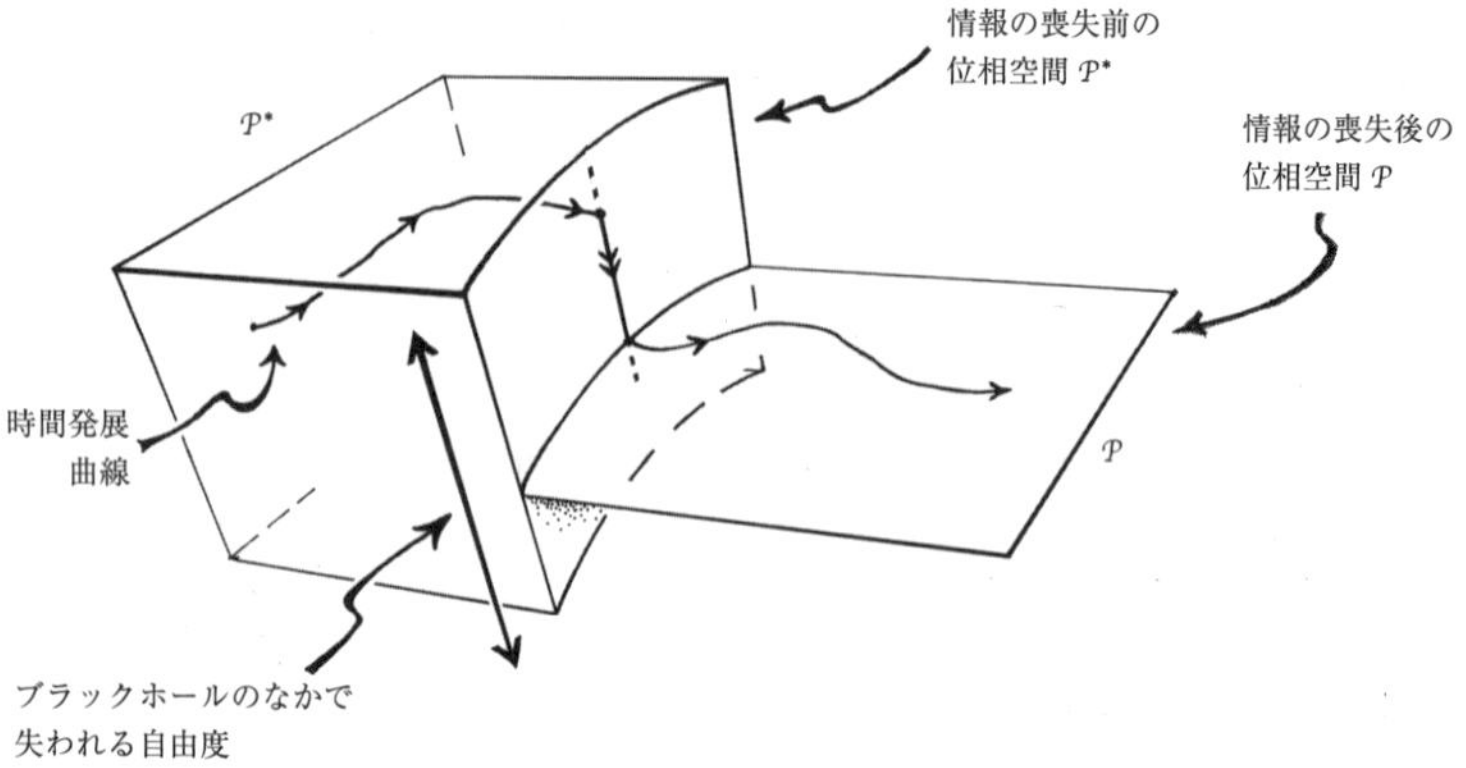

【図 3.14】ブラックホールにおける情報の喪失後の位相空間での時間発展。

力学的挙動について考慮すると、これは完全に新しい現象である。第三章で述べたふつうの力学的時間発展の概念によれば、位相空間$\mathcal{P}$は固定されていて、力学的時間発展は、この固定された空間のなかを一つの点が動いていくこととして記述される。しかし、力学的時間発展が、ここで述べたように、どこかの段階で自由度の喪失を伴うものであったとしたら、位相空間は、この時間発展の記述の一部として縮小することになる！　このプロセスがどのように記述されるかを、次元を下げて説明しようと試みたのが図3・14である。

　ブラックホールの蒸発は、非常に微妙なプロセスだ。ブラックホールの縮小は、（ポンと消滅するときのように）特定の時刻に唐突に起こるものではなく、ひっそり起こるものとして考えなければならない。これは、「一般相対論の世界では唯一無二の『世界時』のようなものは存在せず、時空の幾何学が空間の一様性から大きくはずれているブラックホールでは特にそうである」という事実と関係している。例として、オッペンハイマー＝スナイダーの重力崩壊を考えよう（第十章、図2・24参照）。ブラックホールがホーキング放射に

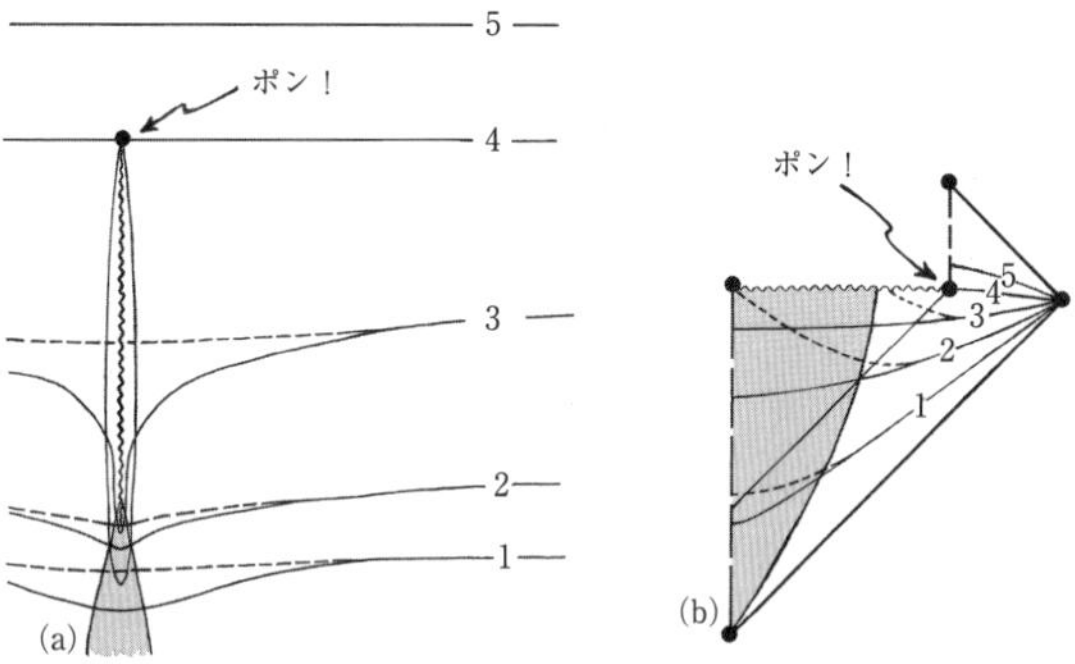

【図3.15】ホーキング放射により蒸発するブラックホール。(a) 従来の時空のイメージ。(b) 厳密な共形ダイアグラム。実線で示した時間のスライスによれば、内部自由度の喪失はブラックホールがポンと消滅するときにのみ起こると考えられる。破線で示した時間のスライスによれば、内部自由度の喪失はブラックホールの歴史全体を通じて徐々に起こる。

より最後に蒸発するところを（第十一章、図2・40と図2・41参照）、図3・15（a）と、その厳密な共形ダイアグラムである図3・15（b）に示す。図中、実線で描いた横線は、空間的三次元表面（等間隔で時間をスライスしたもの）であり、ブラックホールに入った情報のすべてが「ポン！」の瞬間に消滅するように見える。これに対して、破線で描いた空間的三次元表面の横線では、情報は徐々に失われ、ブラックホールの一生にわたって広がってゆく。二つの図は厳密な球対称性がある場合についてのものだが、強い宇宙検閲官仮説が成り立つと考えるかぎり、概略的にはこれでよい（もちろん、「ポン！」の瞬間そのものは除外する）。

情報が失われるタイミングに対するこの無頓着さは、情報の消滅が外部の（熱）力学に影響を及ぼさないという事実を強調する。そのため、第二法則はいつもどおり続いていて、エントロピーは増大しつづけると考えたくなるかもしれないが、われわれは、自分たちが「エントロピー」と呼ぶ概念がどのようなものであるかを慎重に考える必要がある。このエントロピーは全自由度のことであり、ブラックホール内に落ち込んでいったすべての物質の自由度も含まれている。けれども、ブラックホール内に落ち込んだ物質の自由度は、遅かれ早かれ特異点に遭遇することになり、上述の考察によれば、系から失われてしまう。ブラックホールがポンと消滅するときには、位相空間のスケールは非常に小さくなっている必要があり（ちょうど、平価切り下げを行う国家のように）、位相空間の体積は全体として以前よりずっと小さくなっている。ただし、問題のブラックホールから離れたところで続いている局所的な物理学は、この大幅な切り下げに気づかないだろう。ボルツマンの式には対数が使われているため、位相空間の体積のスケールダウンは、問題のブラックホールの外に広がる宇宙全体のエントロピーから大きな定数を差し引いたものとして見ることができる。

第三章の終わりで、ボルツマンの式に対数が使われていることが、独立の系のエントロピーに加法性を付与していると指摘したことを思い出してほしい。これを、上述の議論と比較してみよう。このセクションの考察で、ブラックホールに飲み込まれて最終的に破壊されてしまう自由度は、第三章で考察した系の外の部分に相当する。第三章の実験室の外にある銀河系に関する外部位相空間$\mathcal{X}$を定義する変数は、ここではブラックホールに関するものになる。図3・16を参照されたい。われわれがブラックホールの外の世界と考えているもの（われわれはそこで実験を行っている）は、第三章（図1・9）の議論では系の内部に対応していて、位相空間$\mathcal{P}$を定義している。第三章で、銀河系の重力の自由度が減少すること（たとえば、その一部が銀河中心部のブラックホールに飲み込まれるなど）が、そこで行われる実験におけるエントロピーの考察になんの影響も及ぼさないように、宇宙のあちこちにあるブラックホールの内部での情報の破壊は、ブラックホールがポンと消滅することで終わるが、第二法則を破ることはない。これは、このセクションの冒頭で強調したこ

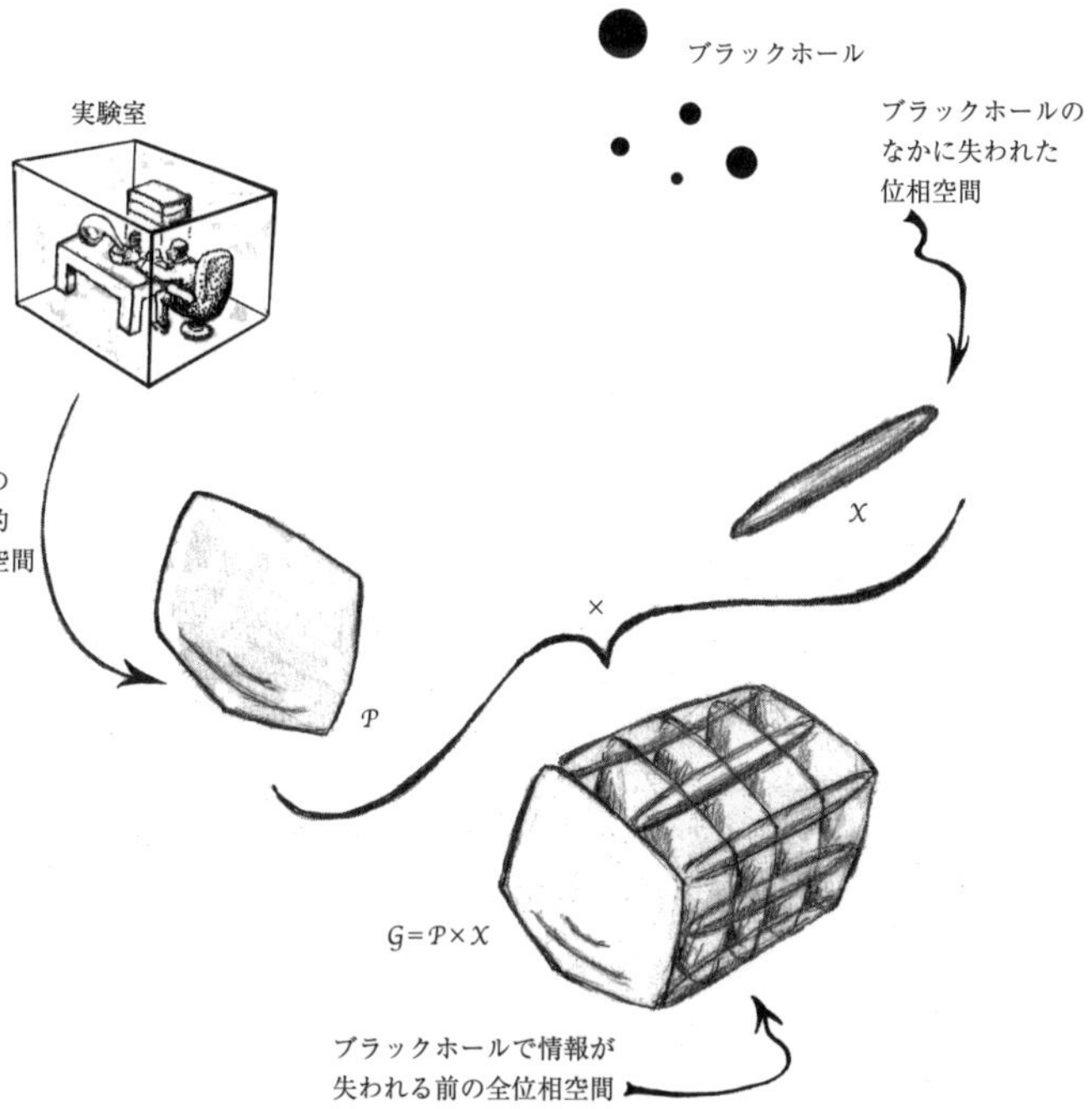

【図 3.16】ブラックホール内での情報の消滅は、局所的位相空間に影響を及ぼさない（図 1.9 と比較されたい）。けれども、情報が消滅する前は、全位相空間に寄与している。

と矛盾しない！

それにもかかわらず、宇宙全体の位相空間の体積は、情報の喪失によって激減する。[59] 本セクションの冒頭で提起した問題を解決するためには、基本的に、そうである必要があるのだ。これは微妙な事柄であり、位相空間の体積の減少を共形サイクリック宇宙論の要請に適したものにするためには、多くの細かい問題点を矛盾なく解決していく必要がある。一般的には、ここで要請される整合性は不合理なものではないと思われる。なぜなら、このイーオンの歴史を通じて続くと予想される総エントロピーの増加は、ブラックホールの形成（と蒸発）という形で起こると考えられるからである。情報の喪失による実際のエントロピーの減少量をある程度正確に計算するにはどうすればよいのか、まだはっきりとはわからない。けれども、ホーキング放射における喪失はないものとし、この総エントロピーが、次のイーオンが始まるために必要な位相空間の収縮を与えると考えるなら、ブラックホールが最大になったときのベッケンスタイン＝ホーキングのエントロピーを見積もることができる。もちろん、この点で共形サイクリック宇宙論が妥当であるかどうかを確認するには、より詳細な観察が必要だ。とはいえ私は、共形サイクリック宇宙論がそうした考察によって反証されることはないと思っている。

第十七章　共形サイクリック宇宙論と量子重力

共形サイクリック宇宙論の体系は、第二法則以外にも、長年にわたり宇宙論の前に立ちはだかってきたさまざまな興味深い問題、たとえば、古典論的な一般相対論で生じる特異点をどのように考えるべきかという問題や、量子力学はこのイメージにどのようにして入ってくるのかという問題について、これまでとは違った展望を与えてくれる。共形サイクリック宇宙論により具体的に予想できるのは、ビッグバンの特異点の性質だけではない。われわれに馴染みの物理学をできるだけ遠い未来まで広げようとするときに起こることも予想できる。それは、ブラックホール内の特異点で不可逆的に終わるのかもしれないし、そうでなければ、未来に向かってどこまでも続いてゆき、共形サイクリック宇宙論にしたがうなら、新しいイーオンの〈ビッグバン〉のなかで生まれ変わるのかもしれない。

前のセクションで避けて通った問題を取り上げるため、未来の果ての状況をもう一度検討することから、このセクションを始めよう。私は、第十六章で未来の果てに向かってエントロピーが増大する問題について論じたとき、共形サイクリック宇宙論によると、エントロピーを増大させるプロセスのなかで特に重要なのは、巨大なブラックホールの形成（と融合）であると述べた。やがて、宇宙マイクロ波背景放射の温度がブラックホールのホーキング温度よりも低くなると、ブラックホールはホーキング放射によって蒸発する。また、エントロピーがどこまでも増大していくにもかかわらず、初期の位相空間の粗視化領域が最後のそれと一致しなければならないという共形サイクリック宇宙論からの要請は（第三章、第十六章）、ブラックホール内で膨大な量の「情報の喪失」が起こると認めることによって満たされる（ホーキングは、当初はこのように主張していたが、のちに撤回した）。ブラックホールに自由度が飲み込まれ、破壊されることにより、位相空間の次元はごっそりと失われ、位相空間は大幅に「削減」される。ブラックホールが完全に蒸発すると、自由度が大幅に失われる。これはエントロピーが大幅に差し引かれることを意味するので、エントロピーのゼロ点は、ここでリセットされなければならない。

　多くの宇宙論研究者によると、この議論にはもう一つの要素がある。その要素は、本書の中心テーマと密接な関係があるのだが（第十六章の最初の段落の終わりを参照されたい）、私はこれまで無視してきた。それは「宇宙論的エントロピー」の問題であり、$\Lambda>0$のときの「宇宙論的事象の地平線」の存在から生じてくる。宇宙論的事象の地平線の概念については、すでに図2・42（a）、（b）で説明したように、宇宙定数Λが正で、空間的な未来の共形境界$\mathscr{I}^+$が存在する場合に生じる。宇宙論的事象の地平線が、第十一章の「不死」の観測者Oの世界線の端点o^+（$\mathscr{I}^+$上にある）の過去光円錐であることを思いだしてほしい（図3・17を参照されたい）。そのような事象の地平線を、ブラックホールの事象の地平線と同じように扱うべきだと考えるなら、ブラックホールのエントロピーに関するベッケンスタイン＝ホーキングの式（$S_{BH}=\frac{1}{4}A$：第十二章を参照されたい）は、宇宙論的事象の地平線にも適用されなければならない。ここから、プランク単位系での最終的な「エントロピー」の値

$$S_\Lambda = \frac{1}{4}A_\Lambda$$

が得られる。ここでA_Λは、遠い未来の極限における地平線の空間的横断面の面積を表している。この面積は、プランク単位系ではちょうど

$$A_\Lambda = \frac{12\pi}{\Lambda}$$

である（補遺B5を参照されたい）。したがって、エントロピーの値は、

$$S_\Lambda = \frac{3\pi}{\Lambda}$$

となる。このエントロピーの値はΛの値のみに依存し、宇宙で実際に起こることとの詳細とは無関係だ（Λは本当に宇宙「定数」であると仮定する）。これに関連して、類推が有効であるなら、その温度は、[60]

$$T_\Lambda = \frac{1}{2\pi}\sqrt{\frac{\Lambda}{3}}$$

となる。ここにΛの観測値をあてはめると、温度T_Λは約10^{-30}Kという信じられないほど小さい値になり、エントロピーS_Λは約3×10^{122}という巨大な値になる。

現時点で観測可能な宇宙にあるブラックホールの個数は、せいぜい10^{115}個である。ここで、約3×10^{122}というエントロピーS_Λの値は、これらのブラックホールの形成と蒸発を通じて到達すると考えられる値に比べてはるかに大きいことを指摘しておかなければならない。「現時点で観測可能な宇宙にあるブラックホール」とは、われわれの現時点の粒子の地平線のなかにあるブラックホールのことである（第十一章）。それでは、エントロピーS_Λは、宇宙のどの領域のエントロピーなのだろうか？　最初に思いつくのは、「全宇宙の最終的なエントロピーである」という答えかもしれない。なぜならそれはたった一個の数字であり、宇宙定数Λの値によって厳密に決定され、宇宙のなかでの活動の詳細に左右されないだけでなく、$\mathscr{I}^+$上の未来の端点o^+を与える不死の観測者Oの選択にも左右されないからである。けれども、この見解はうまくいかない。おもな理由は、宇宙が空間的に無限で、そこにあるブラックホールの個数が全然定まらない可能性があり、その場合、宇宙の現時点でのエントロピーは容易にS_Λを上回り、第二法則に反してしまうからである。S_Λは、われわれの宇宙のなかで、なんらかの宇宙論的事象の地平線（$\mathscr{I}^+$上の任意に選んだ点o^+の過去光円錐）に取り囲まれた部分の最終的なエントロピーであると解釈したほうが適切であるかもしれない。このエントロピーに関係する物質は、o^+の粒子の地平線の内側にある部分になる（図3・17参照）。

第十八章で見ていくように、標準宇宙論が予測する宇宙の進化によれば、[61]不死の観測者の世界線の端点o^+に到達するまでに、粒子の地平線の内側の宇宙にある物質の量は、われわれの現時点の粒子の地平線の内側にある物質の量の$(\frac{3}{2})^3\approx3.4$倍になっている。われわれの現在の観測可能な宇宙にある物質が到達しうるエントロピーのおおよその上限は10^{124}であるから（第十二章参照）、粒子の地平線の内側の宇宙にある物質のすべてを一個のブラックホールのなかに集めることができれば、そのエントロピーは10^{124}の$(\frac{3}{2})^6\approx11.4$倍になる。つまり、エントロピーが約$10^{125}$のブラックホール

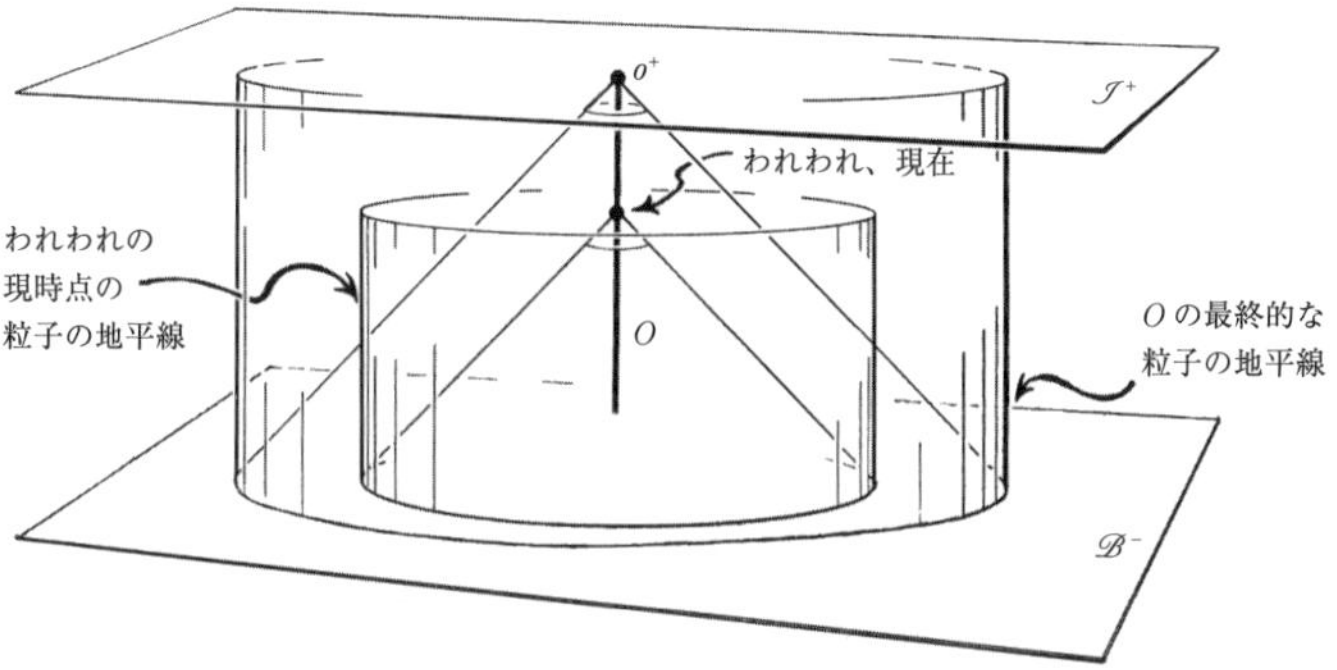

【図 3.17】われわれの宇宙 / イーオンの現在のイメージによると、われわれの現時点の粒子の地平線の半径は、最終的な粒子の地平線の半径の約 2/3 である。

が一個できるわけだ。観測値と同じ宇宙定数Λをもつ宇宙で、それだけのエントロピーを達成することが原理的に可能であるなら、第二法則は大きく破綻していることになる。なぜなら、$10^{125} \gg 3\times10^{122}$であるからだ。しかし、観測値と同じ宇宙定数$\Lambda$をもつ宇宙で、環境温度の下限が上述の$T_\Lambda$であるとすれば、巨大ブラックホールの温度は常にこの環境温度より低いままであり、ホーキング放射によって蒸発することはない。もう一つ問題がある。$\mathscr{J}^+$上の点o^+は、この怪物じみたブラックホールの外側にとることができ、なおかつ、(外部の過去光円錐がブラックホールと出会うと考えられるのと同じ意味で)その過去光円錐はブラックホールと出会うことができる。そのため、このエントロピーも考慮に入れるべきであるように見え(図3・18を参照されたい)、ここでもまた第二法則に大きく反しているように思われるのだ。

もう少し自由に考察する余地があるので、ここにあるバリオン約10^{81}個分の材料(われわれの現時点の観測可能な宇宙にあるバリオンの個数である10^{80}の三・四倍に、さらに約三をかけたもの。宇宙にはバリオン

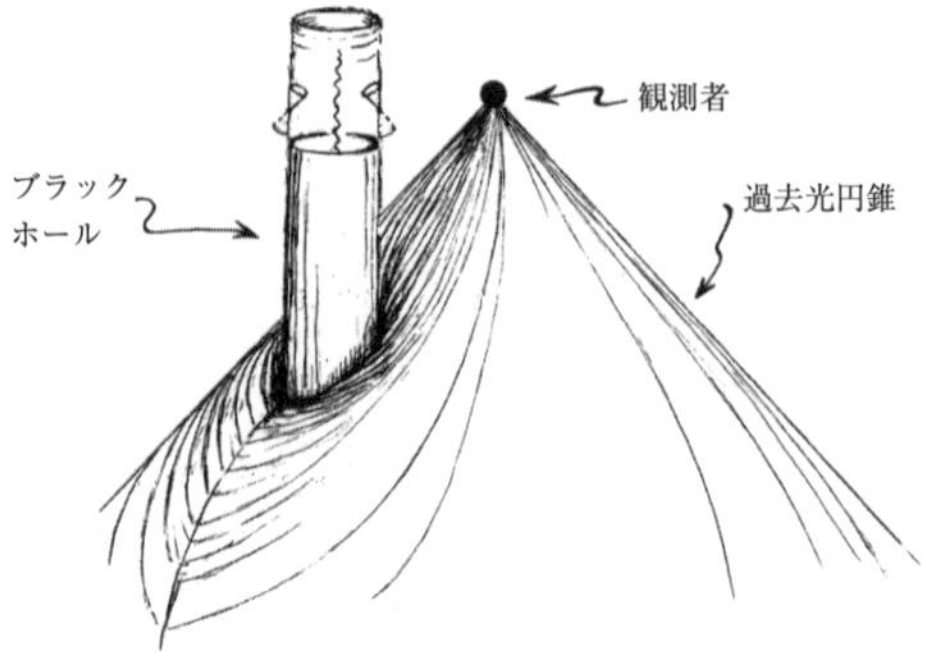

【図 3.18】$\mathscr{I}^+$上にいるかどうかにかかわらず、任意の「観測者」の過去光円錐は、ブラックホールの地平線と交差することではなく、ブラックホールを飲み込むことにより、これと「出会う」。

の約三倍のダークマターが存在しているから）を、陽子10^{79}個分の質量をもつ一〇〇個の領域に分割することを考えよう。一〇〇個の領域がそれぞれブラックホールを形成すると、その温度はT_Λ以上にとどまり、エントロピーが約10^{119}になったところで蒸発により消滅する。このようなブラックホールが一〇〇個あれば、エントロピーの合計は約10^{121}になる。これは3×10^{120}よりも大きいため、まだ第二法則を破っているように見えるが、それほど大きく破っているわけではない。これらの数字は大雑把すぎて、決定的な結論を導き出すのには使えないかもしれない。けれども私は、S_Λを実際のエントロピーとして物理的に解釈することや、T_Λを実際の温度として解釈することへの注意を喚起する最初の証拠になると考えている。

　私は、どのような場合にも、S_Λが真のエントロピーを表していると考えることには懐疑的だ。それには少なくとも二つの理由がある。そもそも、宇宙定数Λが本当に定数であり、S_Λが一つの決まった数であるなら、識別可能な自由度がΛから生じるはずがない。Λがあることによって、ない場合よりも、これに関連した位相空間が大きくなるということもない。共形サイクリック宇宙論の視点からは、この点は特に明らかだ。なぜなら、前のイーオンの $\mathscr{I}^{+}$ での自由度を、次のイーオンの $\mathscr{B}^{-}$ での自由度と一致させると、巨大な宇宙論的エントロピー S_{Λ} を可能にするような、膨大な数の推定上の識別可能な自由度が存在する余地が全然なくなってしまうからである。さらに、共形サイクリック宇宙論を仮定しなくてもこの指摘があてはまることは、私には自明であるように思われる。第十六章の冒頭で述べたように、共形スケール変化のもとでは体積は不変であるからだ[62]。

けれどもわれわれは、「Λ」が実際には定数ではなく、一部の宇宙論研究者が好む「ダークエネルギー・スカラー場」という奇妙なものである可能性も考えなければならない。そのとき、巨大なエントロピー S_{Λ} は、この「Λ場」の自由度に由来していると考える人もいるかもしれない。個人的には、私はこのような考え方を好まない。解決できる問題の数よりずっと多くの新しい難問を作り出してしまうからだ。Λ場が電磁場のように変化すると考えると、Λgのことを単にアインシュタイン方程式

$$\mathbf{E} = 8\pi\mathbf{T} + \Lambda\mathbf{g}$$

の「Λ項」と呼ぶことはできなくなり（この式は第十二章の終わりのほうで出てきたもので、プランク単位系を用いている）、「アインシュタイン方程式には『Λ項』などというものはない」と言わなければならない。そして、Λ場はエネルギーテンソル$\mathbf{T}$（Λ）をもち、これは（8πをかけると）Λgに非常に近くなると見ることになる。すなわち、

$$8\pi \mathbf{T}(\Lambda) \cong \Lambda g$$

である。T（Λ）は全エネルギーテンソルに寄与すると考えられるため、全エネルギーテンソルは $\mathbf{T} + \mathbf{T}(\Lambda)$ になる。こうして、アインシュタイン方程式は「Λ項」を使うことなく、

$$\mathbf{E} = 8\pi\{\mathbf{T} + \mathbf{T}(\Lambda)\}$$

と書くことができる。けれどもΛgは、ほかのどの場にも似ていないため、エネルギーテンソル（の8π倍）がこれと「≅」で結ばれているのは奇妙である。たとえば、エネルギーは基本的に質量と同じものだと考えられているため（アインシュタインの $E = mc^2$ の式より）、ほかの物質に対して引力を及ぼすはずだ。けれどもこの「Λ場」は、エネルギーが正であるにもかかわらず、ほかの物質に対して斥力を及ぼす。（私の見解では）もっと深刻な問題もある。第十章で説明した「弱いエネルギー条件」は、まさにこのΛg項によってかろうじて満たされているため、Λ場の変化を許した途端、ほぼ確実に大きく破られることになってしまうのだ。

個人的には、$S_\Lambda = \frac{3\pi}{\Lambda}$ が実際の客観的なエントロピーであると言うことに対して、もっと根本的な反論ができると考えている。ブラックホールの場合とは違い、ここでは、特異点で情報の絶対的な喪失が起こると考える物理的に正当な理由がないのだ。一般に、観測者の事象の地平線を超えた情報は、その人にとって「失われた」とされている。けれどもこれは、観測者に依存した概念にすぎない。図3・19のような空間的表面の連続を考えると、宇宙論的エントロピーと関連づけられる宇宙全体については、実際にはなにも「失われ」ていないことがわかる。なぜなら、時空の特異

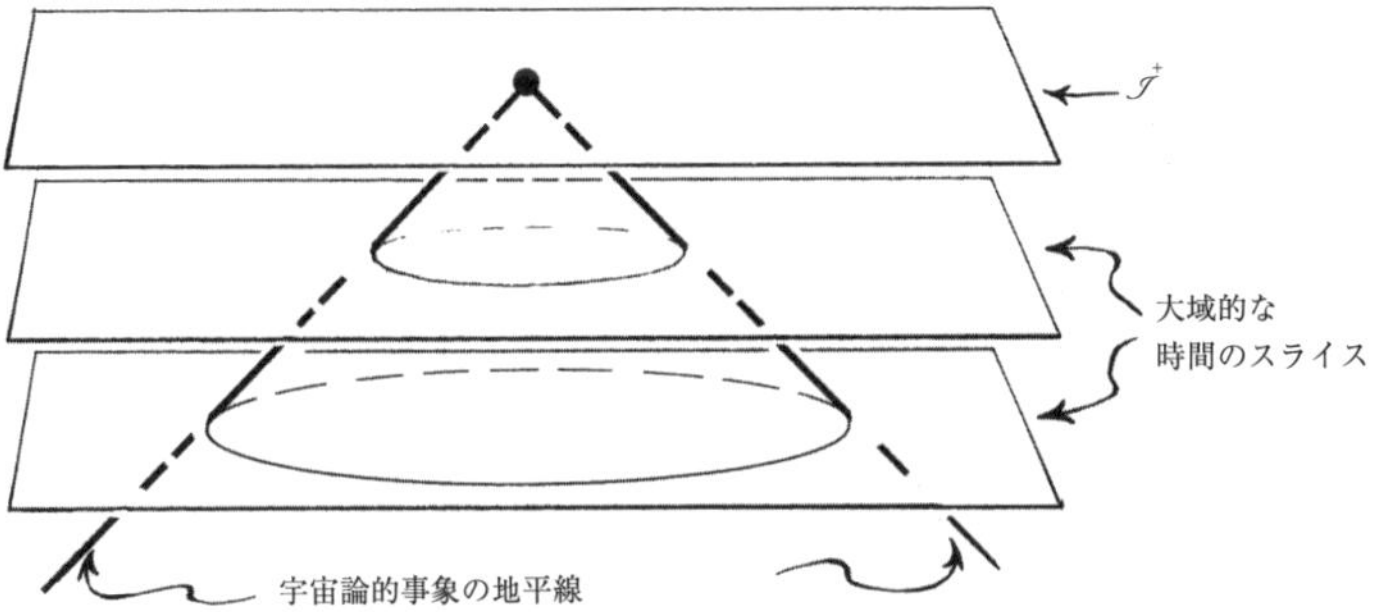

【図 3.19】（ブラックホールの場合とは違い）宇宙論的事象の地平線では情報の喪失はない。これは、大域的な時間のスライスが全域に行きわたる性質をもつことから明らかだ。

点などというものは存在しないからである（ただし、個々のブラックホールのなかにすでに存在しているものは除く）。[63] また、このセクションの前のほうで、ブラックホールのエントロピーに関するベッケンスタインの主張について少し触れたが、私が知るかぎり、このようにしてエントロピーS_Λを正当化する明確な物理的主張は存在しない[64]。

私がこの考え方を受け入れられない理由は、宇宙論的「温度」T_Λの場合に、より明確になるだろう。この温度には、観測者に強く依存する面があるからだ。ブラックホールの場合、ホーキング温度はいわゆる「表面重力」により与えられる。表面重力は、ブラックホールの近くの静止した構造に支えられた観測者が感じる加速効果と関係している（ここで「静止した」とは、観測者と、無限遠に固定された基準系との関係について言う）。観測者がブラックホール内に自由落下するとき、局所的なホーキング温度は感じられない[65]。ホーキング温度にはこのように主観的な面があり、急激に加速する観測者が平坦なミンコフスキー空間$\mathbb{M}$のなかでさえ感じる「アンルー効果」の一例であると見てもよいかもしれない。ド・ジッター空間$\mathbb{D}$の宇宙論的温度を考える場合には、同じ理由で、この温度を感じるのは自由落下する（測地線に沿って運動する／第九章の終わりのほうを参照されたい）観測者ではなく、加速する観測者である。ド・ジッター空間を自由に移動する観測者は、この意味では加速されていないため、温度T_Λを経験しないはずである。

宇宙論的エントロピーに関するおもな議論はエレガントだが、解析的連続にもとづく純粋に形式的な数学的手順であるように思われる（第十五章）。その数学はたしかに非常に魅力的だが、それが全体として妥当であるかどうかについては、議論の余地がある。[66] 技術的に、それは（ド・ジッター空間$\mathbb{D}$のように）厳密に対称な時空にしかあてはまらないからである。ここでもまた、観測者の加速状態という主観的な要素が関わっている。これは、観測者のさまざまな加速状態に応じて、$\mathbb{D}$が多種多様な対称性をもつために生じてくる。

ミンコフスキー空間$\mathbb{M}$におけるアンルー効果を慎重に検証すると、この問題がもっとはっきり見えてくる。図３・20は、$\mathbb{M}$のなかで一様に加速する観測者たち（彼らは「リンドラーの観測者」と呼ばれる）[67]を示している。アンルー効果によると、彼らは、完全な真空中を運動しているときでさえ温度を感じるはずである（ただし、可能なかぎり加速しても、その温度は非常に低い）。これは、場の量子論の考察から導かれる。図には、この温度に関連したリンドラーの観測者の未来「地平線」$\mathcal{H}_0$も示す。この温度と、ベッケンスタイン＝ホーキングによるブラックホールについての議論と矛盾しないように、$\mathcal{H}_0$に関連したエントロピーがあるはずだと考えることにしよう。実際、非常に大きなブラックホールの近傍の小さな領域でなにが起こるか想像するなら、その状況は図３・21で示したものと非常によく似ているはずである。ここで$\mathcal{H}_0$はブラックホールの地平線と局所的に一致し、そこではリンドラー観測者が上述の「ブラックホールの近くにある静止した構造に支えられ

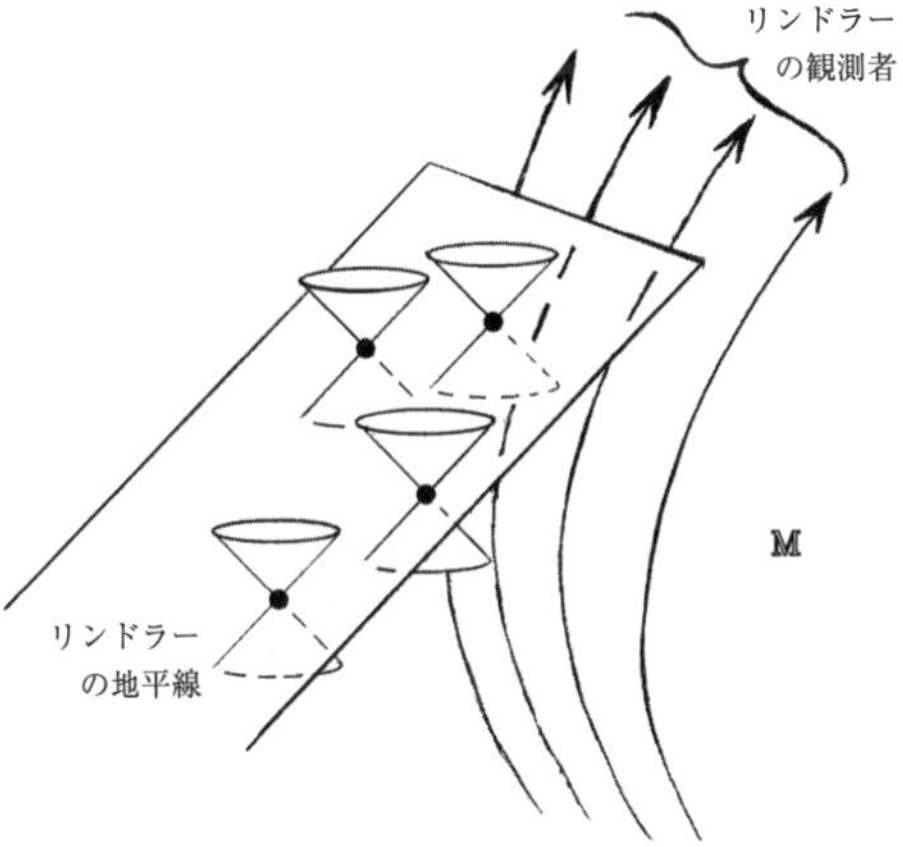

【図3.20】　一様に加速するリンドラーの観測者はアンルー温度を感じる。

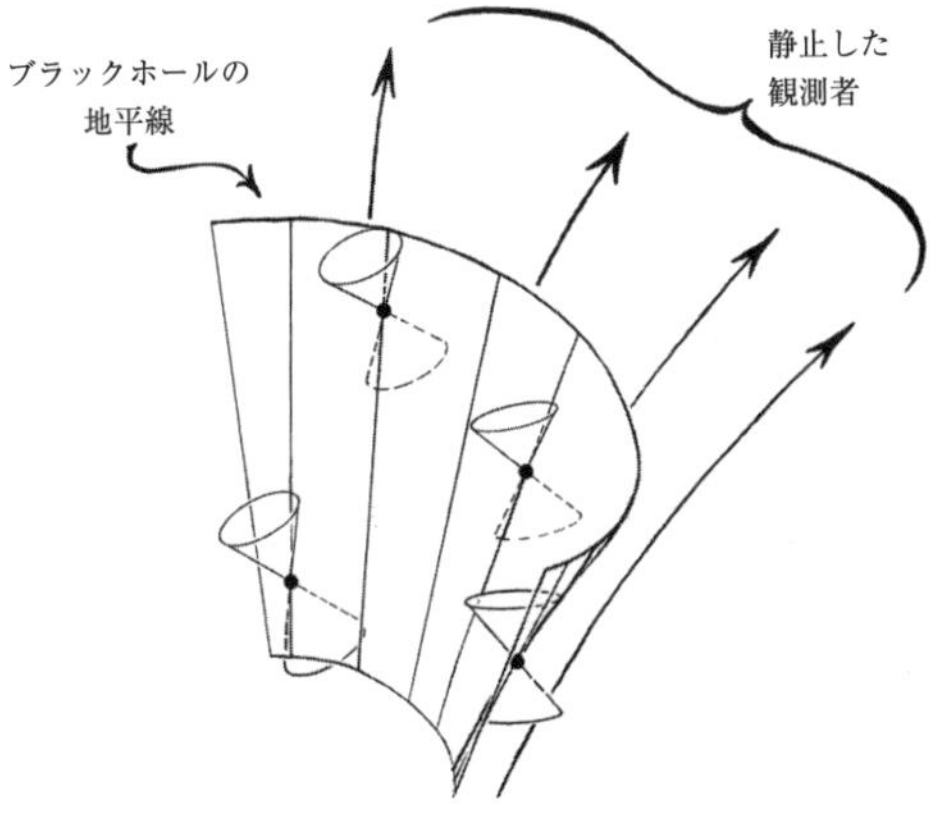

【図3.21】　ブラックホールの近くにある静止した構造に支えられた観測者は、強い加速とホーキング温度を感じる。その状況は、局所的には図3.20の状況に似ている。

た観測者」になる。これらの観測者が局所的なホーキング温度を「感じる」のに対して、ブラックホール内に自由落下する観測者は、$\mathbb{M}$のなかで慣性運動する（加速しない）観測者と同じように、この局所的な温度を経験することはない。けれども、$\mathbb{M}$のなかのこのイメージを無限遠までもっていくなら、$\mathcal{H}_0$と関連した全エントロピーは無限大でなければならない。これは、ブラックホールのエントロピーと温度について十分に議論するためには、非局所的な考察もしなければならないことを意味する。

上述のように$\Lambda>0$のときに生じてくる宇宙論的事象の地平線$\mathcal{H}_\Lambda$は、リンドラーの地平線$\mathcal{H}_0$と酷似している。[68] 実際、$\Lambda\to0$の極限をとると、$\mathcal{H}_\Lambda$は本当に（ただし大域的に）リンドラーの地平線になる。これは、$S_0=\infty$に至るエントロピーの式$S_\Lambda=3\pi/\Lambda$には矛盾しないが、このエントロピーに客観的な現実性があるのかという疑問を投げかける。この無限大のエントロピーは、ミンコフスキー空間において、客観的にほとんど意味をなさないように見えるからだ。[69]

こうした問題について丁寧に論じておく価値はある。なぜなら、真空に温度とエントロピーを割り当てることは、「真空のエネルギー」と呼ばれる概念と深く関連した量子重力の問題であるからだ。現時点でわれわれが理解している場の量子論によると、真空はなにも起こらない場所であるどころか、非常に小さなスケールのプロセスで沸き立っている。「真空のゆらぎ」のなかで、仮想粒子とその反粒子が、瞬間的に生成と消滅を繰り返しているのだ。プランク長l_Pのスケールでは、真空のゆらぎは重力過程に支配されているだろう。とはいえ、この真空のエネルギーを計算しようと思っても、今日の数学的手順ではまったく歯が立たない。それでも、対称性についての一般的な議論により、相対性理論からの要請に関して、真空のエネルギー全般をうまく記述するためには、

$$\mathbf{T}_{\mathrm{V}} = \lambda \mathbf{g}$$

という形のエネルギーテンソル$\mathbf{T}_{\mathrm{V}}$を用いなければならないことがわかる。これはまさに、上述の宇宙定数により与えられるタイプのエネルギー項$\mathbf{T}(\Lambda)$に見える。そのためしばしば、宇宙定数はこの真空のエネルギーであると解釈するのが自然であり、

$$\lambda = (8\pi)^{-1}\Lambda$$

が成り立つとされている。この見解では、大きな宇宙論的エントロピーS_{Λ}の原因となる「自由度」が「真空のゆらぎ」のそれであると見ることになりそうだ。これらは私がさきほど「識別可能」な自由度と呼んだものではない。これらが位相空間の体積に寄与するとしたら、時空全体に一様に寄与して、単なる背景になってしまうが、時空のなかで生起するふつうの物理的活動は、そのような寄与はしないと考えられるからである。

　この解釈に関する問題として、おそらくもっと深刻なのは、λの実際の値を導こうとして計算を行うと、その解が、

$$\lambda = \infty、\ \text{または}\ \lambda = 0、\ \text{または}\ \lambda \approx t_{\mathrm{P}}^{-2}$$

になってしまうことだろう。ここでt_{P}はプランク時間である（第十四章参照）。第一の解は最も素直であり、場の量子論の法則を直接適用したときによく導かれるタイプの帰結であるが、最も間違

っている解でもある。第二と第三の解は、基本的に「無限大から逃げる」ための標準的な手法を用いた場合にどのような解になるかを推測したものだ（量子重力が問題にならない状況では、そのような手法をうまく適用すれば、非常に正確な解が導かれる）。$\Lambda=0$が観測事実に合うと考えられていた間は、$\lambda=0$という解が広く支持されていたようである。しかし、第七章で紹介した超新星についての観測により$\Lambda>0$である可能性が高くなり、のちの観測によってもこの結論が裏づけられると、λの値はゼロではないという見方が有力になった。宇宙定数が本当にこの意味における重力の「量子ゆらぎ」であるなら、われわれに利用できるスケールはプランクスケールしかない。それゆえ、λに必要なスケールは、t_P（またはこれと等価なl_P）か、その小さな倍数によって与えられるはずだと考えられる。次元を考えると、λは距離の逆二乗でなければならないため、大まかな解は$\lambda \approx t_P^{-2}$となる。けれども、第七章で見てきたように、Λの観測値は、

$$\Lambda \approx 10^{-120} t_P^{-2}$$

に近いようだ。明らかに、なにかが間違っている。間違っているのは、この解釈（$\lambda=\Lambda/8\pi$）だろうか？　それとも計算だろうか？

こうした問題をどのように理解すべきかについては、まだ論争がある。共形サイクリック宇宙論ではどのように理解することになるのか、考えてみると面白いかもしれない。共形サイクリック宇宙論に決定的な影響を及ぼすことはない。たとえエントロピーS_Λと温度T_Λが物理的に「本物」であったとしても、共形サイクリック宇宙論による描像を変更する必要はないからだ。われわれが知っている宇宙で生成するブラックホールのうち、T_Λがその進化に大きな影響を

及ぼすようなサイズに達するものはないだろう。また、S_Λが第十六章の問題の解決に役立つようにも思えない。なぜなら、そこでの問題は識別可能な自由度（すなわち、実際の力学過程に関連した自由度）に関するものであり、単純に固定値$3\pi/\Lambda$の「エントロピー」を導入するだけでは本当になにかを変えることにはならないからだ。われわれは単純にS_Λを無視することができる。それは力学にはなんの役割も果たしていないように見え、たとえ「現実」にあると考えても、物理的に識別可能な自由度には対応していないように見えるからだ。いずれにしろ、S_ΛとT_Λの両方を無視し、これらを抜きにして考察を進めるというのが私自身の立場である。

他方で、共形サイクリック宇宙論の体系は、量子重力が古典的な時空の特異点に及ぼす影響について、明確だが従来の理論とはかけ離れた予想をする。古典的な一般相対論では時空の特異点の出現が避けられないことから（第十章、第十二章、第十五章）、物理学者たちは、そうした特異点の近傍で時空の曲率が非常に大きくなるときの物理的結果を理解するため、ある種の量子重力に目を向けるようになった。しかし、量子重力が古典的な特異領域をどのように変えるかについては、彼らの意見はばらばらで、そもそも「量子重力」がどのようなものであるべきかという点についてさえ、意見が一致している部分はほとんどない。

にもかかわらず、理論家たちは、時空の曲率半径がプランク長l_Pに比べて十分に大きいかぎり（第十四章参照）、時空についてそれなりに「古典的」なイメージをもち続けることができ、おそらく、一般相対論で標準的に受け入れられている古典的な方程式をわずかに「量子的に修正」するだけでよいという見解をもつに至った。けれども、時空の曲率が極端に大きくなったときには、曲率半径はl_Pという信じられないほど小さいスケールになる。これは、陽子の古典的半径より約二〇桁も小さい。そうなると、なめらかに連続する時空という標準的なイメージまで完全に放棄しなければばならず、お馴染みのなめらかな時空とは大きくかけ離れたイメージに置き換える必要がある。

　さらに、ジョン・ホイーラーらが強く主張したように、われわれが経験するごくふつうのきわめて平坦な時空でさえ、微小なプランクスケールで調べてみれば、激しく乱れたカオス的な性質をもつことが明らかになるだろう。もしかすると、離散的な粒状であるかもしれないし、別の方法で記述したほうがよい未知の構造であるかもしれない。ホイーラーは、プランクレベルでは重力の量子効果が時空を丸めて複雑なトポロジーを生じさせると主張し、その形を「ワームホール」の「量子の泡」の一種として見た。[70] ほかの研究者たちの提案には、なんらかの離散的な構造が現れるとするものや（たとえば、もつれて結び目のある「ループ」[71]、スピンの泡[72]、格子様の構造[73]、因果集合[74]、多面体構造[75]など[76]）、量子力学の概念にもとづいてモデル化された「非可換幾何学」と呼ばれる数学的構造[77]が関係しているかもしれないとするものや、ひも（ストリング）様または膜（ブレーン）様の成分をもつ高次元幾何学[78]が関与しているかもしれないとするもののほか、時空そのものが完全に消えてしまい、われわれに馴染みの巨視的な時空像は、別の、より原始的な幾何学的構造から生じてくる便利な概念にすぎないのかもしれないとするものさえある（「マッハ」の理論[79]や「ツイスター」理論[80]など）。このように多種多様な提案があることから明らかなように、プランクスケールの「時空」で実際になにが起こるのかにつき、物理学者の意見はまったく一致していない。

　けれども、共形サイクリック宇宙論が予想するビッグバンは、それ以外の各種の大胆で革命的な理論の予想とはまったく違っている。時空が完全になめらかで、アインシュタインのイメージとは「共形的なスケーリングがない」という点でしか違いがないとすると、そのイメージははるかに保守的なものになり、従来の数学的手順で時間発展を扱うことができるのだ。一方、共形サイクリック宇宙論では、ブラックホールの奥深いところで生じる特異点は、ビッグバンの特異点とはまったく違った種類の構造をもち、われわれは情報を破壊するエキゾチックな物理学を考えなければならない。その物理学は、今日の物理学で用いられる時空の概念とは大きく異なる量子重力を含んでいる必要があるかもしれず、上述の大胆で革命的な概念のいずれかを取り入れる必要があるかもしれない。

私は何年も前から、時間の両端にある二つの特異点は、まったく異なる特徴をもっているようだと考えていた。第二法則によると、なんらかの理由により、最初の端では重力の自由度が強く抑制されていなければならないが、最後の端ではそんなことはないため、私の考え方は第二法則に矛盾していない。量子重力は、時空の特異点の二つの現れをまったく違ったやり方で扱っているように見えるが、私は常々これを不思議に思っていた。それでも、現在の通説とされている見解にしたがい、なんらかの形の量子重力が、二つの特異な時空の幾何学の両方に近い幾何学的構造を支配しているのだろうと想像していた。一方で、真の「量子重力」は、時間について、はなはだしく非対称な体系にちがいないとも考えていた。これは明らかに通説とは異なる考え方であり、第十六章の終わりのほうで述べたように、今日の量子力学の標準理論を修正する必要がある。

共形サイクリック宇宙論にもとづく理解に目を向けるようになるまで、私は、ビッグバンを本質的に古典的な時間発展の一部として扱うべきだと考えたことはなかったし、そのふるまいが（標準的な一般相対論の微分方程式のような）決定論的な微分方程式によって支配されるはずだと考えたこともなかった。問題は、時空の曲率が巨大になると（ビッグバンの近傍では、その半径はプランクスケールl_Pまで小さくなる）、量子力学が関わってきて、それに伴い、さまざまなカオス的状況が生じてしまうことだった。共形サイクリック宇宙論は、どのようにしてこの結論から逃れられると言うのだろうか？　それを可能にするのは曲率だ。もっと厳密に言うなら、ワイル曲率Cとアイ

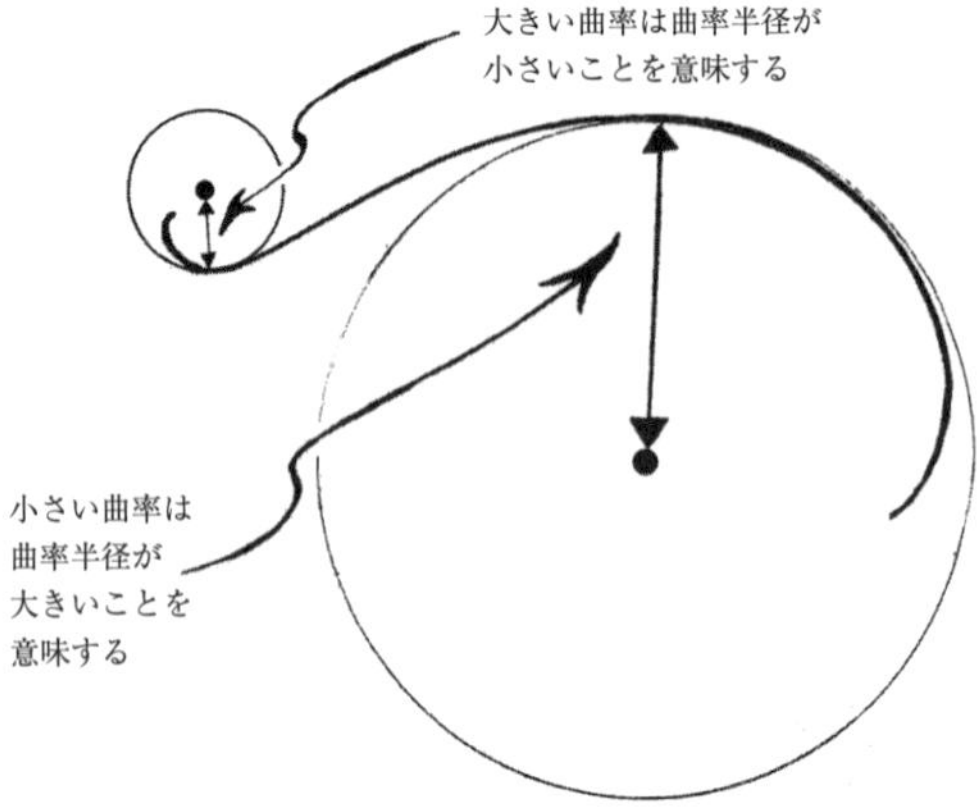
大きい曲率は曲率半径が
小さいことを意味する
小さい曲率は
曲率半径が
大きいことを
意味する

【図3.22】「曲率半径」は曲率に反比例するものさしであり、曲率が大きいときには小さくなり、曲率が小さいときには大きくなる。時空の曲率半径がプランク長に近づくと量子重力が支配的になると言われているが、共形サイクリック宇宙論によると、これはワイル曲率にのみあてはまる。

ンシュタイン曲率Eだ（後者はリッチ曲率と等価である。第十二章と補遺Aを参照されたい）。共形サイクリック宇宙論では、曲率半径がプランクスケールに近づくときには、たしかに量子重力のクレイジーさ（それがどんなものであろうとも）が支配的になってくるが、問題になる曲率は、共形曲率テンソルCによって記述されるワイル曲率のほうである。したがって、アインシュタイン・テンソルEに関係する曲率半径はいくらでも小さくなることができ、プランクスケールでもワイル曲率半径さえ大きければ、時空の幾何学は本質的に古典的でなめらかなままである（図3・22）。

　共形サイクリック宇宙論では、ビッグバンの時点でC＝0になるため（このときワイル曲率は無限大になる）、基本的に古典的な考察で十分であると考えてよい。それゆえ、各イーオンにおける〈ビッグバン〉の詳細な性質は、その直前のイーオンの未来の果てに起きたことによって完全に決定され、その結果は観測可能であるはずだ。第十八章では、そうした結果のいくつかについて考察する。ここで、古典的な方程式は、〈ビッグバン〉の直前のイーオンの未来の果てにあった質量のない場の時間発展を継続させる。その一方で、ごく初期の宇宙に関する現在の標準的なアプローチは、ビッグバンのふるまいを決定するのは量子重力であるはずだと仮定している。インフレーション宇宙論では基本的に、「量子ゆらぎ」から（「インフラトン場」を介して）全天の宇宙マイクロ波背景放射温度のわずかなずれ（10万分の1程度）が生じるしくみを、このように規定している。けれども、次のセクションで見ていくように、共形サイクリック宇宙論は、この点についてまったく違った見通しを提供する。

第十八章　共形サイクリック宇宙論の観測的証拠

共形サイクリック宇宙論の妥当性にとって有利もしくは不利にはたらく具体的な証拠を見つけることはできるのだろうか？　「ビッグバンの前のイーオンに関する情報は、ビッグバンの際の途方もない高温によってすべて失われてしまうため、いかなる観測によっても入手することはできない。われわれは過去の活動から切り離されているのだ」と思われるかもしれない。けれども、これまでの議論を思い出してほしい。第二法則からの直接的な帰結として、ビッグバンは極端に秩序化されていなければならない。この「秩序」には、ビッグバンをわれわれのイーオンの前のイーオンまで共形的に延長することを可能にする性質があり、この延長は、きわめて明確かつ決定論的な時間発展によって支配されている。つまりわれわれは、ある意味では、前のイーオンを「見通す」ことができるかもしれないのだ！

具体的には、前のイーオンの未来の果てのどのような特徴を観測できるのだろうか？　一つ確実なのは、共形サイクリック宇宙論が正しいなら、われわれのイーオンの全体的な空間構造は、前のイーオンのそれと一致していなければならないということだ。たとえば、前のイーオンが空間的に有限であるなら、われわれのイーオンもそうでなければならない。前のイーオンが大きなスケールではユークリッドの三次元空間構造（$K=0$）にしたがっているなら、われわれのイーオンもそうでなければならず、前のイーオンが双曲空間の三次元構造（$K<0$）にしたがっているなら、われわれのイーオンもそうでなければならない。なぜなら、すべてのイーオンの全体的な空間構造は、クロスオーバー三次元表面のそれによって決定されるからである。二つのイーオンの境界であるクロスオーバー三次元表面の空間構造は、両方のイーオンと共通でなければならないのだ。もちろん、この事実から新しい観測値が手に入るわけではない。われわれは、前のイーオンの全体的な空間構造について、独立な情報をもっていないからである。

けれども、もう少し小さいスケールでは、各イーオンが進むにつれて、物質の分布は（複雑かもしれないが原則的には理解可能な）なんらかの力学過程にしたがって変化していくかもしれない。このような物質分布の最終的なふるまいは、（第十四章の共形サイクリック宇宙論の要請にしたがって）質量ゼロの放射の形をとり、クロスオーバー三次元表面にサインを残して、宇宙マイクロ波背景放射の微妙なムラとして読み取ることができるかもしれない。その場合、前のイーオンで起きたプロセスのうちどれが最も重要であったかを見きわめ、宇宙マイクロ波背景放射の微小なムラに隠されたサインを解読することが、われわれの課題になる。

この種のサインを解釈するためには、それを生じさせそうな現象をよく理解している必要がある。そのためには、前のイーオンで関係していた可能性のある力学過程や、あるイーオンから次のイーオンへの情報の伝わり方について、慎重に検討する必要がある。とはいえ、前のイーオンの詳細な性質につき合理的に明確な結論に達するためには、一般的には、前のイーオンが本質的にわれわれのイーオンとよく似ていたと仮定するのが役に立つだろう。そうすれば、前のイーオンは今日の宇宙で見られるようなふるまいをし、未来の果てまでの時間発展は、今日の宇宙について予想されているのと基本的に同じであったと考えられる。

われわれは、前のイーオンの未来の果てには指数関数的な膨張があったはずだと考える。Λが定数であるとすれば、われわれのイーオンの未来の果ては正の宇宙定数によって支配されることになるので、前のイーオンの未来の果ても同様であったと考えられる。その場合、前のイーオンの指数関数的な膨張は、宇宙の歴史のごく初期について予想されるインフレーション相と類似性を帯びてくるので、非常に興味深い。けれども現在の通説では、指数関数的な膨張は、われわれのイーオンの始まりにあたるビッグバンの10^{-36}秒後から10^{-32}秒後までの間に起きたとされている（第七章、第十二章参照）。一方、共形サイクリック宇宙論では、この「インフレーション相」をビッグバンの前に置いて、前のイーオンの未来の果てで起きた指数関数的な膨張と同一視する。第十五章で言及したように、実は、これに似たアイディアが、一九九八年にガブリエーレ・ヴェネツィアーノによって提案されているが[81]、彼の体系はひも理論の概念に強く依存している。

この一般的なアイディアには、ある重要な性格がある。宇宙マイクロ波背景放射のわずかな温度ゆらぎのなかに見出され、現在の標準的なインフレーション宇宙論を決定的に裏づけていると思われる二つの重要な観測的証拠が、このタイプの前ビッグバン理論にもあてはまるように見えるのだ。第一の観測的証拠は、空のなかのある角度（具体的には約60度）にわたって、宇宙マイクロ波背景放射の温度ゆらぎに相関が観察されていることである。ビッグバンそのものにもとから相関がないと考えるなら、この事実は、フリードマン型やトールマン型の標準宇宙論とは相いれない（第七章、第十五章）。この矛盾を、図3・23の概略的な共形ダイアグラムに示す。宇宙マイクロ波背景放射中の二点の間に因果のつながりが存在するためには、われわれがいる場所から二点を見たときの視角が約2度以下である必要がある。図は、最終散乱面$\mathscr{D}$（$\mathscr{D}$は脱結合（decoupling）を表す。第八

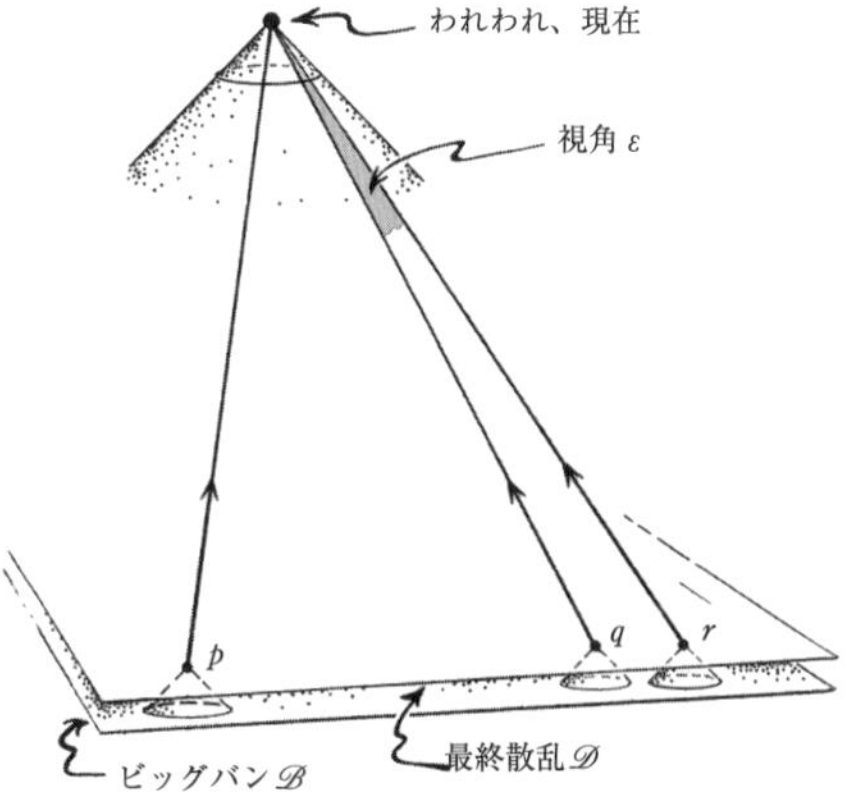

【図 3.23】インフレーション宇宙論よりも前の標準宇宙論によると、われわれがいる場所から宇宙マイクロ波背景放射中の2点を見たときの視角が図中に示した ε =2 度よりも大きいときには、2点の間に相関はないはずだ（q と r の過去光円錐が交差しないため）。ところが実際には、われわれがいる場所から見たときの視角が約 60 度もある点 p と点 r の間に相関が見られる。

章参照）がビッグバンの三次元表面$\bar{\mathscr{B}}$に近すぎるため、視角が小さすぎて、因果のつながりが生じない様子を示している。そして、こうした相関のすべてがビッグバン後に起きたプロセスについて生じたものであり、$\bar{\mathscr{B}}$上の異なる点の間に相関がまったくないことを前提としている。インフレーションは、この相関を可能にする。「インフレーション相」が共形ダイアグラム中の$\bar{\mathscr{B}}$と$\mathscr{D}$の間隔を広げて、[82]われわれがいる場所から二点を見たときの視角を大きくし、因果のつながりを生じさせるからである。図3・24を参照されたい。

インフレーションを強力に裏づけるように見える第二の重要な観測的証拠は、宇宙マイクロ波背景放射の温度ゆらぎを生じさせた初期の密度ゆらぎが、きわめて広い範囲にわたってスケール不変であるように見えることだ。インフレーション宇宙論の説明によると、ビッグバンから間もない初期には完全にランダムなムラ（「インフラトン場」にある当初は微小な量子ゆらぎ。第十二章参照）があり、続いてインフレーションによる指数関数的な膨張が起きて、このムラを大きく

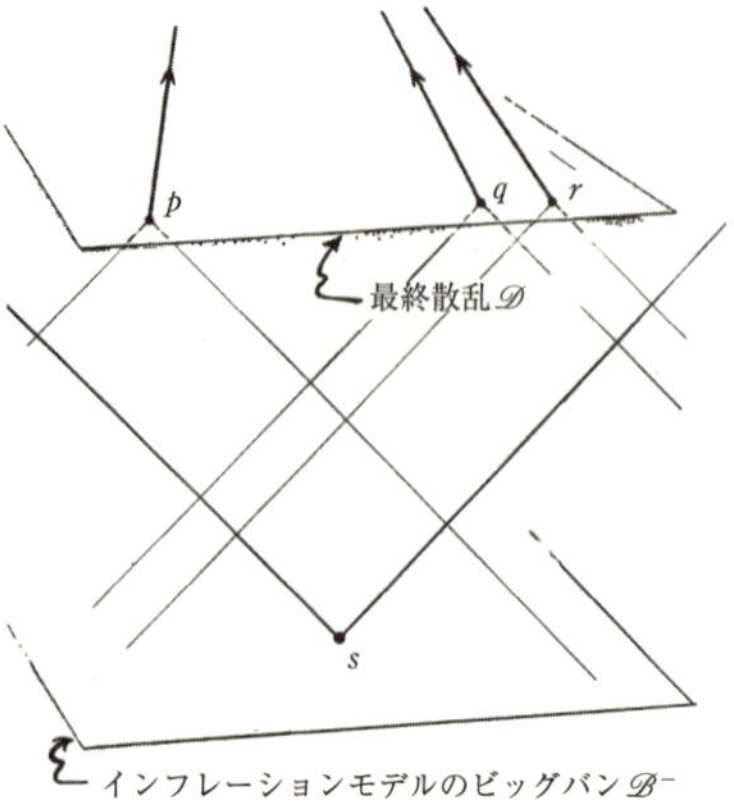

【図3.24】インフレーションの効果は、図3.23の𝒟と$\mathscr{B}^-$の間隔を広げて、相関が生じるようにすることにある。

引き伸ばし、最終的には実際の物質（主としてダークマター）分布の密度のムラという形で現実化させる。[83]
さて、指数関数的な膨張は自己相似的なプロセスであるため、時空のなかの初期のゆらぎの分布にランダムさがある場合、このゆらぎが指数関数的な作用を受けると、ある種のスケール不変性をもつ分布になる。実は、インフレーション宇宙論が提案されるよりずっと前の一九七〇年に、E・R・ハリソンとY・B・ゼルドヴィッチが、初期のゆらぎが本当にスケール不変であったと仮定するなら、宇宙の初期の物質分布に今日観測されているような一様性からのずれがあることを説明できると提案している。インフレーションは、この仮定を正当化しただけでなく、宇宙マイクロ波背景放射のその後の観測の分析によっても、以前よりはるかに広い範囲でスケール不変性が確認された。これは、インフレーションの概念を強く裏づけることになった。ほかの種類の説明では、今日観測されているようなスケール不変性の理論的基礎を与えられなかったからである。
インフレーション宇宙論のイメージを却下したいな

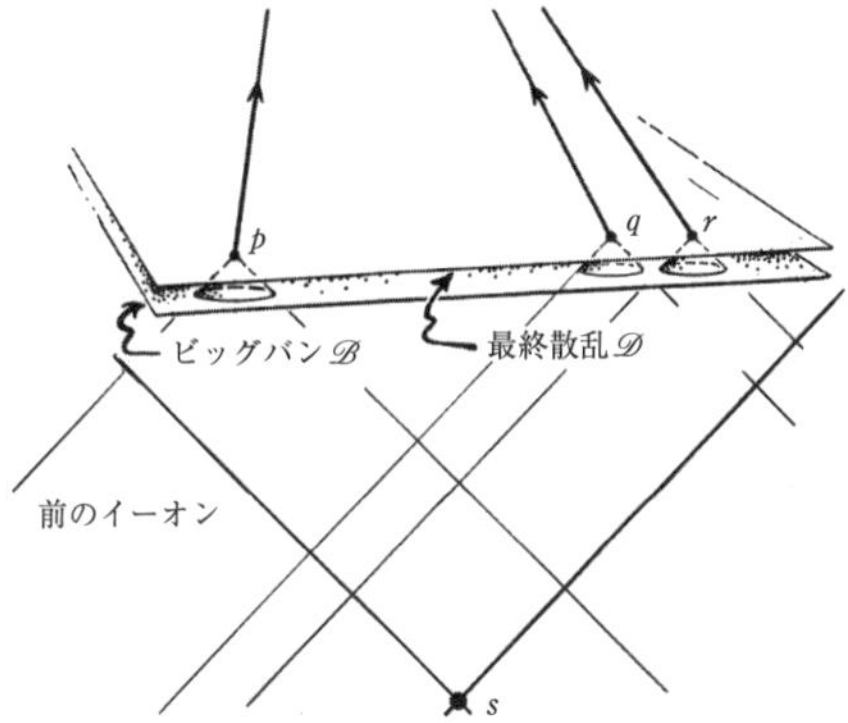

【図3.25】共形サイクリック宇宙論では、前のイーオンでの活動の結果、図3.23で要請される相関が生じうる。

ら、スケール不変性と、初期の密度のムラに地平線の大きさを超えた相関が見られることの両方を、別の方法で説明しなければならない。共形サイクリック宇宙論（と、さきほどのヴェネツィアーノの体系）では、上述のように、ビッグバンの直後に置かれていた宇宙のインフレーション相を、ビッグバンの前の膨張相に置くことによって、二つの問題を解決する。インフレーション宇宙論の場合と同様、これでもまだ実質的に自己相似的な膨張宇宙相があるため、スケール不変性をもつ密度ゆらぎが生じることが期待される。さらに、フリードマン型またはトールマン型の宇宙モデルの地平線スケールの外側で相関が生じることも期待されるが、これらの相関は前のイーオンで生じたものだと考えられる。図3・25を参照されたい。

　共形サイクリック宇宙論では、これらのイベントは具体的にどのようなものになるのだろうか？　そのためには、前のイーオンで最も起こりそうなプロセスがどのようなものであるかを考えなければならない。詳細にお話しする前に、われわれが直面している、ある重大な問題について考察しよう。第十五章で紹介した、

「われわれのイーオンとその前のイーオンでは自然界の基礎定数がまったく同じというわけではないかもしれない」というジョン・A・ホイーラーの提案について、真剣に考えてみたいのだ。この可能性のなかで最も明らかな（そして最も単純な）ものは、第十四章の終わりのほうで出てきた大きな数字Nである。Nの値は、われわれのイーオンでは約10^{20}であるが、前のイーオンでは違った値であったかもしれない。もちろん、この問題には二つの側面がある。Nのような基礎定数の値は前のイーオンでもわれわれのイーオンでも変わらないと仮定したり、こうした数字がわずかに変化していても現在の観測技術では検出できないと仮定したりすれば、話はたしかに簡単になるだろう。けれども他方で、Nのような数字の変化により明らかに識別可能な効果が生じるなら、そのような数字が本質的に定数である（おそらく原理的には数学的に計算可能である）のかどうか、あるいは、これらの数字が本当にイーオンごとに変化していて、その変化が具体的に数学的なもので、観測による検証が可能であるかどうかなどを確認する、非常に興味深い可能性がひらけてくるのだ。

　われわれのイーオンが未来の果てに向かってどのように時間発展していくかについては、いくつか付随的な疑問がある。ここで、共形サイクリック宇宙論の要請と予想は、いくらか明白になってくる。すなわち、宇宙定数Λは本当に定数でなければならず、われわれのイーオンは、指数関数的な膨張を永遠に続けることになる。ホーキング放射によるブラックホールの蒸発は現実に起こらなければならず、すべてのブラックホールが、その静止エネルギーの大半を低エネルギー光子と重力放射に変えて、最終的には消滅しなければならない。もちろん、理論的に形成されうる最大級のブラックホールも例外ではない。前のイーオンでホーキング放射が起きていたとしたら、われわれのイーオンでそれを検出することはできるだろうか？　ブラックホールの質量エネルギーは、最初にどんなに巨大であっても、最終的にはすべてが低周波数電磁放射に変わらなければならない。このエネルギーは、最終的にはクロスオーバー表面に向かい、われわれのイーオンの宇宙マイクロ波背景放射に微妙な痕跡を残す。共形サイクリック宇宙論が正しいなら、いつの日か、宇宙マイクロ波背景放射の小さいムラからこの情報を取り出せるようになる可能性がなくはない。情報を検出できたとしたら、たいしたことだ。なぜなら、われわれのイーオンのホーキング放射の効果は極端に小さく、まったく観測できないと考えられているからだ！

共形サイクリック宇宙論からは、もっと変わった帰結も導かれる。果てしなく続く時間のなかで、すべての粒子の静止質量が徐々に失われていくため（第十四章）、その極限では、残存するすべての粒子は、荷電粒子も含めて、質量がゼロになっていなければならないのだ（第十四章）。この体系によれば、静止質量の消滅は質量をもつ粒子の普遍的な特徴になるため、観測可能であるはずだと思われるかもしれない。しかし、現時点の理解ではまだ、この体系にもとづいて質量が失われるペースを計算することはできない。質量が失われるペースは非常に遅いことも考えられるため、そのような現象がいちども観測されていないという事実は、共形サイクリック宇宙論のこの帰結を否定する根拠にはならない可能性がある。ここで、各種の粒子の質量が失われるペースがほぼ同じなら、その効果は、重力定数が非常にゆっくりと弱くなっていくように見えるということを言っておきたい。一九九八年の時点で最も精度の高い実験によると、[84] 重力定数の減少率は一年あたり1.6×10^{-12}未満でなければならないことがわかっている。けれども、すべてのブラックホールが消滅するには少なくとも10^{100}年の時間が必要であることを考えれば、10^{12}年などたいしたことはない。本書を執筆する時点で私が知るかぎり、共形サイクリック宇宙論にもとづいて静止質量が最終的に失われるかどうかをまじめに検証するような観測は提案されていない。

けれども、共形サイクリック宇宙論には、宇宙マイクロ波背景放射の適切な分析によって解決できると考えられる一つの明確な帰結がある。それは、非常に大きい（おもに銀河の中心部にある）ブラックホールどうしが接近したときに起こる重力放射である。接近の結果、どんなことが起こるのだろうか？　ブラックホールどうしがかなり近いところをすれ違う場合、お互いの運動の向きを激しく変えるため、重力放射のバーストが起こる。重力放射のバーストは両方のブラックホールからかなりの量のエネルギーをもち去るため、相対運動は大きく減少するだろうと予想される。二つのブラックホールがもっと接近した場合には、相手を捕捉し合い、お互いの周囲を軌道運動するようになるかもしれない。このとき、重力波の形でエネルギーが失われるため軌道はどんどん小さくなり、最終的には膨大な量の総エネルギーが失われ、お互いを飲み込んで一つのブラックホールになる。極端な場合には、二つのブラックホールが正面衝突して一つのブラックホールになる可能性もある。このようにしてできたブラックホールは、最初はひどくゆがんだ形をしているが、重力放射を通じて落ち着いてゆく。いずれにせよ、大量の重力波の放射が起きて、二つのブラックホールの合計質量からかなりの部分をもち去るだろう。

　われわれがここで考えているようなタイムスケールでは、このような重力波バーストが起こる時間は一瞬であると言ってよい。宇宙全体を見わたしてもこれ以上のゆがみを引き起こすような大規模な現象は存在しないことから、重力放射は基本的に、ブラックホールどうしが出会った点eから光速で永遠に広がってゆく、ほぼ球形の薄い殻のなかに入っていると考えられる。（概略的な）共形ダイアグラムでは（図3・26）、このエネルギーのバーストは、eから$\hat{\mathscr{I}}$（われわれの前のイーオンの$\mathscr{I}^+$）に向かって広がる光円錐$\mathscr{C}^+(e)$として表される。この放射は最終的には無限に減衰し、ついに$\hat{\mathscr{I}}$に到達したときには完全に無意味になってしまうと思われるかもしれないが、正しい方法で状況を見れば、そうではないことがわかる。第十四章で述べたように、重力場は$\begin{bmatrix}0\\4\end{bmatrix}$型テンソル**K**によって記述され、共形不変な波動方程式$\nabla\mathbf{K}=0$を満たしている。この波動方程式は実際に共形不変であるため、**K**は図3・26に示した時空のなかを伝わっていると見なしてよい。ここで、未来の境界線$\hat{\mathscr{I}}$は、ごくふつうの空間的三次元表面であると見てよい。重力波は有限の時間内に$\hat{\mathscr{I}}$に到達し、**K**はそこで有限の値をもち、その値は図3・26の幾何学から推定できる。

さて、図3・26で用いた共形計量スケーリングにおける**K**と共形テンソル**C**との関係（第十四章での$\hat{\mathbf{C}}=\Omega\hat{\mathbf{K}}$）ゆえに、$\hat{\mathscr{I}}$で共形テンソル**C**の値は0になるが、$\hat{\mathscr{I}}$を横切る法線微分係数はゼロではない（図3・27を参照し、図3・6と比較されたい）。補遺B12の議論から、この法線微分係数の存在には二つの直接的な効果があると思われる。第一の効果は、コットン＝ヨーク・テンソルと呼ばれる共形曲率を介して、クロスオーバー表面（$\hat{\mathscr{I}}/\check{\mathscr{B}}$）の共形幾何学に影響を及ぼすことである。そのため、続くわれわれのイーオンの空間構造は、ビッグバンの瞬間に厳密なＦＬＲＷ型にはならず、わずかなムラがあるはずだ。第二の効果は、ϖ場の物質（第十四章で新しいダークマターの最初の相として説明したもの）を放射の向きに強く「キック」するというもので、より直接的に観測することができる。図3・27を参照されたい。

点uが時空のなかのわれわれの現在位置を表しているなら、uの過去光円錐$\mathscr{C}^-(u)$は、われわれが直接「見る」ことのできる部分の宇宙を表している。それゆえ、$\mathscr{C}^-(u)$と脱結合表面$\mathscr{D}$との交線は、宇宙マイクロ波背景放射のなかで直接観測できるものを表している。けれども、厳密な共形ダイアグラムでは、$\mathscr{D}$はクロスオーバー三次元表面$\check{\mathscr{B}}$に非常に近いため（この描像ではイーオン全体の高さの約一％である）、これが$\mathscr{C}^-(u)$と$\check{\mathscr{B}}$の交線であると考えても、それほど間違ってはいない[85]。われわれのイーオンの物質密度の非一様性による影響を無視すれば、これは幾何学的な球になる。前のイーオンについても物質密度の非一様性を無視できるなら、eの未来光円錐$\mathscr{C}^+$

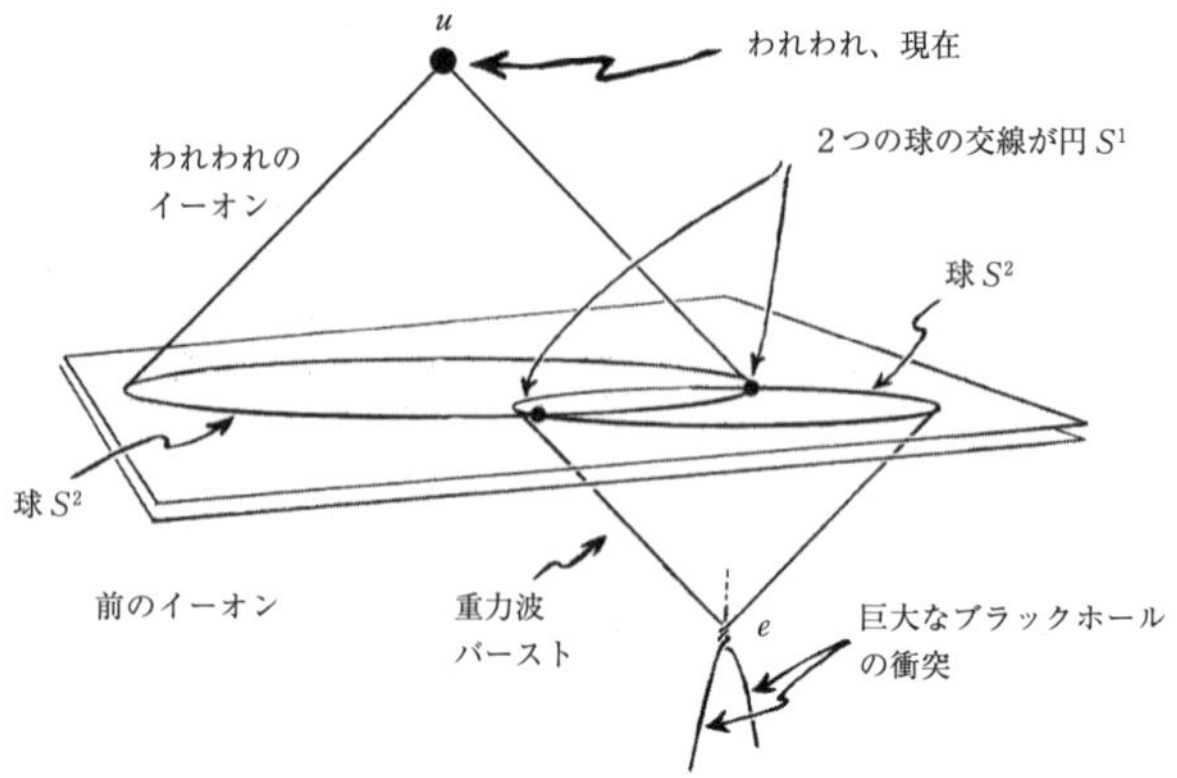

【図 3.26】前のイーオンで巨大なブラックホールどうしが接近すると、巨大な重力波バーストを引き起こしただろう。これは、われわれのイーオンの宇宙マイクロ波背景放射のなかで、（全体の幾何学に応じて）温度の高い円や低い円として現れるはずだ。

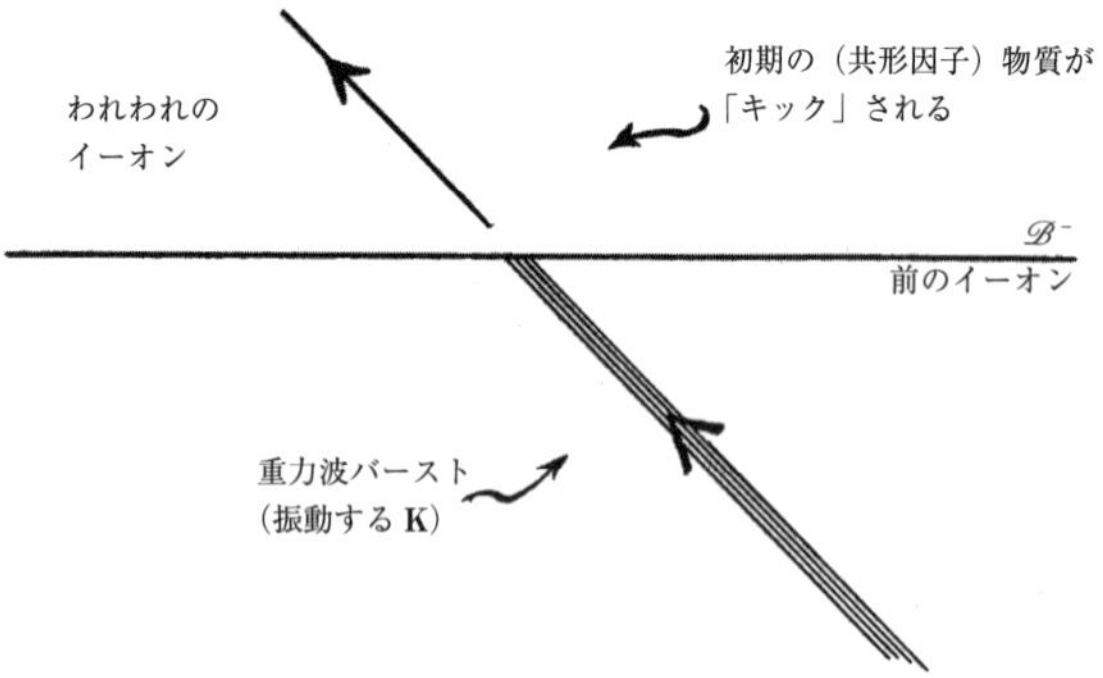

【図 3.27】重力波バーストがクロスオーバー三次元表面と出会うとき、次のイーオンの初期の物質を重力波の向きに「キック」する。

(*e*) も幾何学的な球のなかで $\mathscr{I}^{-}$ $(=\mathscr{B}^{-})$ と出会う。そのため、*e* で互いに出会ったブラックホールからの放射のうち、宇宙マイクロ波背景放射への影響を通じて直接観察できる部分は、この二つの球と $^{-}\mathscr{B}$ との交線であることになる。三次元表面 $^{-}\mathscr{B}$ と $\mathscr{D}$ のわずかな違いを無視すれば、この交線は幾何学的に正確な円 *C* になる。

重力波バーストが原初のダークマター（と推定されるもの）にぶつけるエネルギー‐運動量である「キック」には、われわれのほうを向く成分もあるだろう。その成分は、*u* と *e* とクロスオーバー三次元表面の間の幾何学的な関係に応じて、われわれのほうに向かってくるか遠ざかっていくかのどちらかになる。この効果は、円 *C* の全体で同じである。そのため、前のイーオンでブラックホールどうしが出会って二つの球が交わるたびに、空の宇宙マイクロ波背景放射のなかに円が生じる。この円は、背景となる全天の宇宙マイクロ波背景放射の温度に対して、正または負の寄与をする。

これをイメージするために、静かな雨の日の池を想像してほしい。風はなく、雨はやさしく池に降る。水面に衝突した一つの雨粒は円形のさざ波を生じさせ、波紋はそこから大きく広がってゆく。けれども、いくつもの雨粒が次々に水面に衝突すると、それぞれの波紋が広がって複雑に重なり合うため、個々の波はすぐに見分けがつかなくなる。一つの雨粒が水面に衝突することは、ブラックホールどうしの接近の比喩だ。やがて雨があがる。これは、ブラックホールがホーキング放射によって蒸発し、最終的に消滅することに相当する。われわれに残されるのは、ランダムに見える波紋だけだ。こうした背景を知らずに波紋の写真だけ見た場合、それがどのようにして生じたのかを推測するのは困難だ。けれども、このパターンについて適切な統計分析を行えば、（雨がそんなに長く降り続かなかった場合には）時空のなかで雨滴が水面に衝突する様子を再現し、そのパターンが本当にこの種の離散的な衝突から生じてきたと確信することができるはずだ。

私は、宇宙マイクロ波背景放射の観測データについてこのような統計分析を行えば、共形サイクリック宇宙論の提案を検証できるだろうと考えた。そこで、二〇〇八年五月初旬にプリンストン大学を訪れたときに、宇宙マイクロ波背景放射のデータ分析の世界的権威であるデヴィッド・スパーゲルに意見を聞いてみた。私は彼に、宇宙マイクロ波背景放射のデータのなかにそのような効果を見いだした人はいるだろうかと尋ねた。彼は「いません」と言い、「そもそも、それを探したことのある人がいないのです！」と続けた。彼はその後、ポスドクのアミール・ハジアンにこの問題を与え、ハジアンはWMAP宇宙探査機の観測データの予備的分析を行い、このような効果の存在を示唆する証拠を確認しようとした。

ハジアンは、約一度から〇・四度きざみで約六〇度まで、全部で一七一通りの角半径を選んだ。そして、それぞれの角半径につき、全天に一様に分布する一九万六六〇八個の点を中心とする円を考え、その円の周囲の宇宙マイクロ波背景放射の温度の平均値を計算した。それからヒストグラムを作成して、完全にランダムなデータが「ガウス統計にしたがったふるまい」をする場合の予想からの有意な偏差を探した。最初、いくつかの「スパイク」が見え、共形サイクリック宇宙論から予想されるとおりの性質をもつ円の存在を明示しているように思われた。けれども、その後まもなく、これらはまったくの偽物であることが明らかになった。問題の円が天球の特定の領域を通るとき、その一部が、宇宙マイクロ波背景放射よりも高温だったり低温だったりすることが知られている銀河系内の位置と関連づけられたからである。そのような偽物の効果を取り除くため、銀河面に近い領域からの情報を除去したところ、「スパイク」と思われたものは、ほとんど消えてしまった。

現段階でお話しする価値があると思われるのは、とにかく、スパイクが見られた円の大半が、天球のなかで三〇度以上の半径をもっていたことだ。共形サイクリック宇宙論によれば、前のイーオンが今のイーオンの予想と似たような歴史をたどる場合には、このような半径の円は生じないはずである。なぜなら、われわれのイーオンにおける「現在」は、共形ダイアグラムの三分の二あたりのところになるが、さきほど考察したような銀河中心部のブラックホールどうしの接近は、前のイーオンの現在に相当する時期より前には起こらないと考えられるからである（図3・28)。そして、前のイーオンの共形ダイアグラムの三分の二よりもあとの時期にeが起こるなら、単純な幾何学的考察により、ブラックホールどうしの接近によって生じた円をuにいるわれわれが見るときの半径は、（多くのスパイクの観測結果とは違って）三〇度未満になるはずだ。それゆえ、これらの効果から生じる温度相関は、天球のなかで六〇度も広がっているはずがない。観測されている宇宙マイクロ波背景放射の温度相関が六〇度あたりで消えるように見えることは、興味深い事実である。私が知るかぎり、標準インフレーション宇宙論では、この事実を説明することができない。これは、共形サイクリック宇宙論の提案を多少なりとも支持しているものと考えてよいかもしれない。

ハジアンの分析では、これらのスパイクを除去したあともなお、各種の有意そうな「ガウス的ランダムさからの系統的な逸脱」が見えた。そのような逸脱のうち、約七度から一五度までの角半径で低温の円が過剰になっているように見えることは、特に注目に値し、説明を必要とするように思われる。これらは、共形サイクリック宇宙論とは無関係な、偽の効果であるかもしれない。けれども私には、ランダムさからの逸脱が、平均をとった天空領域の形がほかのどんな形でもなく円形であることと関連しているかどうかが重要なのだと思われた。なぜなら、宇宙マイクロ波背景放射の乱れの形が円形になることは、共形サイクリック宇宙論からの予想の特徴であると考えられるからだ。そこで私は、もう一度、この分析を行うことを提案した。ただし今度は、天球領域を保存しながら「ひねり」を加えて（図3・29)、天球内の実際の円が、分析では楕円に近い形に見えるよう

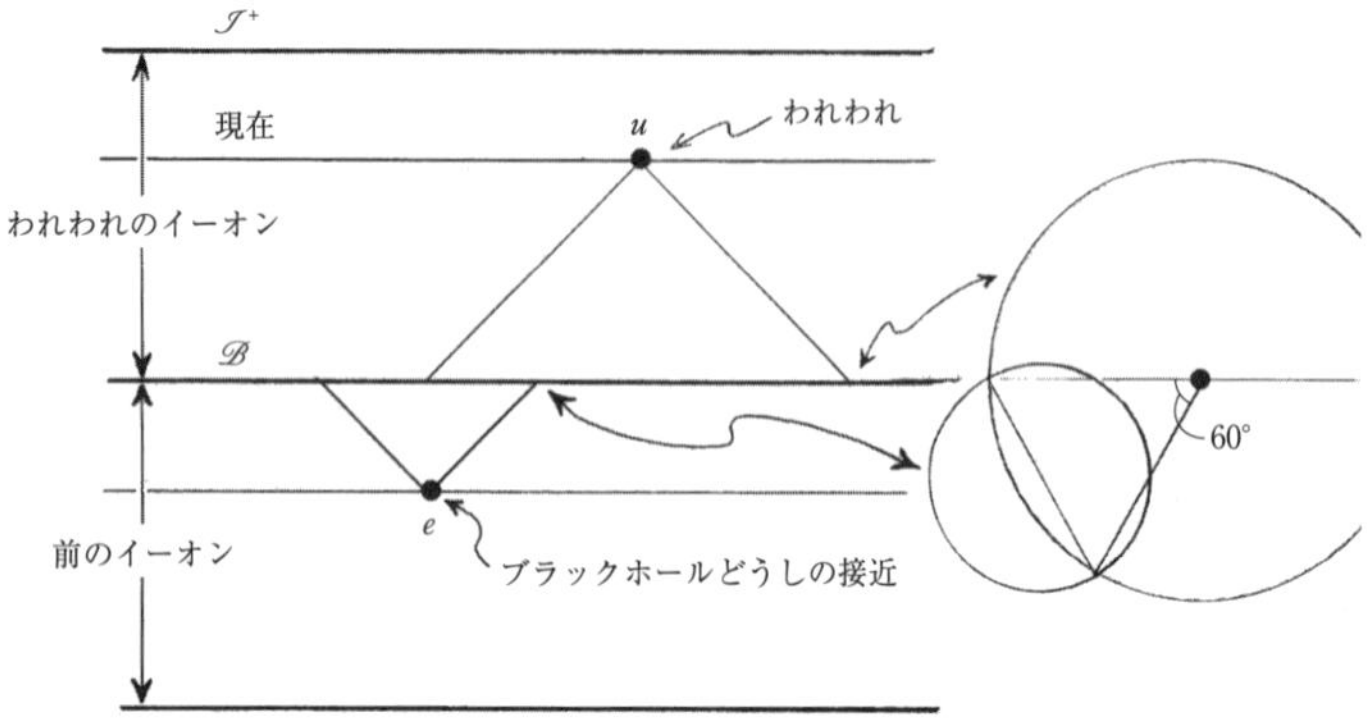

【図 3.28】共形ダイアグラムでは、われわれは今のイーオンの 2/3 あたりのところにいるようだ。前のイーオンでのブラックホールどうしの最初の接近が、同じく 2/3 あたりのところで起きていたとすると、60 度を境にした角度相関が見られると予想される。

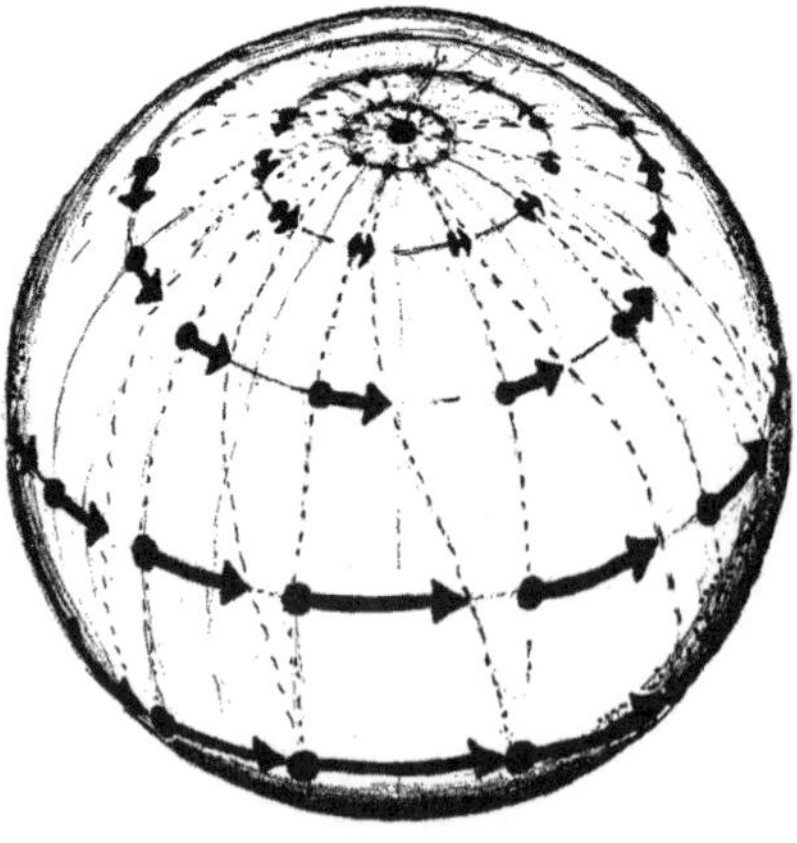

【図 3.29】球形の極座標のなかで、宇宙マイクロ波背景放射の天球にひねりを加える（$\theta' = \theta$、$\phi' = \phi + 3a\pi\theta^2 - 2a\theta^3$ という式を用いる）。これにより、円は楕円に近くなる。

にする。私は、三種類の分析を行うことを提案した。一つ目は、天球にひねりを加えないもの、二つ目は小さなひねりを加えたもの、三つ目は大きなひねりを加えたものだ。共形サイクリック宇宙論による私の予想では、非ガウス性効果は、ひねりを加えないときが最大で、小さなひねりを加えたときにはやや小さくなり、大きなひねりを加えたときには消えてしまうはずだった。

二〇〇八年の秋にハジアンがこの分析を行うと、私はその結果に驚いた！ 天球に小さなひねりを加えたとき、半径八・四度から一二・四度までの範囲で完全に系統的に（それは一二の連続したヒストグラムにわたっていた）、この効果が非常にはっきりと強調されていたのに対して、より大きなひねりを加えると、それが消えてしまったのだ。ヒストグラムのほかの部分でも、考えている形が円形に近いかどうかに応じて、似たような傾向が見られた。私は当初、この知見にいささか当惑した。天球に小さなひねりを加えたときに効果が強調されるしくみを説明する方法が思い浮かばなかったからである。けれどもその後、今のイーオンの質量分布に（できれば）大きな非一様性があり、これが円形の像をわずかに歪ませて楕円形にしているのかもしれないという考えが浮かんだ[86]。第十二章で説明したように、ワイル曲率の存在により像に大きなひずみが生じうることを思い出してほしい（図2・48参照）。小さなひねりによる強調は、天球の一部の領域で、人為的に加えられたひねりとワイル曲率による実際のひずみが偶然に一致することにより生じるのではないだろうか。それ以外の領域では、このひねりによってもっと大きな不一致が生じるが、適当な状況では、不一致の影響が「ノイズ」のなかに容易に埋もれてしまい、全体としては効果が強調されるのかもしれない。

残念ながら、ワイル曲率の介入によって大きなひずみが生じると、分析は非常に複雑になる。u（われわれがいる点）と脱結合三次元表面$\mathcal{D}$（いわゆる「宇宙の晴れ上がり」）の間の視線方向に沿って、有意なワイル曲率があるかどうかを確認するには、天球を小さな領域に分割する方法が役に立つかもしれない。

　おそらくこれは、宇宙の物質分布について知られている非一様性（たとえば、巨大な「ボイド」など）[87]と関連している。いずれにしても、現時点の観測結果だけでは白黒をつけることは不可能だ。そう遠くないうちにこうした点が解明され、物理学における共形サイクリック宇宙論の位置づけがはっきりする日がくることを願ってやまない。

エピローグ

トムは信じられないというような表情を浮かべてプリシラおばさんに言った。「そんなクレイジーな話を聞いたのは、初めてだよ！」

そろそろ家に送ってもらおうと、トムはプリシラおばさんの車のほうに大股で歩き出した。プリシラおばさんは、その少し後ろをついていった。トムは途中でふと立ち止まり、工場の一画にある大きな池に雨粒が落ちてくるのを見た。雨はそろそろ止むらしく、今はもうぽつぽつとしか降っていない。一つ一つの雨粒が水面に当たって、円形のさざ波を生じさせる様子がはっきり見える。トムはしばらく、広がる波紋を眺めていた。物思いにふけりながら……。

謝辞

私が本書で提案する宇宙論の体系について重要な情報を提供し、ともに考察してくれた多くの友人や同僚に、心からの感謝を捧げる。なかでも、ポール・トッドとの詳細な議論は重要で、ワイル曲率仮説について彼が提案した共形拡張バージョンの定式化は、私に決定的な影響を及ぼした。彼が行った分析には、私が本書で提案しようとする「共形サイクリック宇宙論」の方程式を精密に発展させる上で欠かすことのできない側面が多数あった。また、ヘルムート・フリードリヒの共形無限に関する説得力ある分析、特に、正の宇宙定数が存在する場合についての研究は、私の理論の数学的妥当性を強力に裏づけてくれた。ウォルフガング・リンドラーは、宇宙論的地平線に関する彼自身の独創的な理解などにつき以前から重要な情報を提供してくれただけでなく、二成分スピノル表記の定式化については私と長年にわたって共同研究を行い、インフレーション宇宙論の役割についても議論につきあってくれた。

フローレンス・ツォウ（ツォウ・シュン・ツン）とチャン・ホンモーは、素粒子物理学における質量の性質についての見解を私に語ってくれ、ジェームズ・ビョルケンも、これに関して重要な洞察を与えてくれた。私が大きな影響を受けた人物としては、ほかに、デヴィッド・スパーゲル、アミール・ハジアン、ジェームズ・ピーブルズ、マイク・イーストウッド、エド・スピーゲル、アブヘイ・アシュテカ、ニール・テュロク、ペドロ・フェレイラ、ヴァアヘ・ガーザディアン、リー・スモーリン、ポール・スタインハート、アンドリュー・ホッジズ、ライオネル・メイソン、エンゲルベルト・シュッキング、テッド・ニューマンらがいる。リチャード・ローレンスの大胆な編集支援は、本書にとってなくてはならないものだった。トーマス・ローレンスは、特に第一部に関して、欠けていた情報を多数提供してくれた。ポール・ナッシュは索引を作成してくれた。

しばしば困難な状況にあって、私を献身的に支え、愛し、理解してくれた妻ヴァネッサに、心からの感謝を捧げる。彼女は必要なグラフがあったときにすぐにそれを準備してくれただけでなく、現代のエレクトロニクス技術に手を焼く私を導いてくれた。彼女がいなかったら、本書の図については完全にお手上げだった。最後に、一〇歳の息子マックスの励ましと明るさ、そしてまたエレクトロニクス技術面での協力に感謝したい。

図2・3で使用した画像の転載を許可してくれたオランダのM・C・エッシャー社と、図2・6の転載を許可してくれたハイデルベルク大学理論物理学研究所に感謝する。また、全米科学財団（NSF）のPHY00-90091による助成に謝意を表する。

訳者あとがき

超天才ロジャー・ペンローズ！

本書は超天才ロジャー・ペンローズ博士の最新刊だ。え？　ペンローズって誰？

うーん、たしかにペンローズは、玄人ウケするものの、さほど一般科学ファンに浸透しているとはいえないかもしれない。でも、この人、マジでスンゴイ科学者なんです。

ペンローズは、誰でも知っているホーキング博士のお師匠さんなんですね。あの「車椅子のニュートン」と呼ばれる天才物理学者の博士論文を審査して、のちに一緒に共同論文を書いていたりするわけ。

ペンローズの名前は、版画家エッシャーの不思議議絵の科学的なヒントを与えた人物として、芸術史にも顔を出す。それもペンローズが、まだ子供の頃にエッシャーに教えたというのがスンゴイところ。

ペンローズは、トイレットペーパー訴訟でも世界的に有名になった。彼が発見した「準結晶」（＝完全に規則正しくないけれど、秩序のある、結晶の仲間と考えてください）のパターンを、さる企業がトイレットペーパーの図柄にしたので、裁判沙汰になってしまったんですね。ペンローズはイギリスの「ナイト」(騎士)の称号をもっているので、弁護士が「大英帝国ナイトが発見した図柄で毎日、人々がお尻を拭くのは、いかがなものか」と企業の行為を責めたともいわれている。あるいは、『皇帝の新しい心』という世界的ベストセラーを書いて、「人間の心は計算で真似することは不可能だ」と主張し、数学者・論理学者と丁々発止の議論をしたことも記憶に新しい。でも、そんな天才ペンローズの本当の専門は「一般相対性理論」なのだ。アインシュタインが発見し、ブラックホールや銀河や宇宙の計算に使われている物理理論である。

ペンローズは、一般相対性理論を駆使した論文をたくさん書いているが、彼の最新の理論は、「革命的な宇宙論」であり、その内容の過激さゆえに、物理学者たちを震撼させている。

この本のベースになった論文は「Proceedings of EPAC」に二〇〇六年に発表されたもので、論文の題名は「ビッグバンの前:ばからしいほど新しい観点と、その素粒子物理学への影響」だ。ほぼ、四ページの短い論文の中身が、今回、そのまま一般向けに三三六ページの本に化けたのだと考えられる。

ペンローズは自説を「CCC」(Conformally Cyclic Cosmology =共形・循環・宇宙論)と名づけている。この頭文字をとった略称は、いかにも学者らしい(共形とか循環の意味は本書で懇切丁寧に解説されている)。

本書では何が語られているのか

さて、すでに本書を一読された読者が多いと思うが、ここで本の中身を振り返っておこう。

まず、一章と二章では「エントロピー増大の法則」と「現代宇宙論」が詳しく説明される。これまで、エントロピーや宇宙論に無縁だった読者でも、概要がつかめるよう配慮されている。次に、この二つの章で指摘された矛盾点が、第三章のペンローズ説（ＣＣＣ）でいかに解消できるかが示される。

矛盾とはどういうことか。

ビッグバンの頃、宇宙は熱くて小さかった。本来、熱くて小さい物体のエントロピーは大きいはずだ（エントロピーの比喩を用いた解説は一章に登場する。おおまかに、整頓された状態はエントロピーが小さく、不規則でばらばらな状態はエントロピーが大きい）。

エントロピー増大の法則が正しいのであれば、そもそも宇宙の始まりのエントロピーは小さかったはずだ（最初は小さくないと、その後、どんどん大きくなることはできない）。

ようするに、覆水が盆に返らないためには、最初、水がお盆の中に収まった状態でなくてはならないのだ。

ところが、宇宙の始まりを計算してみると、熱くて小さいので、とてもじゃないが、整頓された状態とは程遠い。つまり、宇宙の始まりのエントロピーは大きかったことになる。

うーん、いったいどっちなのだ？　宇宙の始まりは秩序だっていた（＝エントロピーが小さい）のか、それとも、混沌としていた（＝エントロピーが大きい）のか？　はっきりしろ！

とまあ、ここまでが、現代の物理学者を悩ませている難問というか矛盾なわけです。

で、この矛盾は、ペンローズの新しい宇宙論で氷解する。なんと、ペンローズは、宇宙の始まりと終わりが「同じ」だと主張するのだ！　つまり、この宇宙がどんどん膨張して、薄まっていって宇宙が終わったら、それは実は、宇宙の始まりのビッグバンだというのである。

うーん、これはちょうど時間が「円」みたいになっているわけですな。あるいは東京の山手線みたいに線路に始点と終点がなくて、ぐるぐる回っているようなイメージ。

宇宙の始まりと終わりが「同じ」だなんて、神話に登場するウロボロスの蛇みたいですなぁ。たしかにペンローズが自説を「ばからしいほど新しい」と形容するわけだ。

だが、そこは超天才ペンローズのこと、きちんと納得できる理論的な裏付けが存在する。単なる思いつきなんかではない。

そもそも、アインシュタインの相対性理論では、速く動く物体の時計はゆっくり進む。物理的な最高速度は光速（マッハ九〇万）である。光速で移動する物体（＝光子や重力子）は重さがゼロだ。逆に重さがゼロだと常に光速で移動する。そして、光速で移動する物体の時計は「静止」する。いいかえると、重さがゼロで光速で動き回る物体にとっては、時間が経つこともない。彼らは「永遠」の世界に棲んでいる。

ペンローズは、数学的、物理的な理由から、宇宙の始まりと終わりでは、重さゼロの粒子しか存在しないと論じ、そこでは長さや時間が意味をもたなくなり、物理的に重要なのは「角度」だけになると主張する。

ここら辺は、相当にぶっとんでいるので、意味不明に近い主張に聞こえるが、長さや時間よりも角度のほうが基本的な意味をもつであろうことは、数学や物理学を勉強していくと、自然と納得できる主張なのだ（この角度の重要性が「共形」という専門用語であらわされる）。

そして、その数学的な同等性を根拠に、ペンローズは、「宇宙の始まりと終わりは同じだ」という驚愕の結論に達する。また、その過程で、宇宙の始まりのエントロピーが小さかったと結論づけるのである。

つまり、ペンローズが正しければ、われわれは、永遠に循環する「サイクリック宇宙」に棲んでいることになる。

なぜ難解な本書を読むべきなのか

よく「学校を出てから一度も微分積分を使ったことがない。なんで、あんな小難しいことを勉強しなくてはいけなかったのか！」と文句をいう人にお目にかかる。微分積分どころか、「二次方程式なんていらないんじゃね」とか「円周率πは三・一四だと面倒くさいから三でいいわよ」というような主張が真面目に教育審議会などで議論されることもある。

私は、こういった見解に対しては、「日常生活で使わないから要らないというのであれば、文学も芸術も要りませんよね？」とクールに切り返すことにしている。いやあ、科学に対する無知は国を滅ぼしますよ、ホント。もちろん、文学や芸術のない国も滅びるわけですが……。文化って、人類の「宝」なわけで、自分が得意でないから要らないという議論は破綻している。

いや、そもそも、「日常生活で使わない」という部分だって間違っている。ふだん多くの人がお世話になっているカーナビや携帯のGPSでは、アインシュタインの相対性理論の「遅れる時計」の効果が補正されていたりする。地上とGPS衛星の時計の進み方に差が出るからだ。この補正をしないと、GPSに一日で最大一〇キロメートルもの誤差が生じてしまい、社会は大混乱に陥ってしまう。つまり、数学や科学の難解な理論は、日常生活と深くかかわっているのだ。

なんでこんなことを書いているかといえば、まさに本書こそ、科学嫌いの連中に白い目で見られる代表格だと思うからだ。

ペンローズの新しい宇宙論は、人類の宇宙に対する考えに革命をもたらす可能性がある。それはちょうど、コペルニクスやガリレオが地動説を唱え、人類の宇宙観を変えた状況に似ている。

いまのところ、ペンローズの主張が正しいのかどうか、誰にも判断がつかない。だが、コペルニクスやガリレオと同時代の人々も、地球が動いているのか、天が動いているのか、判断がつかなかったのだ。

われわれはみな、宇宙の住人だ。この宇宙の過去と未来についての革命的な主張を知ることは、われわれの住処《すみか》を知ることにほかならない。

ペンローズは、数理物理学者なのだから、本来は四ページの論文を書いて、それっきりでもいいはずだ。ペンローズが、難しい数式は全て附録に「押し込め」、あえてこの本を書いた理由は、専門家だけでなく、一般の人々にも自らの革命的な宇宙論について知ってもらいたいと願ったからであろう。

コペルニクスもガリレオも一般の人々が読むことのできる本を書いた。そして、何百年もかけて、本が人類に理解され、受け入れられたとき、彼らの「科学革命」は成就した。

そう、ペンローズが始めつつある科学革命を完成させるのは、この本を読んでいる「あなた」なのだ。


本書の翻訳にあたり、何カ所か、専門用語を「くだけた」表現に置き換えた部分があることをお断りしておきたい。また、それでもわかりにくい箇所には、適宜、訳注をつけるようにした。

下訳をしてくれた北村拓哉さんと、数式と物理学の部分を丁寧にチェックしてくれた青木邦哉さんに感謝したい。お二人の力添えがなければ、本書を翻訳しきることは不可能であったにちがいない。

また、本書の版権取得に尽力してくれた新潮社の北本壮さんと、本書の完成まで編集作業を頑張ってくれた三辺直太さんに感謝。

読者のみなさま、最後まで本書におつきあいくださり、ありがとうございました！

二〇一四年　初春　竹内薫

原註

第一部

（1）ハミルトニアン理論は、標準古典物理学のすべてを包含する体系であり、古典物理学を量子力学に結びつける上で欠かすことのできない役割を担っている。R. Penrose (2004), *The Road to Reality*, Random House 第20章を参照されたい。

（2）プランクの式は$E=h\nu$である。記号の説明については、原註の第二部（18）を参照されたい。

（3）Erwin Schrödinger (1950), *Statistical thermodynamics*, Second edition, Cambridge University Press.

（4）m点空間とn点空間の積空間がmn点空間であるという意味で、積空間の「積」という言葉は、ふつうの整数の「積」と同じ意味で使われている。

（5）一八〇三年、数学者のラザール・カルノーは、『平衡と運動の根本原理』を出版して、「活動傾向」を失うこと、すなわち、有益な仕事をすることについて論じた。これは、エネルギーまたはエントロピーの変換の概念に関する最初の記述である。その息子のサディ・カルノーは、さらに、機械的な仕事に伴って「なんらかの熱素が常に失われている」と仮定した。一八五四年にはクラウジウスが「内的仕事」と「外的仕事」の概念を提案し、前者は「物体を構成する原子が相互に及ぼし合うもの」であり、後者は「物体がさらされる外部からの影響により生じるもの」であるとした。
(6)『通信の数学的理論』(クロード・E・シャノン、ワレン・ウィーバー著、植松友彦訳、ちくま学芸文庫)
(7)数学的に言うと、この問題が生じるのは、マクロな区別不能性が「推移的」でなく、状態Aと状態Bの区別がつかず、状態Bと状態Cの区別がつかないときにも、状態Aと状態Cの区別はつくからである。
(8)原子核の「スピン」を正確に理解するためには量子力学を考える必要があるが、手ごろな物理的描像でかまわないなら、クリケットや野球のボールのように、原子核がなんらかの軸のまわりを回転していると考えればよい。原子核の全スピンの値は、それを構成する陽子や中性子のスピンや、お互いのまわりの軌道運動に由来している。
(9)E.L.Hahn (1950), 'Spin echoes'. *Physical Review* **80**, 580-94.
(10)J.P.Heller (1960), 'An unmixing demonstration'. *Am J Phys* **28**, 348-53.
(11)しかしながら、ブラックホールの文脈では、エントロピーの概念は、ある種の純粋な客観性をもつことになる。この問題については第十二章と第十六章で述べる。

第二部

(1)遠方の銀河ほど赤方偏移が大きくなる現象を宇宙の膨張以外のしくみで説明する仮説は、さまざまなものが提案されている。よく知られている仮説の一つは、光子がわれわれの方に飛んでくるにつれてエネルギーを失うとする「光の疲労」説である。もう一つの仮説は、昔は時間が今よりもゆっくり流れていたとするものだ。このような仮説は、ほかの広く受け入れられている観測結果や原理と矛盾しているか、時空のものさしについて普通とは違った定義をして、標準的な膨張宇宙と等価なものとして言い換えられるという意味で「役に立たない」かのいずれかである。

（2）A.Blanchard, M.Douspis, M.Rowan-Robinson, and S.Sarkar (2003), 'An alternative to the cosmological "concordance model"'. *Astronomy & Astrophysics* **412**, 35-44. arXiv:astro-ph/0304237v27 Jul 2003.

（3）「ビッグバン」という名称は、これに対抗して定常宇宙論を強く主張していたフレッド・ホイルが一九四九年三月二八日のBBCラジオ放送に出演した際に、宇宙が「big bang（大爆発）」から始まったとするこの理論をちゃかすために初めて使った。本書では、約一三七億年前に起きた特定の出来事のみを「ビッグバン」と表記し、現実世界や理論モデルで起こるかもしれない同様の現象はカッコつきの「〈ビッグバン〉」と表記する。

（4）大きな塵の塊が背後の光を遮ることで黒く見えている暗黒星雲とは違い、ダークマターは黒くは見えず、正確に言うと「目に見えない」物質である。また、通常の物質がもつエネルギーが、アインシュタインの方程式$E=mc^2$にしたがい、ほかの物質に対して引力を及ぼすのに対して、いわゆる「ダークエネルギー」は斥力である。これまでのところ、ダークエネルギーの作用は、通常のエネルギーとはまったく違ったもの（宇宙定数）が存在しているという仮説とよく一致している。宇宙定数は、一九一七年にアインシュタインが導入して以来、ほとんどすべての標準宇宙論の教科書で考慮されている。宇宙定数は、その名のとおり一定でなければならないため、通常のエネルギーとは異なり、独立の自由度をもたない。

（5）Halton Arp *et al.*, 'An open letter to the scientific community'. *New Scientist*, May 22, 2004.

（6）パルサーは、非常に強い磁場をもち、高速で自転する中性子星（直径は十キロメートル前後しかないのに太陽よりも質量がある、超高密度の天体）である。きわめて正確な間隔でパルス状の電磁波を発生しており、これを地球で検出することができる。

（7）興味深いことに、フリードマン自身は実際には空間の曲率がゼロの最も簡単な場合については述べていない。*Zeitschrift für Physik* **21**, 326-32.

（8）つまり、ここでは問題にならない、位相幾何学的な同一視は別にしてという意味で。

（9）$K=0$と$K<0$のいずれの場合も、位相幾何学的に閉じたバージョンがあり（空間構造的に遠く離れ

た点を同一視することにより得られる）、その空間構造は有限となる。しかし、こうした状況のすべてにおいて、空間の大域的な等方性は失われる。

（10）超新星は、太陽よりもいくらか大きい質量の恒星が一生を終えるときに起こす大爆発であり、数日間は、その恒星が属する銀河全体よりも明るく輝く。第十章参照。

（11）S. Perlmutter *et al.*（1999）, *Astrophysical J* **517** 565. A. Reiss *et al.*（1998）, *Astronomical J* **116** 1009.

（12）Eugenio Beltrami（1868）, 'Saggio di interpretazione della geometrian non-euclidea', *Giornale di Mathematiche* **VI** 285-315. Eugenio Beltrami（1868）, 'Teoria fondamentale degli spazii di curvatura constante', *Annali Di Mat., ser. II* **2** 232-55.

（13）H.Bondi, T.Gold（1948）, 'The steady-state theory of the expanding universe', *Monthly Notices of the Royal Astronomical Society* **108** 252-70. Fred Hoyle（1948）, 'A new model for the expanding universe', *Monthly Notices of the Royal Astronomical Society* **108** 372-82.

（14）私は親友のデニス・シャーマから物理学とその興奮について多くを学んだ。彼は当時、定常宇宙論を強く支持していて、ボンディとディラックの刺激的な講義も受けていた。

（15）J.R.Shakeshaft, M.Ryle, J.E.Baldwin, B.Elsmore, J.H.Thomson（1955）, *Mem RAS* **67** 106-54.

（16）基礎物理学における温度はケルビン（K）という単位で表されることが多い。絶対零度が０《ゼロ》Kとされ、目盛の幅はセ氏（℃）と同じである。

（17）宇宙マイクロ波背景放射を意味する略語には、CMBのほかに、「radiation（放射）」のRを含めたCMBR、CBR、MBRなどがある。

（18）プランクの式によると、任意の温度T、周波数νでの黒体放射強度Iは、$I=2h\nu^3/(e^{h\nu/kT}-1)$ である。ここでhはプランク定数、kはボルツマン定数である。

（19）R.C.Tolman（1934）, *Relativity, thermodynamics, and cosmology*, Clarendon Press.

（20）われわれの銀河系が属する局所銀河群は、基準系である宇宙マイクロ波背景放射に対して秒速六三〇キロメートルで運動しているようである。A.Kogut *et al.*（1993）, *Astrophysical J* **419** 1.

（21）H.Bondi（1952）, *Cosmology*, Cambridge University Press.

（22）興味深い例外は、深海底で高温の水を噴き出し、周囲に奇妙な生物社会を作り出している熱水噴出孔である。水を加熱したのは地熱であり、地熱は放射性物質が崩壊するときに発生する熱に由来している。放射性物質は、はるかな昔に、どこかの恒星の内部で作られ、超新星爆発の際に宇宙空間にまき散らされたものである。つまり、こうした恒星は、太陽の代わりに低エントロピー源としての役割を果たしていると言えるわけで、本文中の議論の主旨に変わりはない。

（23）この方程式は、原註の第二部（22）で説明した放射性物質による少々の加熱と、化石燃料の燃焼および地球温暖化の影響により、わずかに修正される。

（24）このような考え方は、エルヴィン・シュレーディンガーが、その画期的な著書『生命とは何か——物理的にみた生細胞』（岩波文庫、岡小天、鎮目恭夫訳）で初めて明らかにしたように思われる。

（25）『皇帝の新しい心』（みすず書房、ロジャー・ペンローズ著、林一訳）

（26）「ヌル円錐」は「光円錐」と呼ばれることが多いが、私は、「光円錐」という用語は、時空全体のなかで、事象pを通った光線が描く軌跡という意味で使いたい。これに対して、本書で言う「ヌル円錐」は、点pの接空間のなかで定義される、点pから無限小だけ離れた構造にすぎない。

（27）ミンコフスキー幾何学について厳密に語るには、任意の観測者の基準系を選び、空間内での事象の位置を示す一般的なデカルト座標（x、y、z）と、観測者の時間座標を表す時間座標tをとる。$c = 1$になるように空間と時間のスケールをとると、ヌル円錐は$dt^2 - dx^2 - dy^2 - dz^2 = 0$という式によって与えられることがわかる。また、原点での光円錐（原註の第二部（26））の式は$t^2 - x^2 - y^2 - z^2 = 0$となる。

（28）ここで「質量がある」「質量がない」と言うときの質量は、静止質量である。この問題については第十三章でもう一度考察する。

（29）第三章で述べたように、力学のふつうの方程式は時間について可逆であるため、（物理系の微小な構成要素に支配される）力学的なふるまいに関するかぎり、未来から過去に向かって因果が伝播すると言うこともできるかもしれない。しかし本書では、「因果」という用語は標準的な意味で使っている。

（30）曲線の長さ＝$\int \sqrt{g_{ij}dx^i dx^j}$ である。R. Penrose（2004）, *The Road to Reality*, Random House の三一八ページの図14・20を参照されたい。

（31）J.L.Synge（1956）*Relativity: the general theory*. North Holland Publishing.

（32）ポアンカレは、空間の幾何学は基本的に形式的な問題であり、ユークリッド幾何学は最も単純な幾何学であるため、常に物理学に使用するのに最適な幾何学であると主張していた。一見、洞察力に富んでいるように見えるこの考察の土台を完全に崩したのが、自然計量の存在だった。『改訳　科学と方法』（岩波文庫、ポアンカレ著、吉田洋一訳）を参照されたい。

（33）粒子の静止エネルギーは、その粒子の基準系におけるエネルギーであるため、粒子の運動からこのエネルギーへの寄与（運動エネルギー）はない。

（34）「脱出速度」とは、重力を及ぼす天体の表面にある物体が、天体から完全に逃れて表面に落下しなくなるためにもっていなければならない速度のことである。

（35）この天体はクエーサー3C273であった。

（36）R.Penrose（1965）, 'Zero rest-mass fields including gravitation: asymptotic behaviour', *Proc. Roy. Soc.* **A284** 159-203. の補遺を参照されたい。なお、この論証にはわずかに不完全なところがある。

（37）私の頭に捕捉面のアイディアがひらめいたときの不思議な状況については、拙著『皇帝の新しい心』【訳註：邦訳書の四七四ページ】を参照されたい。

（38）捕捉面の存在は、われわれが今日「準局所的」条件と呼んでいるものの一例である。この場合、その表面ですべての未来向きのヌル的法線が未来に向かって収束してゆくような、閉じた空間的位相幾何学的二次元平面（ふつうは位相幾何学的二次元球）が存在することになる。どの時空にも、こうした法線をもつ空間的二次元平面の局所的な断片が存在しているため、この条件は局所的なものではない。しかしながら、捕捉面は、こうした局所的な断片がいくつか合わさって、閉じた（つまり、位相幾何学的にコンパクトな）表面を形成する場合にのみ生じる。

（39）R.Penrose（1965），'Gravitational collapse and space-time singularities', *Phys. Rev. Lett.* **14** 57-9. R. Penrose（1968），'Structure of space-time', in *Batelle Rencontres*（ed. C.M. deWitt, J.A. Wheeler），Benjamin, New York.

（40）この文脈で非特異時空に要請されること（そして、「特異点」が妨害すること）はただひとつ、いわゆる「ヌル測地線が未来向きに完備であること」だ。この要請は、すべてのヌル測地線が、その「アフィンパラメーター」が無限に大きな値になるまで、未来方向に延長できることを意味する。（『ホーキングとペンローズが語る時空の本質　ブラックホールから量子宇宙論へ』林一訳、早川書房　参照）

（41）R. Penrose（1994），'The question of cosmic censorship', in *Black holes and relativistic stars*（ed. R.M. Wald），University of Chicago Press.

（42）R. Narayan, J.S. Heyl（2002），'On the lack of type I X-ray bursts in black hole X-ray binaries: evidence for the event horizon?', *Astrophysical J* **574** 139-42.

（43）私は一九六二年頃から一貫して概略的な共形ダイアグラムを用いていたが（Penrose 1962, 1964, 1965を参照されたい）、一九六六年にブランドン・カーターが厳密な共形ダイアグラムのアイディアを初めて定式化した。B. Carter（1966），'Complete analytic extension of the symmetry axis of Kerr's solution of Einstein's equations', *Phys.Rev.* **141** 1242-7. R.Penrose（1962），'The light cone at infinity', in *Proceedings of the 1962 conference on relativistic theories of gravitation, Warsaw*, Polish Academy of Sciences. R. Penrose（1964），'Conformal approach to infinity', in *Relativity, groups and topology. The 1963 Les Houches Lectures*（ed. B.S.DeWitt, C.M.DeWitt），Gordon and Breach, New York. R.Penrose（1963），'Asymptomatic properties of fields and space-times', *Phys. Rev. Lett.* **10** 66-8.

（44）これは単なる偶然だが、ポーランド語の「skraj」という単語も「スクリ」と読み、ふつうは森を意味するが、境界線という意味もある。

(45) 時間を反転させた定常宇宙モデルでは、こうした軌道にのって自由運動する宇宙飛行士は、周囲にある物質が内側に向かって運動するのに遭遇することになる。物質はどんどん速度を増し、ついには光速に達するため、宇宙飛行士は有限の時間経験のなかで無限大の運動量に衝突されることになる。

(46) J.L.Synge（1950）, *Proc. Roy. Irish Acad.* **53A** 83. M.D.Kruskal（1960）, 'Maximal extension of Schwarzschild metric', *Phys. Rev.* **119** 1743-5. G. Szekeres（1960）, 'On the singularities of a Riemannian manifold', *Publ. Mat. Debrecen* **7** 285-301. C.Fronsdal（1959）, 'Completion and embedding of the Schwarzschild solution', *Phys Rev.* **116** 778-81.

(47) S.W.Hawking（1974）, 'Black hole explosions?', *Nature* **248** 30.

(48) 宇宙論における「事象の地平線」と「粒子の地平線」の概念は、Wolfgang Rindler（1956）, 'Visual horizons in world-models', *Monthly Notices of the Roy. Astronom. Soc.* **116** 662. において最初に定式化された。これらの概念と（概略的な）共形ダイアグラムとの関係は、R.Penrose（1967）, 'Cosmological boundary conditions for zero rest-mass fields' in *The nature of time*（pp.42-54）（ed. T.Gold）, Cornell University Press. にて指摘された。

(49) $\mathscr{C}^-(p)$は、未来向きの因果曲線によって事象pと結びつけられる点の集合の（未来の）境界線であるということになる。

(50) 第十章で述べたように、私は、局所的な重力崩壊による特異点の生成が不可避であることを示した（原註の第二部（36）で紹介した一九六五年の論文を参照されたい）。その後、スティーヴン・ホーキングが一連の論文を発表して、より大域的な宇宙論的文脈でも同様の結果が得られることを示した（彼が*Proceedings of the Royal Society*に発表した一連の論文のほか、S.W. Hawking, G.F.R. Ellis（1973）, *The large-scale structure of space-time*, Cambridge University Press も参照されたい）。われわれはその後共同研究を行い、一九七〇年に、こうした状況のすべてをカバーする包括的な理論を提案した。S.W.Hawking,

R.Penrose（1970），'The singularities of gravitational collapse and cosmology', *Proc.Roy.Soc.Lond.* **A314** 529-48.

（51）私が最初にこの議論をしたのは、R.Penrose（1990），'Difficulties with inflationary cosmology', in *Proceedings of the 14th Texas symposium on relativistic astrophysics*（ed. E.Fenves），New York Academy of Science. でのことだった。インフレーション理論の支持者からの反響はまだない。

（52）D.Eardley（(1974)，'Death of white holes in the early universe', *Phys. Rev. Lett.* **33** 442-4）では、初期の宇宙のホワイトホールはきわめて不安定であっただろうとされている。けれどもそれは、ホワイトホールが初期状態の一部でなかったことの理由にはならず、私がここで述べていることとの矛盾はまったくない。また、逆向きの時間の流れのなかでブラックホールがさまざまなペースで形成されうるように、ホワイトホールもさまざまなペースで消滅していくのかもしれない。

（53）A.Strominger, C.Vafa（1996），'Microscopic origin of the Bekenstein-Hawking entropy', *Phys.Lett.* **B379** 99-104. A.Ashtekar, M.Bojowald, J.Lewandowski（2003），'Mathematical structure of loop quantum cosmology', *Adv.Theor.Math.Phys.* **7** 233-68. K.Thorne（1986），*Black holes: the membrane paradigm*, Yale University Press. を参照されたい。

（54）私は以前、この数字を「$10^{10^{123}}$」としていたが、現在は、ダークマターからの寄与も入れて、より大きな「$10^{10^{124}}$」としている。

（55）$10^{10^{124}}$ を $10^{10^{89}}$ で割ると、$10^{10^{124}-10^{89}}=10^{10^{124}}$ となる。つまり、割られる数に比べて割る数があまりにも小さいため、割り算をしても全然変わらないのだ。

（56）R.Penrose（1998），'The question of cosmic censorship', in *Black holes and relativistic stars*（ed. R.M.Wald），University of Chicago Press.（Reprinted J. Astrophys. **20** 233-48 1999）

（57）リッチテンソルについては補遺A3を参照されたい。

（58）補遺Aの表記法を用いる。

（59）実は、視線方向の各種の重力レンズ効果を「たし合わせて」いくと非線形効果が出てくるのだが、ここでは無視する。
（60）A.O.Petters, H.Levine, J.Wambsganns（2001), *Singularity theory and gravitational lensing*, Birkhauser.
（61）R.Penrose（1979), 'Singularities and time-asymmetry', in S.W.Hawking, W.Israel, *General relativity: an Einstein centenary survey*, Cambridge University Press, pp. 581-638. S.W.Goode, J.Wainwright（1985), 'Isotropic singularities in cosmological models', *Class. Quantum Grav.* **2** 99-115. R.P.A.C.Newman（1993), 'On the structure of conformal singularities in classical general relativity', *Proc.R.Soc.Lond.* **A443** 473-92. K.Anguige and K.P.Tod（1999), 'Isotropic cosmological singularities I.Polytropic perfect fluid spacetimes', *Ann.Phys.N.Y.* **276** 257-93.

第三部

（1）A.Zee（2003), *Quantum field theory in a nutshell*. Princeton University Press.
（2）理論的には、電荷保存の法則との関係で、光子の質量が厳密にゼロであると信じる十分な理由がある。けれども、観測からは、光子の質量は $m < 3\times10^{-27}$eV という上限が確認されているだけである。G.V.Chibisov（1976), 'Astrofizicheskie verkhnie predely na massu pokoya fotona', *Uspekhi fizicheskikh nauk* **119** no.3. 19 624.
（3）一部の素粒子物理学者の間では、習慣的に、本書よりもずっと弱い意味で「共形不変」という言葉が用いられている。彼らが言う共形不変は、単に「スケール不変」という意味であり、Ωが定数の、はるかに限定された変換 $\mathbf{g}\to\Omega^2\mathbf{g}$ のみが要請される。
（4）しかし、「共形異常」と呼ばれるものに関連した問題があるかもしれない。それによると、古典場の対称性（ここでは厳密な共形不変性）は、量子論の文脈では厳密に正しいとは言えないかもしれないという。

これは、本書で考察しているような極端な高エネルギーには無関係だが、静止質量が生じてくるときに共形不変性が「失われていく」やり方に、なんらかの役割を果たした可能性がある。

（5）D.J.Gross（1992），'Gauge theory–Past, present, and future?', *Chinese J Phys.* **30** no.7.

（6）LHCでは、7×10^{12}eV（$=7$TeV$=1.12\mu$J）まで加速した陽子ビームか、574TeV（92.0μJ）まで加速した鉛イオンビームを正面衝突させる。

（7）インフレーションの問題は第十六章と第十八章で論じる。

（8）S.E.Rugh and H.Zinkernagel（2009），'On the physical basis of cosmic time', *Studies in History and Philosophy of Modern Physics* **40** 1-19.

（9）H.Friedrich（1983），'Cauchy problems for the conformal vacuum field equations in general relativity', *Comm.Math.Phys.* **91** no.4, 445-72. H.Friedrich（2002），'Conformal Einstein evolution', in *The conformal structure of spacetime: geometry, analysis, numerics*（ed. J.Frauendiener, H.Friedrich）Lecture Notes in Physics, Springer. H.Friedrich（1998），'Einstein's equation and conformal structure', in *The geometric universe: science, geometry, and the work of Roger Penrose*（eds. S.A.Huggett, L.J.Mason, K.P.Tod, S.T.Tsou, and N.M.J.Woodhouse），Oxford University Press.

（10）このような矛盾の一例として、いわゆる「おじいさんのパラドックス」がある。ある人が過去にタイムトラベルをして、自分の生物学的祖父が生物学的祖母に出会う前に祖父を殺してしまうと、彼の両親のどちらか（と、彼自身）は生まれてこなかったことになる。すると、過去へのタイムトラベルもなかったことになるが、だとしたら彼の祖父は殺されずにすみ、やがて彼が生まれてきて、タイムトラベルをして祖父を殺すことになる。このように、どの可能性もそれ自体を否定することになると考えられ、一種の論理パラドックスになっている。René Barjavel（1943），*Le voyageur imprudent*（軽率な旅人）。［原註：この本に実際に登場した先祖は祖父ではない］。

（11）$\mathcal{P}$上のこの測度は「$dp \wedge dx$」のべき乗である。ここでdpは、位置変数xに対応する運動量変数である。

R.Penrose (2004), *The Road to Reality,* §20.2などを参照されたい。dxのスケール因子がΩであれば、dpのスケール因子はΩ^{-1}である。$\mathcal{P}$におけるこのようなスケール不変性は、記述される物理学のいかなる共形不変性とも独立に成り立つ。

(12) R.Penrose (2008), 'Causality, quantum theory and cosmology', in *On space and time* (ed. Shahn Majid), Cambridge University Press. R.Penrose (2009), 'The basic ideas of Conformal Cyclic Cosmology', in *Death and anti-death, Volume 6: Thirty years after Kurt Gödel* (*1906-1978*) (ed. Charles Tandy), Ria University Press, Stanford, Palo Alto, CA.

(13) 水中のチェレンコフ放射を検出する日本のスーパーカミオカンデで近年行われた実験により、陽子の半減期は少なくとも6.6×10^{33}年以上であることが明らかになった。

(14) おもに対消滅による。この問題を明らかにしてくれたJ.D.Bjorkenに感謝する。J.D. Bjorken, S.D. Drell (1965), *Relativistic quantum mechanics*, McGraw-Hill.

(15) 現時点のニュートリノ観測からは、三種類のニュートリノの質量差がゼロであるはずがないことはわかっているが、そのうちの一種類の質量がゼロである技術的可能性はまだ残っている。Y.Fukuda *et al.* (1998), 'Measurements of the solar neutrino flux from Super-Kamiokande's first 300 days', *Phy.Rev. Lett.***81** (6) 1158-62.

(16) これらの演算子は、群のすべての要素と交換可能な生成元から構築できる量である。

(17) H.-M. Chan and S.T. Tsou (2007), 'A model behind the standard model', *European Physical Journal* **C52**, 635-663.

(18) 微分演算子は、それが作用する量が時空のなかでどのように変化するかを示す。ここで用いた「∇(ナブラ)」演算子の具体的な意味については補遺を参照されたい。

(19) R.Penrose (1965), 'Zero rest-mass fields including gravitation: asymptotic behaviour', *Proc.R.Soc. Lond.* **A284** 159-203.

(20) 補遺B1では、**g**と$\hat{\mathbf{g}}$のどちらをアインシュタインの物理的計量とするかについて、ここと は反対に選択しているため、ゼロに近づいてゆくのは「Ω^{-1}」である。

(21) これは、$\bar{\mathscr{B}}$での物質が、フリードマンのモデルのダストではなく、第十五章で説明するトールマンのモデルの放射としての性質をもつことによって決まる。

(22) カルタンの微分形式の計算から、「微分」$d\Omega/(1-\Omega^2)$は一次形式（余ベクトル）であると解釈されるが、$\Omega\rightarrow\Omega^{-1}$の下での不変性は標準的な微積分の規則を用いて容易にチェックすることができる。R. Penrose (2004), *The Road to Reality*, Random Houseなどを参照されたい。

(23) 近年、「ダークエネルギー」が宇宙の物質密度に寄与しているとされることが多いが、私は個人的には、このような理解は不適切であると考えている。

(24) 観測値の10^{120}倍も大きい値を得るためにさえ、「繰り込み」という手法を使って無限大になるのを防ぐ必要がある（第十七章参照）。

(25) 天体力学にもとづく測定により、Gの変化の幅には$(dG/dt)/G_0\leq10^{-12}$/年という制限がある。

(26) R.H.Dicke (1961), 'Dirac's cosmology and Mach's principle', *Nature* **192** 440-441. B. Carter (1974), 'Large number coincidences and the anthropic principle in cosmology', in *IAU Symposium 63: Confrontation of Cosmological Theories with Observational Data*, Reidel, pp.291-98.

(27) アブラハム・パイス著、西島和彦監訳、金子務、岡村浩、太田忠之、中澤宣也訳『神は老獪にして…アインシュタインの人と学問』産業図書

(28) R.C.Tolman (1934), *Relativity, thermodynamics, and cosmology*, Clarendon Press. W.Rindler (2001) *Relativity: special, general, and cosmological*. Oxford University Press.

(29) 解析的連続の厳密な概念については、R.Penrose (2004), *The Road to Reality*, Random Houseを参照されたい。

(30) 虚数とは、平方したときに負の数になるような数のことである。たとえば、$i^2=-1$を満たすiは虚数

である。R.Penrose（2004）, *The Road to Reality*, Random House の§4.1を参照されたい。

（31）B.Carter（1974）, 'Large number coincidences and the anthropic principle in cosmology', in *IAU Symposium 63: Confrontation of Cosmological Theories with Observational Data*, Reidel, pp.291-8. John D.Barrow, Frank J.Tipler（1988）, *The anthropic cosmological principle*, Oxford University Press.

（32）L.Susskind, 'The anthropic landscape of string theory arxiv: hepth/0302219'. A.Linde（1986）, 'Eternal chaotic inflation', *Mod.Phys.Lett.* **A1** 81.

（33）リー・スモーリン著、野本陽代訳『宇宙は自ら進化した　ダーウィンから量子重力理論へ』ＮＨＫ出版

（34）Gabriele Veneziano（2004）, 'The myth of the beginning of time', *Scientific American*, May.

（35）ポール・J・スタインハート、ニール・トゥロック著、水谷淳訳『サイクリック宇宙論　ビッグバン・モデルを超える究極の理論』早川書房

（36）C.J.Isham（1975）, *Quantum gravity: an Oxford symposium*, Oxford University Press などを参照されたい。

（37）Abhay Ashtekar, Martin Bojowald, 'Quantum geometry and the Schwarzschild singularity'. http://arxiv.org/gr-qc/0509075

（38）A.Einstein（1931）, *Berl.Ber.*235 および A.Einstein, N.Rosen（1935）, *Phys.Rev.Ser.* 2 **48** 73 などを参照されたい。

（39）原註の第二部（50）を参照されたい。

（40）原註の第三部（11）を参照されたい。

（41）ほかの銀河には、はるかに巨大なブラックホールがあることを裏づけるたしかな証拠がある。現時点で確認されている最大のブラックホールの質量は約$1.8\times10^{10}M_{\odot}$で、小さめの銀河一個分程度の質量である。他方で、銀河系の中心にあるブラックホール（質量は約$4\times10^{6}M_{\odot}$）よりもずっと小さいブラックホールもたくさんあるだろう。本文で示した具体的な数字は、ここの議論にはあまり重要でない。私自身は、実際に

はいくらか小さいだろうと思っている。

(42) J.D.Bekenstein (1972), 'Black holes and the second law', *Nuovo Cimento Letters* **4** 737-740. J. Bekenstein (1973), 'Black holes and entropy', *Phys.Rev.***D7**, 2333-46.

(43) J.M.Bardeen, B.Carter, S.W.Hawking (1973), 'The four laws of black hole mechanics', *Communications in Mathematical Physics* **31** (2) 161-70.

(44) 実際、(真空中の) 定常ブラックホールを完全に記述するには、位置 (三個)、速度 (三個)、質量 (一個)、角運動量 (三個) を表すわずか十個の数字があればたりる。これは、ブラックホールの形成過程を記述するのに膨大な数の変数が必要になることとは対照的だ。こうして、わずか十個の巨視的な変数が位相空間の巨大な領域にラベルを貼り、ボルツマンの公式により巨大なエントロピーを与えると考えられる。

(45) http://xaonon.dyndns.org/hawking

(46) レオナルド・サスキンド著、林田陽子訳『ブラックホール戦争　スティーヴン・ホーキングとの20年越しの闘い』日経BP社

(47) D.Gottesman, J.Preskill (2003), 'Comment on "The black hole final state"', hep-th/0311269. G. T.Horowitz, J.Malcadena (2003), 'The black hole final state', hep-th/0310281. L.Susskind (2003), 'Twenty years of debate with Stephen', in *The future of theoretical physics and cosmology* (ed. G.W.Gibbons *et al.*), Cambridge University Press.

(48) ブラックホールの消滅そのものは、専門的には、瞬間的に宇宙検閲官仮説を破る「裸の特異点」になることが、ホーキングによって早い段階に指摘された。宇宙検閲官仮説が古典的な一般相対論に制限されるおもな理由はここにある。R.Penrose (1994), 'The question of cosmic censorship', in *Black holes and relativistic stars* (ed. R.M.Wald), University of Chicago Press.

(49) James B.Hartle (1998), 'Generalized quantum theory in evaporating black hole spacetimes', in *Black Holes and Relativistic Stars* (ed. R.M.Wald), University of Chicago Press.

（50）これは、未知の量子状態をコピーすることを禁じる量子力学の「クローン禁止定理」の帰結として有名である。私には、この定理がここで当てはまってはならない理由が思いつかない。W.K.Wootters, W.H.Zurek（1982）, 'A single quantum cannot be cloned', *Nature* **299** 802-3.

（51）S.W.Hawking（1974）, 'Black hole explosions', *Nature* **248** 30. S.W.Hawking（1975）, 'Particle creation by black holes', *Commun. Math. Phys.* **43**.

（52）ホーキングの新しい見解については、『ネイチャー』オンライン版に掲載された 'Hawking changes his mind about black holes' という記事を参照されたい（doi:10.1038/news040712-12）。これは、ひも理論との関係で推測された概念にもとづいている。'Information loss in black holes', *Phys.Rev.* **D72** 084013.

（53）シュレーディンガー方程式は波動関数について一次の項だけを含む複素方程式であり、時間を反転させるときには「虚数」iを$-i$に置き換えなければならない。ここで$i=\sqrt{-1}$である。原註の第三部（30）を参照されたい。

（54）詳しくはR. Penrose（2004）, *The Road to Reality*, Random House 第21～23章を参照されたい。

（55）W・ハイゼンベルク『部分と全体　私の生涯の偉大な出会いと対話』（湯川秀樹序・山崎和夫訳、みすず書房）。アブラハム・パイス著『ニールス・ボーアの時代　物理学・科学・国家』（西尾成子、今野宏之、山口雄仁共訳、みすず書房）も参照されたい。

（56）場の量子論は「暫定的な理論」にすぎないと考えていたディラックは、観測問題を解決するために量子力学の「解釈」を考えることにはまったく興味がなかったようである。

（57）ディラック著『量子力学　原書第4版』（朝永振一郎、玉木英彦、木庭二郎、大塚益比古、伊藤大介共訳、岩波書店）

（58）L.Diósi（1984）, 'Gravitation and quantum mechanical localization of macro-objects', *Phys. Lett.* **105A** 199-202. L.Diósi（1989）, 'Models for universal reduction of macroscopic quantum fluctuations', *Phys. Rev.* **A40** 1165-74. R.Penrose（1986）, 'Gravity and state-vector reduction', in *Quantum concepts in space and* *time* (eds. R.Penrose and C.J.Isham), Oxford University Press, pp.129-46. R.Penrose (2000), 'Wavefunction collapse as a real gravitational effect', in *Mathematical physics 2000* (eds. A.Fokas, T.W.B.Kibble, A.Grigouriou, and B.Zegarlinski), Imperial College Press, pp.266-282. R.Penrose (2009), 'Black holes, quantum theory and cosmology' (Fourth International Workshop DICE 2008), *J.Physics Conf. Ser.* **174** 012001. doi:10.1088/1742-6596/174/1/012001

(59) 空間的に無限の宇宙を扱うときには常に、エントロピーのような量の総和が無限大になってしまうという問題がある。けれどもこれは、それほど重要な問題ではない。空間全体の一様性を仮定することによって、物質の全体的な流れとともに境界が移動する、大きな「共動体積」を考えればよいからだ。

(60) S.W.Hawking (1976), 'Black holes and thermodynamics', *Phys.Rev.* **D13** **(2)** 191. G.W.Gibbons, M.J.Perry (1978), 'Black holes and thermal Green's function', *Proc Roy.Soc.Lond.* **A358** 467-94. N.D.Birrel, P.C.W.Davies (1984), *Quantum fields in curved space,* Cambridge University Press.

(61) ポール・トッドから個人的に聞いた話。

(62) 原註の第三部 (11) を参照されたい。

(63) ブラックホールのエントロピーを生じさせる「情報の喪失」に関する私自身の見解は、よく言われるものとは違っているようだ。私は、地平線は情報の喪失にとって決定的な場所ではなく (なぜなら、いかなる場合にも地平線を局所的に識別することはできないからだ)、情報を破壊するのは特異点であると考えている。

(64) 原註の第三部 (42) を参照されたい。

(65) W.G.Unruh (1976), 'Notes on black hole evaporation', *Phys.Rev.* **D14** 870.

(66) G.W.Gibbons, M.J.Perry (1978), 'Black holes and thermal Green's function', *Proc. Roy.Soc.Lond,* **A358** 467-94. N.D.Birrel, P.C.W.Davies (1984), *Quantum fields in curved space,* Cambridge University Press.

（67） Wolfgang Rindler（2001）, *Relativity:special, general and cosmological,* Oxford University Press.
（68） H.-Y.Guo, C.-G.Huang, B.Zhou（2005）, *Europhys.Lett.* **72** 1045-51.
（69） リンドラーの観測者がカバーする領域はMの全体ではないという反論がありそうだが、この反論はDにもあてはまる。
（70） J.A.Wheeler, K.Ford（1995）, *Geons, black holes, and quantum foam,* Norton.
（71） A.Ashtekar, J.Lewandowski（2004）, 'Background independent quantum gravity: a status report', *Class.Quant.Grav.* **21** R53-R152. doi:10.1088/0264-9381/21/15/R01, arXiv:gr-qc/0404018.
（72） J.W.Barrett, L.Crane（1998）, 'Relativistic spin networks and quantum gravity', *J.Math.Phys.* **39** 3296-302. J.C.Baez（2000）, *An introduction to spin foam models of quantum gravity and BF theory.* Lect. Notes Phys. **543** 25-94. F.Markopoulou, L.Smolin（1997）, 'Causal evolution of spin networks', *Nucl.Phys.* **B508** 409-30.
（73） H.S.Snyder（1947）, *Phys.Rev.***71**（**1**）38-41. H.S. Snyder（1947）, *Phys.Rev.***72**（**1**）68-71. A.Schild（1949）, *Phys.Rev.* **73**,414-15.
（74） F.Dowker（2006）, 'Causal sets as discrete spacetime', *Contemporary Physics* **47** 1-9. R.D.Sorkin（2003）, 'Causal sets: discrete gravity',（ヴァルディヴィア・サマースクールのための講義録）, in *Proceedings of the Valdivia Summer School*（ed. A.Gomberoff and D.Marolf）, arXiv:gr-qc/0309009.
（75） R.Geroch, J.B.Hartle（1986）, 'Computability and physical theories', *Foundations of Physics* **16** 533-50. R.W.Williams, T.Regge（2000）, 'Discrete structures in physics', *J.Math.Phys.* **41** 3964-84.
（76） Y.Ahmavaara（1965）, *J.Math.Phys.* **6** 87. D.Finkelstein（1996）, *Quantum relativity: a synthesis of the ideas of Einstein and Heisenberg,* Springer-Verlag.
（77） A.Connes（1994）, *Non-commutative geometry,* Academic Press. S.Majid（2000）, 'Quantum groups and noncommutative geometry', *J.Math.Phys.* **41**（2000）3892-942.

(78)『エレガントな宇宙　超ひも理論がすべてを解明する』(ブライアン・グリーン、林一・林大訳、草思社)、『ストリング理論』(J・ポルチンスキー、伊藤克司、小竹悟、松尾泰訳、丸善出版)

(79) J.Barbour (2000), *The end of time:the next revolution in our understanding of the universe*, Phoenix. R.Penrose (1971), 'Angular momentum: an approach to combinatorial space-time', in *Quantum theory and beyond* (ed. T.Bastin), Cambridge University Press.

(80) ツイスター理論の説明については、R.Penrose (2004), *The Road to Reality*, Random House の第33章を参照されたい。

(81) G.Veneziano (2004), 'The myth of the beginning of time', *Scientific American* (May). 原註の第三部(34)も参照されたい。

(82) R.Penrose (2004), *The Road to Reality*, Random House 第28・4章を参照されたい。

(83) 量子ゆらぎを古典的物質分布の実際のムラとして「現実化」させるには、第16章の終わりのほうで述べたユニタリ時間発展**U**の一部ではない**R**過程が現れる必要がある。

(84) D.B.Guenther, L.M.Krauss, P.Demarque (1998), 'Testing the constancy of the gravitational constant using helioseismology', *Astrophys.J.* **498** 871-6.

(85) 実は、$\mathscr{B}$から$\mathscr{D}$への時間発展を考慮する標準的な手順があるのだが、(本文中で、このすぐあとに紹介する) ハジアンによる宇宙マイクロ波背景放射の予備的な分析では、この手法は用いられなかった。

(86) 円形からのこうした歪みは、前のイーオンでも起きていた可能性があるが、私は、この効果はもっと小さかっただろうと考えている。いずれにせよ、円形からの歪みが起こるなら、いくつかの理由から、その効果を扱うのは非常に難しく、分析にとってきわめて厄介なものになるだろう。

(87) V.G.Gurzadyan, C.L.Bianco, A.L.Kashin, H.Kuloghlian, G.Yegorian (2006), 'Ellipticity in cosmic microwave background as a tracer of large-scale universe', *Phys.Lett. A* **363** 121-4. V.G.Gurzadyan, A.A.Kocharyan (2009), 'Porosity criterion for hyperbolic voids and the cosmic microwave background',

Astronomy and Astrophysics **493** L61-L63 [DOI: 10.1051/000-6361:200811317]

B.10 この演算子は、C・R・ルブランがツイスター理論の「アインシュタイン束」を定義したときに初めて導入されたようである（C.R.LeBrun（1985），'Ambi-twistors and Einstein's equations', *Classical Quantum Gravity* **2** 555-63）。これは、イーストウッドとライスが導入した、もっと一般的なタイプの演算子の一部である（M.G.Eastwood and J.W.Rice（1987），'Conformally invariant differential operators on Minkowski space and their curved analogues', *Commun. Math. Phys.* **109** 207-28, Erratum, *Commun. Math. Phys.* **144**（1992）213）。この演算子は、ほかの文脈にもあてはまる（M.G.Eastwood（2001），'The Einstein bundle of a nonlinear graviton' in *Further advances in twistor theory vol III*, Chapman & Hall/CRC, pp.36-9. T.N.Bailey, M.G.Eastwood, A.R.Gover（1994），'Thomas's structure bundle for conformal, projective, and related structures', *Rocky Mtn.Jour.Math.***24** 1194-217）。これは「アインシュタインに共形」な演算子として知られるようになった。R.Penrose, W. Rindler（1986），*Spinors and space-time, Vol.II: Spinor and twistor methods in space-time geometry,* Cambridge University Press. の p.124 の脚注も参照されたい。

B.11 この解釈を私に指摘したのはK・P・トッドである。Penrose and Rindler（1986）では、この条件は「漸近的アインシュタイン条件」と呼んでいる。R.Penrose, W.Rindler（1986），*Spinors and space-time, Vol.II: Spinor and twistor methods in space-time geometry,* Cambridge University Press.

B.12 重力定数の符号の変化を見る方法はほかにもある。その1つは、共形不変をまたぐときに、放射場の「ガーギン挙動」と重力源の「反ガーギン挙動」を比較することである。Penrose and Rindler（1986）§9.4,pp.329-32 を参照されたい。R.Penrose, W.Rindler（1986），*Spinors and space-time, Vol.II: Spinor and twistor methods in space-time geometry,* Cambridge University Press.

B.13 K・P・トッドから個人的に聞いた話。

という量であるのに対して、磁気部分は、

$$\mathrm{i}N_{A'}^{C'}N_{B'}^{D'}\psi_{ABCD}-\mathrm{i}N_{A}^{C'}N_{B}^{D'}\overline{\psi}_{A'B'C'D'}$$

であり、基本的に X 上で、

$$\varepsilon^{abcd}N_a\nabla_{[b}\Phi_{c]e}$$

となる（ε^{abcd} は歪対称なレヴィ＝チヴィタ・テンソル）。これはコットン（＝ヨーク）・テンソルであり、X がもつ共形曲率を記述する [B.13]。

B.1　現在の定式化を修正して、第 14 章で述べたように $\mathscr{C}^\wedge$ 中で減少する静止質量も含まれるようにするべきかもしれない。けれども、これをしようとすると問題が格段に複雑化するおそれがあるため、今のところは、われわれの「環状領域」が $\mathscr{C}^\wedge$ 中に静止質量を含まないと仮定してもうまく扱える状況だけを考えたい。

B.2　私は、$\hat{\Lambda}=\check{\Lambda}$ という仮定そのものは特に突拍子のないものではないと思っている。それは、便宜の問題にすぎない。現状では、あるイーオンから次のイーオンへと移行する際に物理定数に起こりうる変化が、ほかの量に引き継がれるという取り決めの問題にすぎない。さらに言うと、第 14 章で説明した標準的な「プランク単位」の代わりに、$G=1$ という条件を $\Lambda=3$ に置き換えることを考えてもよい。これは、サイクリック宇宙論の定式化によく合うからだ。

B.3　E.Calabi (1954), 'The space of Kahler metrics', *Proc. Internat. Congress Math. Amsterdam,* pp.206-7.

B.4　文献では、「幽霊場」という言葉は、このほかにも多様な意味で用いられている。

B.5　原註の第三部（9）を参照されたい。

B.6　原註の第三部（9）を参照されたい。

B.7　完全な自由は $\Omega\mapsto(A\Omega+B)/(B\Omega+A)$ という置換により与えられる。ここで、A と B は定数であるため、$\mathbf{\Pi}\mapsto\mathbf{\Pi}$ である。けれども、この曖昧さは、Ω が X において極をもつ（そして ω がゼロである）と要請することにより扱うことができる。

B.8　K.P.Tod (2003), 'Isotropic cosmological singularities: other matter models', *Class. Quant. Grav.* **20** 521-34. [DOI: 10.1088/02649381/20/3/309]

B.9　原註の第三部（28）を参照されたい。

$$\nabla_{EE'}\Psi_{ABCD} = -\nabla_{EE'}(\omega\,\psi_{ABCD}) = -N_{EE'}\psi_{ABCD} - \omega\,\nabla_{EE'}\psi_{ABCD}$$

が得られる。ここで、ワイル曲率が$\mathcal{X}$上で消えるのに対して、その法線微分係数は$\mathscr{I}^{\wedge}$にて重力放射（自由重力子）の測度を与える。すなわち、$\mathcal{X}$上で、

$$\Psi_{ABCD} = 0\text{、}N^{e}\nabla_{e}\Psi_{ABCD} = -N^{e}N_{e}\psi_{ABCD} = -\frac{1}{3}\Lambda\,\psi_{ABCD}$$

である。また、ビアンキの恒等式より（A5、P&R 4.10.7、P&R4.10.8）

$$\nabla^{A}_{B'}\Psi_{ABCD} = \nabla^{A'}_{B}\Phi_{CDA'B'} \qquad \text{および} \qquad \nabla^{CA'}\Phi_{CDA'B'} = 0$$

であるから、$\mathcal{X}$上で、

$$\nabla^{A'}_{B}\Phi_{CDA'B'} = -N^{A}_{B}\psi_{ABCD}$$

が成り立ち、ここからさらに、$\mathcal{X}$上で、

$$N^{BB'}\nabla^{A'}_{B}\Phi_{CDA'B'} = 0$$

であることがわかる。演算子$N^{B(B'}\nabla^{A')}_{B}$は$\mathscr{X}$上を接線方向に動くため$N^{B(B'}N^{A')}_{B} = 0$であるから)、この方程式は$\Phi_{CDA'B'}$の挙動が$\mathcal{X}$上でどのように制限されるかを表している。また、

$$N^{C}_{A'}\nabla^{D'}_{A}\Phi_{BCB'D'} = -N^{C}_{A'}N^{D}_{B'}\psi_{ABCD}$$

という式から、$\mathcal{X}$上のワイル・テンソルの法線微分係数の電気部分は、

$$N^{C}_{A'}N^{D}_{B'}\psi_{ABCD} + N^{C'}_{A'}N^{D'}_{B'}\bar{\psi}_{A'B'C'D'}$$

であり、基本的に

$$N^{a}\nabla_{[b}\Phi_{c]d}$$

B12.　$\mathcal{X}$における重力放射

$\hat{\mathscr{C}}$（計量は$\hat{g}_{ab}$）から$\mathcal{X}$(計量はg_{ab}）を経由して$\check{\mathscr{C}}$（計量は$\check{g}_{ab}$）へと進むとき、計量の無限の共形再スケーリングの特徴の１つは、最初は$\hat{g}$計量においてψ_{ABCD}（ふつうは$\mathcal{X}$でゼロではない）の形で存在し、記述されていた重力の自由度が、$\check{g}$計量における別の量へと移行することである。A9とP&R6.84より、

$$\hat{\Psi}_{ABCD}=\Psi_{ABCD}=\check{\Psi}_{ABCD}=O(\omega)$$

であり、これが$\mathcal{X}$を横切ってなめらかに成立しているのに対して、「重力子場」を記述するψ_{ABCD}という量は、$\mathcal{X}$をまたいで不連続になる。以下で「ψ_{ABCD}」と言えば、クロスオーバーの前の$\hat{\mathscr{C}}$において定義されるこの量か、それが$\check{\mathscr{C}}$領域へとなめらかに連続していったものをさす。しかし、（g_{ab}計量では、）$\check{\mathscr{C}}$領域における重力子の場が実際にとる値は、$\mathcal{X}$で一足飛びにゼロになる。クロスオーバーに続くこの実際の場を記述するものとして${}^{*}\psi_{ABCD}$を定義すると、${}^{*}\psi_{ABCD}=\Psi_{ABCD}$が得られ、そこから$\check{\mathscr{C}}$では、

$${}^{*}\psi_{ABCD}=-\omega\,\Psi_{ABCD}=\omega^{2}\psi_{ABCD}$$

が得られるからだ。こうして、

$${}^{*}\psi_{ABCD}=\mathrm{O}(\omega^{2})$$

が得られ、〈ビッグバン〉において重力放射線が非常に強く抑制されていたことがわかる。

しかしながら、$\hat{\mathscr{C}}$領域のψ_{ABCD}によって記述される重力放射の自由度は、$\check{\mathscr{C}}$の初期段階に印を残す。これを見るため、

$$\Psi_{ABCD}=-\omega\,\psi_{ABCD}$$

という関係式を微分すると、

$$4\pi G\check{T}_{(AB)(A'B')}=\Phi_{ABA'B'}$$

が得られる。

$\check{T}_{ab}$ も $\check{V}_{ab}$ もトレースフリーであるため、$\check{W}_{ab}$ がトレースをもつことになり、

$$\check{U}_a{}^a=\check{W}_a{}^a=\mu$$

$$=\frac{1}{2\pi G}(3\Pi^a\Pi_a-\Lambda)(\Omega^2-1)^2$$

が成り立つ。上記の $\check{U}_a^a$、$\check{T}_{ab}$、$\check{V}_{ab}$ の表現を仮定すると、

$$4\pi G\check{W}_{ab}=4\pi G(\check{U}_{ab}-\check{T}_{ab}-\check{V}_{ab})$$

から $\check{W}_{ab}$ を計算し、$4\pi G\check{W}_{ab}$ について、

$$\frac{1}{2}(3\Pi^a\Pi_a+\Lambda)(\Omega^2-1)^2\check{g}_{ab}+(2\Omega^2+1)\Omega\nabla_{A(A'}\nabla_{B')B}\Omega$$

$$-2(3\Omega^2+1)\nabla_{A(A'}\Omega\nabla_{B')B}\Omega-\Omega^4\Phi_{ab}$$

という表現が得られる。これはさらなる解釈を要する。

g計量においてωが満たす方程式がϖ方程式でないことに気をつけるのは重要だ。すでに見てきたように、この方程式を満たすのは、Ωすなわちωの逆数（の－1倍）であるからだ。ここから、

$$(\Box+\frac{R}{6})\omega^{-1}=\frac{2}{3}\Lambda\omega^{-3}$$

である。すなわち、

$$\Box\omega=2\omega^{-1}\nabla^a\omega\nabla_a\omega+\frac{2}{3}\Lambda\{\omega-\omega^{-1}\}$$

である。したがって、$\check{g}$計量のスカラー曲率は4Λに等しいという制約を受けず、代わりに（B2、P&R 6.8.25、A4参照）、

$$\check{R}=4\Lambda+8\pi G\mu$$

が成り立つ。ここで、

$$\omega^2\check{R}-R=6\omega^{-1}\Box\omega$$

である。この式は、

$$\omega^2(4\Lambda+8\pi G\mu)-4\Lambda=6\omega^{-1}\{2\omega^{-1}(\nabla^a\omega\nabla_a\omega-\frac{1}{3}\Lambda)+\frac{2}{3}\Lambda\omega\}$$

と書くことができ、ここから、

$$\begin{aligned}\mu&=\frac{1}{2\pi G}\omega^{-4}(1-\omega^2)^2(3\Pi^a\Pi_a-\Lambda)\\&=\frac{1}{2\pi G}\{3\nabla^a\Omega\nabla_a\Omega-\Lambda(\Omega^2-1)^2\}\\&=\frac{1}{2\pi G}(\Omega^2-1)^2(3\Pi^a\Pi_a-\Lambda)\end{aligned}$$

が導かれる（B6参照）。完全なエネルギーテンソル$\check{U}_{ab}$はアインシュタイン方程式を満たすため、$\check{R}=4\Lambda+8\pi G\mu$に加えて、

$$(\square + \frac{R}{6})\varpi = \frac{2}{3}\Lambda\varpi^3$$

を満たしている。なぜなら、ϖ方程式は共形不変で、g計量においては$\varpi = -1$によって満たされ、$\check{g}$計量においてはこれが$\omega = -\omega^{-1} = \Omega$になるからである。$\mathscr{C}^{\hat{}}$においては、「幽霊場」$\Omega$をg計量での$\varpi$方程式の解とし、物理的なアインシュタインの$\hat{g}$計量に戻るためのスケール因子としてのみ解釈したが、これはその正反対の読み方である。$\hat{g}$計量では、幽霊場は単に「1」であり、独立な物理的内容をもたない。われわれは今、Ωのことをアインシュタインの物理的計量$\check{g}_{ab}$の実際の物理場として見ていて、共形因子としてのその解釈は逆になる。なぜならこれはg計量に戻る方法を教え、g計量ではその場は「1」となるからだ。この解釈にとっては、共形因子ωとΩが互いに逆数であることがきわめて重要になる。ただし、マイナス符号を追加して、$\check{g}_{ab}$からg_{ab}に戻すためのスケーリングを$-\Omega$にすることも必要だ。この逆解釈は方程式と矛盾しない。なぜなら、適切な計量においてϖ方程式を満たすべきなのは、ωではなくΩであるからだ。

したがって、テンソル∇_{ab}は$\check{g}$計量においてこの場Ωのエネルギーテンソルであり、

$$\check{V}_{ab} = \check{T}_{ab}[\Omega]$$

であるため、

$$\begin{aligned} 4\pi G\check{T}_{ab}[\Omega] &= \Omega^2\{\Omega\nabla_{A(A'}\nabla_{B')B}\Omega^{-1} + \Phi_{ABA'B'}\} \\ &= \Omega^3 D_{ab}\Omega^{-1} = \omega^{-3}D_{ab}\omega = \omega^{-2}D_{ab}1 \\ &= \omega^{-2}\Phi_{ABA'B'} \end{aligned}$$

であることがわかる。ここで、トレースフリーで、発散する性質が維持されていて、

$$\check{V}_a{}^a = 0 \qquad \text{および} \qquad \nabla^a\check{V}_{ab} = 0$$

であることに注意されたい。

あり、ここで$\mathscr{X}$は特異的な〈ビッグバン〉を表していて、$3\tilde{\Pi}^a\tilde{\Pi}_a-\Lambda$のゼロを３次とするとき、ほかの無限大の曲率量が$\mu$を圧倒するからである。

$\tilde{\Omega}$を（それゆえg計量を）一意的に規定するのに十分な、$\mathscr{X}$の各点に要請される２つの条件には、ほかにもいくつかの可能性がある。私が本書を執筆している時点では、そのうちのどれが最も適切であるか（そして、これらの条件のうちどれが独立の条件であるか）を確信するには至っていない。個人的には、上述の$3\tilde{\Pi}^a\tilde{\Pi}_a-\Lambda$が３次まで消えるというのが好ましいと思っている。

B11．$\check{\mathscr{C}}$の物質的内容

われわれの方程式が後〈ビッグバン〉領域$\check{\mathscr{C}}$で物理的にどのように見えるかを確認するには、計量$\check{g}_{ab}=\omega^2 g_{ab}$と$\Omega=\omega^{-1}$を使って、「ˇ」つきの量で書き直す必要がある。上述のように、後〈ビッグバン〉の全エネルギーテンソルはU_{ab}と書く。これは、$\hat{\mathscr{C}}$領域から$\check{\mathscr{C}}$領域に入ってきた（質量のない）物質の共形再スケーリングされたエネルギーテンソル

$$\begin{aligned}\check{T}_{ab}&=\omega^{-2}\mathrm{T}_{ab}\\&=\omega-4\hat{T}_{ab}\end{aligned}$$

との混同を防ぐためだ。$\hat{T}_{ab}$はトレースフリーで発散しないため、これは$\check{T}_{ab}$にもあてはまり（スケーリングはA8にしたがう）、

$$\check{T}_a^{\ a}=0,\ \nabla^a\check{T}_{ab}=0$$

となる。後〈ビッグバン〉の完全なエネルギーテンソルには、さらに２つの発散のない成分があるはずで、

$$\check{U}_{ab}=\check{T}_{ab}+\check{V}_{ab}+\check{W}_{ab}$$

と書くことができる。$\check{V}_{ab}$は、幽霊場Ωになる質量のない場を表している。これは今、$\check{g}$計量において自己結合をもつ共形不変な場になっている。$\varpi=\Omega$は、$\check{g}$計量におけるϖ方程式

である。これは、別の合理的な条件（1つまたは2つ）

$$N^aN^b\nabla_aN_b=O(\omega)\quad \text{または}\quad O(\omega^2)$$

を課せるかもしれないことを示唆している。これは、上記の条件を大幅に単純化するからだ（このとき、$N^bN_b-\frac{1}{3}\Lambda$はそれぞれ2次と3次まで消える）。逆に、$N^bN_b-\frac{1}{3}\Lambda$が2次まで消えるなら、$\mathscr{X}$上で、

$$N^aN^b\nabla_aN_b=\frac{1}{2}N^a\nabla_a(N^bN_b)=\frac{1}{2}N^a\nabla_a(N^bN_b-\frac{1}{3}\Lambda)=0$$

であり、（$\tilde{N}^a\tilde{N}^b\tilde{\nabla}_a\tilde{N}_b=O(\omega)$ または $\tilde{N}^b\tilde{N}_b-\frac{1}{3}\Lambda=O(\omega^2)$ の形の）等価な方程式のどちらかが、要請される$\tilde{\Omega}$の制限になると考えられる。ここで、B6で導出した$\Omega=\nabla^a\Pi_a/(\frac{2}{3}\Lambda-2\Pi_b\Pi^b)$という表現は、$\mathscr{X}$上で$\Omega$が単純な極をもつことを要請するため、分母が2次まで消えるなら、分子$\nabla^a\Pi_a$は1次まで消えなければならない。実際、$\tilde{\nabla}^a\tilde{\Pi}_a=O(\omega)$も、課すべき条件の1つとして理にかなった形をしており、B8で述べたとおり、$\mathscr{X}$上で$\nabla_{(a}N_{b)}=\frac{1}{4}g_{ab}\nabla_cN^c$であるため、$4N^aN^b\nabla_aN_b-N_aN^a\nabla_cN^c=O(\omega)$である。

続くB11では、$\check{\mathscr{C}}$のエネルギーテンソルU_{ab}が手順にしたがって必然的にトレースμを獲得することを見ていく。これは、静止質量をもつ重力源が出現することを示唆している。けれども、$3\Pi^a\Pi_a=\Lambda$のときにこのトレースはゼロになる。共形サイクリック宇宙論にとっては、〈ビッグバン〉のあと、静止質量の出現ができるだけ遅くなるのが好ましい。したがって、

$$3\tilde{\Pi}^a\tilde{\Pi}_a-\Lambda=O(\omega^3)$$

を要請することは、g計量を規定するために必要な$\mathscr{X}$の各点につき2つの数字を与えることだと考えられる。実際、

$$2\pi G\mu=\omega^{-4}(1-\omega^2)^2(3\tilde{\Pi}^a\tilde{\Pi}_a-\Lambda)$$

であり、$3\tilde{\Pi}^a\tilde{\Pi}_a-\Lambda$のゼロが少なくとも4次でないとき、$\mathscr{X}$で無限大になる。けれどもこれは問題にはならない。なぜならμは$\check{g}$計量でしか現れないようで

いう関係から、$\mathrm{D}_{ab}\omega$は必然的に$\mathscr{X}$で３次まで消えて、

$$\tilde{\mathrm{D}}_{ab}\tilde{\omega}=O(\omega^3)$$

となる。しかし、ここで要請することができる合理的そうな条件は、$\mathscr{X}$上で$\tilde{N}^a\tilde{N}^b\tilde{\Phi}_{ab}=0$である。詳しく言えば、これは

$$\tilde{N}^a\tilde{N}^b\tilde{\Phi}_{ab}=O(\omega)$$

と書くことができる。実際、この量が$\mathscr{X}$上で２次まで消えて、

$$\tilde{N}^a\tilde{N}^b\tilde{\Phi}_{ab}=O(\omega^2)$$

であることを要請することができる。これにより、$\tilde{\Omega}$を規定し、さらに$g_{ab}=\tilde{\Omega}^2\mathrm{g}_{ab}$を通じて$g$計量を規定するために、$\mathscr{X}$の各点につき要請される２つの条件の候補にふさわしいものが与えられる。D_{ab}の定義から、この２つの条件はそれぞれ、

$$\tilde{N}^{AA'}\tilde{N}^{BB'}\tilde{\nabla}_{A(A'}\nabla_{B')B}\tilde{\omega}=O(\omega^2)\quad \text{または}\quad O(\omega^3)$$

を要請することと等価である。テンソル表記では、上の２つの表現は、

$$\tilde{N}^a\tilde{N}^b(\frac{1}{8}\tilde{g}_{ab}-\frac{1}{2}\tilde{R}_{ab})\quad \text{および}\quad \tilde{N}^a\tilde{N}^b(\tilde{\nabla}_a\tilde{\nabla}_b-\frac{1}{4}\tilde{g}_{ab}\tilde{\Box})\tilde{\omega}$$

と書ける。ここで（一時的に「~」を落として）

$$\nabla_{A(A'}\nabla_{B')B}=\nabla_a\nabla_b-\frac{1}{4}g_{ab}\Box$$

である。また、

$$N^{AA'}N^{BB'}\nabla_{A(A'}\nabla_{B')B}\,\omega=N^aN^b\nabla_a\nabla_b\omega-\frac{1}{4}N_aN^a\Box\,\omega$$

$$=N^aN^b\nabla_aN_b-\frac{1}{2}N_aN^a\{\omega^{-1}(N^bN_b-\frac{1}{3}\Lambda)+\frac{1}{3}\Lambda\,\omega\}$$

なめらかに変化する正の値のスカラー場であることしか要請してこなかった。g 計量においてϖ方程式を満たしているが、これは、スカラー曲率$\tilde{R}$が4 Λに等しくあり続けるために要請されるからである。ϖ方程式は標準的なタイプの二次の双曲方程式であるため、$\tilde{\Omega}$の値とその法線微分係数の値がいずれも$\mathscr{X}$上のなめらかな関数として記述されるなら、（$\mathscr{X}$の十分に狭い環状領域について）$\tilde{\Omega}$の一意的な解が得られることが期待される。$\tilde{g}$計量を明確に記述するためにどのような値を選ぶべきかがわかっていれば、これは容易であろう。こうして問題が生じる。偽の自由度を消すためには、この計量にどのような条件を課すことを要請すればよいのだろうか？

とはいえ、$\tilde{R}$= 4 Λを保存する各種の再スケーリングのなかで共形不変な$\tilde{g}$計量（と、おそらくは$\tilde{\omega}$場）に関する条件を規定することはできない。それゆえ当然、$\tilde{g}$計量のスカラー曲率$\tilde{R}$が4 Λ以外の値をとるという要請を使うことはできないし、$\tilde{R}$の値が4 Λになるという要請は、この場に関する追加条件にならないため、われわれが消そうとしている偽の自由度をさらに制限するために利用することはできない。もう少し微妙な話になると、$\mathscr{X}$に対する法線ベクトル$\tilde{N}^a = \nabla^a \tilde{\omega}$の2乗長さ$\tilde{g}_{ab}\tilde{N}^a\tilde{N}^b$が特定の値をとるという要請にも同じことが言える（添字は$\tilde{g}$計量を使って上げ下げできる）。その値として$\Lambda/3$以外の値を選んだ場合には、（前述のように；P&R 9.6.17）この条件を満たすことはできない。一方、$\Lambda/3$という値を選んだ場合には、この条件では偽の自由度を制限することができない。

同様の問題は、共形因子の選択に関していかなる条件も課さない

$$\tilde{D}_{ab}\tilde{\omega} = 0$$

のような要請に関しても生じる。なぜなら、（前述の）共形不変性

$$\tilde{D}_{ab}\omega = \tilde{\Omega}D_{ab}\omega$$

のため、$\tilde{D}_{ab}\tilde{\omega} = 0$は$D_{ab}\omega = 0$と等価であるからだ。$\tilde{D}_{ab}\tilde{\omega} = 0$のような条件は、いかなる場合にも、単独で共形因子の選択に関する条件を課すことはない。なぜならこれには複数の成分があり、われわれが要請するのは、$\mathscr{X}$の各点における$\tilde{\Omega}$の詳細とその法線微分係数など、$\mathscr{X}$の1点につき2つの条件を課すものであるからだ。さらに言うなら、（前述のとおり）$D_{ab}\omega = 4\pi G\omega^3 T_{ab}$と

空$\check{\mathscr{C}}$の時間発展について与える描像は、無限大から逆指数関数的に収縮していく「崩壊する宇宙」モデルとなる。これは、われわれの宇宙の遠い未来に予想される出来事の時間反転に酷似しているように思われる。しかし、ここには重要な解釈問題がある。ωの符号が負から正へと変わるとき、$\mathscr{X}$を超えたところで「有効重力定数」（ωが大きくなるにつれ、上の式の右辺の第1項が支配的になるときの$-G\omega$）が符号を変えているからだ [B.12]。共形サイクリック宇宙論が提案する解釈によると、場の量子論などとの物理的整合性を考えると、重力相互作用が重要になってくるとき、初期の$\check{\mathscr{C}}$領域で重力定数が負になるという解釈を物理的に維持することはできない。共形サイクリック宇宙論では、$\check{\mathscr{C}}$領域内を進むにつれて、$\check{g}$計量にもとづく物理的解釈を採用するほうが妥当になる。そこでは、正になった共形因子ωが負になったΩに取って代わり、有効重力定数は再び正になる。

B10. g計量の偽の自由度を消す

この段階で、1つの問題が出てくる。共形サイクリック宇宙論の要請によると、$\check{\mathscr{C}}$領域内へは一意的に伝播しなければならないのだ。共形因子の恣意性により余計な自由が生じることさえなければ、これが問題になることはなかった。けれども現状では、この自由から偽の自由度が生じ、$\check{\mathscr{C}}$の共形不変でない重力力学に不適切な影響を及ぼしている。$\mathscr{X}$を横切る伝播が余計なデータに左右されず、$\hat{\mathscr{C}}$の物理学によって曖昧にならないようにするためには、こうした偽の自由度を消す必要がある。$\check{g}$計量の選択における偽の「ゲージ自由度」は、g_{ab}に適用して（前述のように）新しい計量$\tilde{g}_{ab}$が得られる共形因子$\tilde{\Omega}$として表される。すなわち、

$$g_{ab} \mapsto \tilde{g}_{ab} = \tilde{\Omega}^2 g_{ab}$$

である。ここで、前述のように、

$$\omega \mapsto \tilde{\omega} = \tilde{\Omega}\,\omega$$

とする。われわれはこれまで$\tilde{\Omega}$に関して、$\mathscr{C}$上で（少なくとも局所的には）

量が$\mathscr{X}$をまたいで3次まで消えることがわかる。特に、$\mathscr{X}$上で$D_{ab}\omega = 0$であるという事実は、$\mathscr{X}$上で

$$\nabla_{A\,|\,(A'}\nabla_{B')\,|\,B}\,\omega\,(= -\,\omega\,\Phi_{ABA'B'}) = 0$$

であることを教えていて、これは$\mathscr{X}$上で

$$\nabla_{(a}N_{b)} = \frac{1}{4}g_{ab}\nabla_c N^c$$

であると書き換えることができる（B4で述べたとおり、$N_c = \nabla_c\omega$である）。このことから、$\mathscr{X}$に対する法線は$\mathscr{X}$でせん断（ずり）がないことがわかる。これは$\mathscr{X}$がすべての点で「臍点」であるための条件である[B.11]。

B9. 重力定数を正に保つ

質量のない重力源の場（T_{ab}により記述される）と、「＾」つきの形で書かれ、$\omega = -\Omega^{-1}$を用いて書き直されたA5の方程式（P&R 4.10.12）で示される重力場（「重力子場」）ψ_{ABCD}との相互作用について考えることで、共形サイクリック宇宙論が含意する物理学の解釈をもっとよく理解することができる。

$$\nabla^{A}_{B'}(-\,\omega\,\psi_{ABCD}) = 4\,\pi\,G\,\nabla^{A'}_{B}((-\,\omega)^2 T_{CDA'B'})$$

という式から、「＾」なしの量を用いた等価な方程式

$$\nabla^{A}_{B'}\psi_{ABCD} = -\,4\,\pi\,G\,\{\omega\,\nabla^{A'}_{B}T_{CDA'B'} + 3\,N^{A'}_{B}T_{CDA'B'}\}$$

を導き出すことができる。ωがなめらかに増加してゼロを超え、負から正になるとき、この方程式はよく成り立っている。このことは、系全体の時間発展を支配するg計量による偏微分方程式のファミリーが、$\mathscr{X}$を通って$\hat{\mathscr{C}}$領域から$\check{\mathscr{C}}$領域に移行するときに、特に問題を生じないことを意味する。

$\check{\mathscr{C}}$領域に進むときに、もとに戻って$\hat{g}$計量を用いることを想像してみよう。このとき（$\mathscr{X}$での最初の「異常」は別にして）、われわれの古典的方程式が時

は、共形重み1のスカラー量に作用するときに（ここで、演算子がスカラーに作用するとき、ABの特別な対称性はなんの役割も果たさない）、共形不変であることが、イーストウッドとライスによって指摘されているからである[B.10]。テンソルを使うと、この式は（R_{ab}の符号規約を用いて）

$$\mathrm{D}_{ab} = \nabla_a \nabla_b - \frac{1}{4}\mathrm{g}_{ab}\Box - \frac{1}{2}R_{ab} + \frac{1}{8}R\mathrm{g}_{ab}$$

と書くことができる。

ωという量は実際に共形重み1をもっている。なぜなら、

$$\mathrm{g}_{ab} \mapsto \tilde{g}_{ab} = \tilde{\Omega}^2 \mathrm{g}_{ab}$$

にしたがってg_{ab}をさらに再スケーリングするとき、$\tilde{g}$計量の$\tilde{\omega}$の定義にg計量のωの定義を反映させて、

$\tilde{g}_{ab} = \tilde{\omega}^2 \hat{g}_{ab}$　　に　　$\mathrm{g}_{ab} = \omega^2 \hat{g}_{ab}$　　を反映させると、

$$\omega \to \tilde{\omega} = \tilde{\Omega}\,\omega$$

が得られるからだ（これは、ωが共形重み1をもつことを意味する）。ゆえに、

$$\tilde{\mathrm{D}}_{ab}\tilde{\omega} = \tilde{\Omega}\,\mathrm{D}_{ab}\omega$$

である。この共形不変性は、

$$\tilde{\mathrm{D}}_{ab} \circ \tilde{\Omega} = \tilde{\Omega} \circ \mathrm{D}_{ab}$$

という演算子の形式で書くことができる。$\hat{\mathrm{g}}$計量でのアインシュタイン方程式を上述のg計量で書くと、

$$\mathrm{D}_{ab}\omega = 4\pi G\omega^3 T_{ab}$$

となり、（予想どおり）T_{ab}が$\mathscr{X}$をなめらかにまたぐときには、$\mathrm{D}_{ab}\omega$という

スウェル方程式、質量のないヤン＝ミルズ方程式、および、ディラック＝ワイル方程式 $\nabla^{AA'}\phi_A = 0$（質量ゼロの極限でのディラック方程式）のようなもので、ゲージ場の源としてふるまう粒子であり、第14章で述べたとおり、いずれも静止質量がゼロの極限にあるものとする。これらと重力場との結びつきは、幽霊場Ωを用いて、$T_{ab} = T_{ab}[\Omega]$ という式で表現される。われわれは $\mathscr{X}$ 上でΩが∞になるにもかかわらず、$T_{ab}[\Omega]$ が有限であることを知っている。なぜなら、T_{ab} は $\mathscr{X}$ で有限でなければならず、T_{ab} にかかわる場の伝播は共形不変であるため、$\mathscr{C}$ のなかの $\mathscr{X}$ の位置には特に関係ないからだ。共形サイクリック宇宙論が提案しているのは、状況がもっと複雑になるまで（ヒッグス場を通して、ふつうの重力源が静止質量を獲得しはじめるなど）、あるいは、より正確な理論が提案されるまで、物質源に関するこれらの共形不変な方程式が〈ビッグバン〉後の $\check{\mathscr{C}}$ 領域に続かなければらないということだ。けれども後述するように、ここで考えたような状況においても、$\mathscr{X}$ をまたいだ直後になんらかの形で静止質量が現れるのを回避することはできない（B11参照）。

B8.　共形不変な D_{ab} 演算子

$\check{\mathscr{C}}$ の物理的意味の理解を助け、この領域のアインシュタイン方程式がどのように機能するかを理解するために、まずは $T_{ab}[\Omega]$ のことをしっかり見ておこう。

$$T_{ab}[\Omega] = \frac{1}{4\pi G}\Omega^2\{\Omega\nabla_{A(A'}\nabla_{B')B}\Omega^{-1} + \Phi_{ABA'B'}\}$$

という式は、$\omega = -\Omega^{-1}$ であるとすると、

$$\{\nabla_{A(A'}\nabla_{B')B} + \Phi_{ABA'B'}\}\,\omega = 4\pi G\omega^3 T_{ab}[\Omega]$$

と書き換えることができる。これは興味深い方程式だ。なぜなら、左辺の2次元演算子

$$\mathrm{D}_{ab} = \nabla_{(A|(A'}\nabla_{B')|B)} + \Phi_{ABA'B'}$$

いるべきほかの要請についても考察するが、ここでは単純に、われわれの計量 g_{ab} は $R=4\Lambda$ になるように選択されていると仮定しよう（つまり、上述の $\tilde{g}_{ab}$ の名前を変えて、新たに選択した g_{ab} とするのだ）。$R=4\Lambda$ のような制約がない場合、Ω と ω の間のこうした逆数関係は厳密なものではありえない。ただし、トッドが提案したようなタイプの共形因子 ω では [B.8]（第12章の終わりと第13章、第14章を参照されたい）、純粋な放射を重力源とする〈ビッグバン〉の共形因子のふるまいは、トールマンの放射に満たされた解と同様 [B.9]（第15章参照）、〈ビッグバン〉に近づく過去の極限において、前のイーオンのなめらかに連続するスケール因子 Ω の逆数に比例するようにふるまう。$\mathscr{X}$ における $\mathscr{C}$ の計量として $R=4\Lambda$ を選ぶと、この比例定数は（−）1に固定される。これは、$R=4\Lambda$ という制約を課すときに（Π について、$\mathrm{d}\Omega/(\Omega^2-A)$ などの一般的な形式ではなく、より具体的な形式を選択するときに）生じる

$$\Omega=\frac{\nabla^a\Pi_a}{\frac{2}{3}\Lambda-2\Pi_b\Pi^b}$$

という意外な関係（Π_a に発散演算子 ∇^a を作用させてから Ω に ϖ 方程式を適用したときに現れる）が、共形因子 Ω が伝播して、（$\omega=-A/\Omega$ などではなく）その逆数にマイナスの符号をつけた $\omega=-1/\Omega$ になるという制約に依存しているという事実として説明される。なお、$\Omega=\infty$ のとき、$\mathscr{X}$ では、

$$\Pi_b\Pi^b=\frac{1}{3}\Lambda$$

となり、前述のとおり、長さ $\sqrt{\Lambda/3}$ の $\mathscr{X}$ に対する法線ベクトル $\Pi_a=\nabla_a\omega=N_a$ が得られることに注意されたい（P&R 9.6.17）。

B7. $\mathscr{X}$ をまたぐ力学

われわれの力学方程式が、$\mathscr{X}$ をまたいで一意的に伝わると考えられるのはなぜだろう？　私は、前のイーオンの未来の果てではアインシュタイン方程式が成立していて、すべての源が質量をもたず、明確に定義された決定論的で共形不変な古典的方程式にしたがって伝わると仮定している。これらは、マック

ケーリングにおいて共形因子Ωとωは平方されているため、それぞれの共形因子が負ではなく正の値をとるとすることには形式的な意味しかないと考えられるからである。しかし、補遺Aで見てきたように、平方されないΩ（またはω）によってスケーリングされる量はたくさんある。たとえば、スケーリング$\hat{\Psi}_{ABCD}=\Psi_{ABCD}$と$\hat{\psi}_{ABCD}=\Omega^{-1}\psi_{ABCD}$の間には不一致があるため、空間$\hat{\mathscr{C}}$のなかでは、

$$\Psi_{ABCD}=\Omega^{-1}\psi_{ABCD}\text{すなわち}\mathbf{C}=\Omega^{-1}\mathbf{K}$$

となる。なぜならここではアインシュタインの物理的計量は$\hat{g}_{ab}$であり、

$$\hat{\Psi}_{ABCD}=\hat{\psi}_{ABCD}\quad\text{すなわち}\hat{\mathbf{C}}=\hat{\mathbf{K}}$$

となるからだ（この表記法は第14章の表記法とは異なっている。ここでは、アインシュタイン方程式は「^」つきの計量において成り立っているからである)。それゆえ、なんらかの量が$\mathscr{X}$をなめらかに横切り、Ωとωの両方が（それぞれ∞と0を通って）符号を変えるような状況を考えるときには、これらの符号の物理的重要性を見失わないように注意しなければならない。

しかしながら、ここで引用したΩとωの間の逆数関係は、g_{ab}計量のスケーリングの選択における制約、すなわち、

$$R=4\Lambda$$

という条件が、$\hat{R}=4\Lambda=\check{R}-8\pi G\mu$という条件とともに満たされているという制約に従属している（B1参照)。このスケーリングは、少なくとも局所的には容易に与えることができ、$\mathscr{C}$の新しい（局所的な）計量$\tilde{g}_{ab}$を、

$$\tilde{g}_{ab}=\tilde{\Omega}^2\mathsf{g}_{ab}$$

と選ぶだけでよい。ここで$\tilde{\Omega}$は、クロスオーバーをまたぐϖ方程式のなめらかな解である。しかし、ϖ方程式の解として選択できる解$\tilde{\Omega}$はたくさんあるため、この$\tilde{g}$計量は、標準的な方法でクロスオーバーをカバーするユニークなg計量であるとは言えない。のちほど、われわれの標準的な計量g_{ab}が満たして

面積はたしかに$4\pi \times (\frac{3}{\Lambda}) = \frac{12\pi}{\Lambda}$になる（この議論は共形サイクリック宇宙論に関連して提案されたものであるが、要請されるのは、空間的な共形無限のわずかななめらかさだけである。フリードリヒの研究により示されたように[B.6]、$\Lambda > 0$の場合、これは非常に緩やかな仮定である）。

B6．逆数関係の提案

もちろん、われわれがここで置かれた状況には不便なところもある。それは、$\hat{\mathscr{C}}$から$\check{\mathscr{C}}$への移行を記述する上で、アインシュタイン計量$\hat{g}_{ab}$と$\check{g}_{ab}$の両方に同じ方法で戻るスケーリングを記述するΩやωにつき、なめらかに変化する量がないことだ。この問題に対処するためには、前述の逆数関係の提案$\omega = -\Omega^{-1}$を採用するのがよさそうだ。その場合、次の式

$$\mathbf{\Pi} = \frac{\mathrm{d}\Omega}{\Omega^2 - 1} = \frac{\mathrm{d}\omega}{1 - \omega^2}$$

すなわち

$$\Pi_a = \frac{\nabla_a \Omega}{\Omega^2 - 1} = \frac{\nabla_a \omega}{1 - \omega^2}$$

で定義される一次形式$\mathbf{\Pi}$を考えるのが便利である。なぜなら、逆数関係の提案に含まれている仮定を守るかぎり、この一次形式は、$\mathscr{X}$の全域にわたって有限かつなめらかであるからだ。$\mathbf{\Pi}$という量は時空の計量スケーリングの情報を表しているが、その方法は（必然的に）やや漠然としている[B.7]。積分により得られる変数τにつき、

$$\mathbf{\Pi} = \mathrm{d}\tau, \quad -\coth\tau = \Omega\ (\tau < 0), \quad \tanh\tau = \omega\ (\tau \geq 0)$$

が成り立つ。

ここでもなお、符号の変化という厄介な問題がある。ΩをΩ^{-1}に置き換えてもωをω^{-1}に置き換えても$\mathbf{\Pi}$は影響を受けないが、Ω^{-1}からωになるときには符号が変化するからだ。共形因子の符号はいかなる場合も無関係であるという見解をとることもできるかもしれない。計量$\hat{g}_{ab} = \Omega^2 g_{ab}$と$\check{g}_{ab} = \omega^2 g_{ab}$の再ス

号をつける必要がある)。その際、

$$\nabla^a \omega = N^a$$

という量はクロスオーバー3次元表面 $\mathscr{X}$ ($=\mathscr{I}^+$) 上でゼロにはならず、$\mathscr{X}$ 上の点で、$\mathscr{X}$ に対して垂直な、未来向きの時間的4元ベクトル $\mathbf{N}$ を与える。考えるべきは、この「ω」がなめらかに $\mathscr{X}$ を横切って $\hat{\mathscr{C}}$ 領域から $\check{\mathscr{C}}$ 領域へと続くようにし(微分係数はゼロではないとする)、$\check{\mathscr{C}}$ のアインシュタイン計量 $\check{g}_{ab} = \omega^2 \mathrm{g}_{ab}$ について要請されるのと同じ(正の)量になるように諸条件を整えることである(「$\omega = -\Omega^{-1}$」にマイナスの符号をつける必要があるのは、そのためである)。なお、質量のない重力場しかないときには、「正規化」条件(P&R 9.6.17)

$$\mathrm{g}_{ab} N^a N^b = \frac{1}{3}\Lambda$$

は、自動的に共形無限(ここでは $\mathscr{X}$)の一般的な性質になる。このとき、共形因子Ωとしてどのようなものを選んでも、

$$(\frac{3}{\Lambda})^{\frac{1}{2}}\mathbf{N}$$

が $\mathscr{X}$ の単位法線となる。

B5. 事象の地平線の面積

これに付随して、第17章で述べた「任意の『宇宙論的事象の地平線』の横断面の面積は $12\frac{\pi}{\Lambda}$ でなければならない」という事実を容易に導き出せることを見ていこう。第11章で述べたように、任意の事象の地平線(前のイーオンに含まれている)は、そのイーオンにいる不死の観測者の($\mathscr{X}$ 上の)未来の端点 o^+ の過去光円錐 C である(図2.43参照)。ここで、(g 計量における)r は横断面の空間的半径であり、下から o^+ に近づくときの C の横断面の面積は $4\pi r^2$ となる。$\hat{g}_{ab}$ 計量では、この面積は $4\pi r^2\Omega^2$ となる。補遺B4から、横断面が o^+ に近づくにつれ、Ωr は極限で $(\frac{1}{3}\Lambda)^{-\frac{1}{2}}$ に近づき、事象の地平線の

ないと見ることもできるが、実際にはもっと微妙なものである。それは、方程式を未来の境界表面$\mathscr{I}^+$まで、ひいてはその先まで拡張することを許容する。けれどもこれを効果的に行うためには、われわれが興味をもっている量を支配する方程式と、$\mathscr{X}$に近づくときに予想されるその挙動を、もっと注意深く眺める必要がある。また、われわれは当初、「環状領域」$\mathscr{C}$のためにg計量（つまり共形因子Ω）を恣意的に選んでいたが、その自由度を理解し、ゼロにする必要がある。

現状では、Ωにはかなりの自由度がある。これまでのところ、Ωに要請されているのは、g_{ab}($g_{ab}=\Omega^{-2}\hat{g}_{ab}$により、アインシュタインの物理的計量$\hat{g}_{ab}$から得られる）が有限であり、ゼロでなく、$\mathscr{X}$を横切ってなめらかであることだけである。これでもかなり強い要請であるように思われるかもしれない。けれども、ヘルムート・フリードリヒが導き出した説得力ある結論によると[B.5]、正の宇宙定数Λがあるときには、質量のある重力源がなく、十分に膨張する宇宙モデルにおいて、質量ゼロの放射場が完全な自由度をもつ場合、なめらか（空間的）な$\mathscr{I}^+$を含むことがわかる。別の言い方をするなら、このモデルが無限に膨張するという事実から自動的に導かれる結論として、$\hat{\mathscr{C}}$に対するなめらかな未来の共形境界$\mathscr{I}^+$があると期待される。このとき、すべての重力源は質量のない場であり、共形不変方程式にしたがって伝播する。なお、この段階では、g計量のスカラー曲率Rは、$R=4\Lambda$であることはもちろん、定数であることさえ要請されない。共形因子Ω^{-1}によってアインシュタインの$\hat{g}_{ab}$に戻っても、必ずしも$\hat{g}$計量においてϖ方程式$(\hat{\Box}+\frac{1}{6}\hat{R})\,\varpi=\frac{2}{3}\Lambda\varpi^3$を満足することにはならない。

B4. $\mathscr{X}$に対する法線N

下から$\mathscr{I}^+(=\mathscr{X})$に近づくとき、Ω→∞となる。なぜなら、Ωの役割は、$\mathscr{I}^+$で有限のg計量を無限大にスケールアップし、前のイーオンの未来の果てにすることにあるからだ。しかし、下から$\mathscr{I}^+$に近づくとき、

$$\omega=-\Omega^{-1}$$

という量は、なめらかにゼロに近づく（以下で述べる理由から、マイナスの符

$$\hat{\Phi}_{ABA'B'} = 4\pi G\hat{T}_{ab}$$

を用いている。トレースフリーのエネルギーテンソルにおいては、スケーリング $\hat{T}_{ab} = \Omega^{-2}T_{ab}$（補遺 A8、P&R 5.9.2）は保存方程式を保存するため、質量のない重力源 T_{ab} についてのアインシュタインの理論（さきほど g_{ab} 計量と呼んだもの）を定式化しなおして、

$$T_{ab} = T_{ab}[\Omega]$$

という注目すべき結果を得ることができる。

B3. 幽霊場の役割

質量がなく、自己結合をもち共形不変な場 ω の一例である Ω のことを、「幽霊場」と呼ぶことにしよう [B.4]。幽霊場は、物理的に独立な自由度を与えない。（g_{ab} 計量における）幽霊場の存在は、われわれが必要とするスケーリングの自由を与えて物理的計量の再スケーリングを可能にし、なめらかな計量 g_{ab} を与える。g_{ab} は、アインシュタインの物理的計量に対して共形であり、１つのイーオンから次のイーオンへの結合部をなめらかにカバーする。クロスオーバー３次元表面をカバーするこうした計量の助けを借りることで、共形サイクリック宇宙論の要請にしたがい、古典的微分方程式を用いて、イーオンとイーオンをつなぐ特定の結合について詳細に調べることが可能になる。

幽霊場の役割は、（$\hat{g}_{ab} = \Omega^2\mathsf{g}_{ab}$ を介して）計量 g_{ab} から物理的計量に戻るためのスケーリングの方法を示し、アインシュタインの実際の物理的計量を「追跡」することにある。前クロスオーバー空間 $\hat{\mathscr{C}}$ でアインシュタイン方程式が満たされていることは、g 計量を用いると、単純に $T_{ab} = T_{ab}[\Omega]$ と書ける。つまり、アインシュタイン方程式は、「時空領域 $\hat{\mathscr{C}}$ のなかのすべての物理的な物質場（質量はゼロで、正しい共形スケーリングをもつと仮定する）の全エネルギーテンソル T_{ab} が表現されたものが、幽霊場 $T_{ab}[\Omega]$ のエネルギーテンソルに等しくなければならない」という要請の下で表現される。これは、開いた領域 $\hat{\mathscr{C}}$ 内でのアインシュタインの理論の（g_{ab} を使った）再定式化にすぎ

$$\mathrm{g}_{ab} \mapsto \tilde{\mathrm{g}}_{ab} = \tilde{\Omega}^2 \mathrm{g}_{ab}$$

ϖ場の共形スケーリング

$$\tilde{\varpi} = \tilde{\Omega}^{-1} \varpi$$

は（補遺 A8 で示したように；P&R 6.8.32 参照）、

$$(\tilde{\Box} + \frac{\tilde{R}}{6})\tilde{\varpi} = \tilde{\Omega}^{-3}(\Box + \frac{R}{6})\varpi$$

となり、ここからただちに非線形なϖ方程式の共形不変性が要請される（なお、$\tilde{\Omega} = \Omega$かつ$\varpi = \Omega$のときには、アインシュタインの計量$\hat{g}_{ab}$に戻り、$\tilde{\varpi} = 1$であるから、方程式は左辺と右辺が同じ$\frac{2}{3}\Lambda = \frac{2}{3}\Lambda$になる）。

補遺 A8 で見てきたように、このように物理的に見たϖ場のエネルギーテンソルは、ϖ^3項がないときには、

$$\begin{aligned} T_{ab}[\varpi] &= C\{2\nabla_{A(A'}\varpi\nabla_{B')B}\varpi - \varpi\nabla_{A(A'}\nabla_{B')B}\varpi + \varpi^2\Phi_{ABA'B'}\} \\ &= C\varpi^2\{\varpi\nabla_{A(A'}\nabla_{B')B}\varpi^{-1} + \Phi_{ABA'B'}\} \end{aligned}$$

になる（P&R 6.8.36）。ここでCは定数である。さらに、ϖ方程式におけるϖ^3項は保存方程式$\nabla^a T_{ab}[\varpi] = 0$と矛盾しないため、これも$\varpi$場のエネルギーテンソルの表現として採用する。以後の記述と一貫性をもたせるため、私は、

$$C = \frac{1}{4\pi G}$$

を選びたい。これを上記の式（P&R 6.8.24、B2）と比較すると、

$$T_{ab}[\Omega] = \frac{1}{4\pi G}\Omega^2\hat{\Phi}_{ABA'B'} = \Omega^2\hat{T}_{ab}$$

であることがわかる。この計算には、$\hat{g}_{ab}$計量について成り立っているアインシュタイン方程式

できると思われる標準的かつ適切な方法を提案したい。このようにして選択された特定の g_{ab} を、標準斜体で「g_{ab}」と表記する。また、g_{ab} から g_{ab} への特殊化を行うかどうかにかかわらず、曲率の量 R_{abcd} などは標準斜体で表記する。

B2. $\hat{\mathscr{C}}$ の方程式

以下ではまず、領域 $\hat{\mathscr{C}}$ に関連した方程式について考察し、それから $\check{\mathscr{C}}$ を扱うことにしたい（B11 参照）。アインシュタイン（およびリッチ）・テンソルの変換法則は、

$$\hat{\Phi}_{ABA'B'} - \Phi_{ABA'B'} = \Omega\,\nabla_{A(A'}\nabla_{B')B}\Omega^{-1} = -\,\Omega^{-1}\hat{\nabla}_{\mathrm{A(A'}}\hat{\nabla}_{\mathrm{B')B}}\Omega$$

と表現できる（P&R 6.8.24）。これとともに、

$$\Omega^2\hat{R} - R = 6\,\Omega^{-1}\,\Box\,\Omega$$

すなわち

$$(\Box + \frac{\mathrm{R}}{6})\,\Omega = \frac{1}{6}\,R\,\Omega^3$$

が得られる（P&R 6.8.25）。この最後の方程式は、純粋数学の観点から、いわゆる「カラビ方程式」の一例としてきわめて興味深いものであるが [B.3]、物理学の観点から見ても興味深い。なぜなら、$R = 4\,\Lambda$ のとき、共形不変で自己結合をもつスカラー場 ϖ についての方程式は、

$$(\Box + \frac{\mathrm{R}}{6})\,\varpi = \frac{2}{3}\,\Lambda\,\varpi^3$$

と書けるからだ。今後、この方程式を「ϖ 方程式」と呼ぼう。ϖ 方程式のすべての解は、新しい計量 $\varpi^2\mathrm{g}_{\mathrm{ab}}$ を与え、そのスカラー曲率の値は $4\,\Lambda$ という定数になる。ϖ 方程式の共形不変性は、以下の事実によって表現される。すなわち、新しい共形因子 $\tilde{\Omega}$ を選び、g_{ab} から共形的に関連した新たな計量 $\tilde{\mathsf{g}}_{ab}$ へと変換するとき、

ている)。記号「$\hat{}$」と「$\check{}$」は、$\mathscr{X}$上の点におけるヌル円錐の２つの部分と関連づけると覚えやすいだろう。この２つの領域のそれぞれでアインシュタイン方程式が成り立っていて（宇宙定数Λは変化しない)、前の領域$\hat{\mathscr{C}}$のすべての重力源に質量がないと仮定すると、全エネルギーテンソル$\hat{T}_{ab}$はトレースフリーで、

$$\hat{T}_a{}^a = 0$$

となる。後述するような理由から、私は、$\check{\mathscr{C}}$中のエネルギーテンソルについては異なる文字$\check{U}_{ab}$を用いる。形式の整合性を保つため、このテンソルは小さなトレース

$$\check{U}_a{}^a = \mu$$

をもつことになり、これにより、$\check{\mathscr{C}}$中にエネルギーテンソルの静止質量成分が現れてくることになる。これはヒッグス機構 [B.1] による静止質量の出現と関係があるようにも思われるが、ここでは深入りしないことにしよう（$\hat{T}_{ab}$のような「$\hat{}$」つきの量の添字は、$\hat{g}^{ab}$と$\hat{g}_{ab}$、あるいは$\hat{\varepsilon}^{AB}$, $\hat{\varepsilon}^{A'B'}$, $\hat{\varepsilon}_{AB}$, $\hat{\varepsilon}_{A'B'}$によって上げたり下げたりするのに対して、$\check{U}_{ab}$のような「$\check{}$」つきの量では、$\check{g}^{ab}$と$\check{g}_{ab}$、あるいは$\check{\varepsilon}^{AB}$, $\check{\varepsilon}^{A'B'}$, $\check{\varepsilon}_{AB}$, $\check{\varepsilon}_{A'B'}$を用いる)。アインシュタイン方程式は$\hat{\mathscr{C}}$領域でも$\check{\mathscr{C}}$領域でも成り立つので、「$\hat{}$」のバージョンでも「$\check{}$」のバージョンでも、

$$\hat{E}_{ab} = 8\pi G\hat{T}_{ab} + \Lambda\hat{g}_{ab}$$
$$\check{E}_{ab} = 8\pi G\check{U}_{ab} + \Lambda\check{g}_{ab}$$

が成り立つ。ここでは、２つの領域で宇宙定数は同じであると仮定し [B.2]、

$$\hat{R} = 4\Lambda,\ \check{R} = 4\Lambda + 8\pi G\mu$$

とする。今のところは、クロスオーバー３次元表面$\mathscr{X}$をまたぐ計量g_{ab}は、完全に自由だが、$\hat{\mathscr{C}}$と$\check{\mathscr{C}}$という所与の共形構造に関して、なめらかで、矛盾しないように選ばれている。のちほど、g_{ab}の一意的なスケーリングを固定

補遺B
クロスオーバーでの方程式

補遺Aと同じく、抽象添字の使い方を含む表記法はPenrose and Rindler (1984、1986) と同じであるが、P&Rで「λ」と表記していた宇宙定数は「Λ」、P&Rで「Λ」と表記していたスカラー曲率の大きさは「$\frac{1}{24}R$」とする。以下で示す詳細な分析には不完全で暫定的な面もあり、より完全に扱うためには、もっと磨きをかける必要がありそうだ。それでもわれわれは、1つのイーオンの未来の果てから次のイーオンの後ビッグバン領域まで矛盾なく決定論的に伝えることのできる、明確な古典的方程式を手にしているように思われる。

B1. 計量 $\hat{g}_{ab}$、g_{ab}、$\check{g}_{ab}$

クロスオーバー3次元表面 $\mathscr{X}$ の近傍の幾何学を、第3部の概念にしたがって検証しよう。$\mathscr{X}$ を含み、$\mathscr{X}$ の過去側にも未来側にも広がっている、環状のなめらかな共形時空 $\mathscr{C}$ があるものと仮定する。クロスオーバー $\mathscr{B}$ の前の $\mathscr{C}$ の内部には、質量のない場だけが存在している。この環状領域の中で、(少なくとも局所的には) 与えられた共形構造と矛盾しない、なめらかな計量テンソル g_{ab} を、(最初はいくらか恣意的な方法で) 選択する。$\mathscr{X}$ のすぐ前の4次元領域 $\hat{\mathscr{C}}$ におけるアインシュタインの物理的計量を $\hat{g}_{ab}$ とし、$\mathscr{X}$ のすぐ後の4次元領域 $\check{\mathscr{C}}$ におけるアインシュタインの物理的計量を $\check{g}_{ab}$ とする。ここで、

$$\hat{g}_{ab} = \Omega^2 \mathsf{g}_{ab} \qquad \text{および} \qquad \check{g}_{ab} = \omega^2 \mathsf{g}_{ab}$$

である (これらは第14章で用いた表記法とは違っていることに注意されたい。第14章では、アインシュタインの物理的計量は「ˆ」のつかない g_{ab} で表していたからである。ただし、補遺Aで示した式は、ここでもそのまま成り立っ

$$\nabla \mathbf{K} = 0$$

と表記した。上述のワイル・テンソル C_{abcd} に対応して（補遺 A3、P&R 4.6.41)、

$$K_{abcd} = \psi_{ABCD}\,\varepsilon_{A'B'}\,\varepsilon_{C'D'} + \bar{\psi}_{A'B'C'D'}\,\varepsilon_{AB}\,\varepsilon_{CD}$$

という式を定義することができ、これに対応するスケーリングは（第 14 章では $\hat{\mathbf{C}} = \Omega^2\mathbf{C}$ および $\hat{\mathbf{K}} = \Omega\mathbf{K}$ と書いた)、

$$\hat{C}_{abcd} = \Omega^2 C_{abcd},\ \hat{K}_{abcd} = \Omega K_{abcd}$$

となる。

A.1 R.Penrose, W.Rindler (1984), *Spinors and space-time, Vol.I: Two-spinor calculus and relativistic fields,* Cambridge University Press. R.Penrose, W.Rindler (1986), *Spinors and space-time, Vol.II: Spinor and twistor methods in space-time geometry,* Cambridge University Press.

A.2 ディラック著『量子力学　原書第 4 版』朝永振一郎、玉木英彦、木庭二郎、大塚益比古、伊藤大介 共 訳　岩 波 書 店。E.M.Corson (1953) *Introduction to tensors, spinors, and relativistic wave equations.* Blackie and Sond Ltd.

A.3 C.G.Callan, S.Coleman, R.Jackiw (1970), *Ann Phys.* (*NY*) **59** 42. E.T.Newman, R.Penrose (1968), *Proc.Roy.Soc.*, *Ser.A* **305** 174.

A.4 これは、一般相対論の線形限界におけるスピン 2 のディラック＝フィエルツ方程式である。Dirac, P.A.M. (1936), 'Relativistic wave equations', *Proc. Roy. Soc. Lond.* **A155**, 477-59. M.Fierz, W.Pauli (1939), 'On relativistic wave equations for particles of arbitrary spin in an electromagnetic field', *Proc. Roy. Soc. Lond.* **A173** 211-32.

$$T_{ab}=C\{2\nabla_{A(A'}\phi\nabla_{B')}\phi-\phi\nabla_{A(A'}\nabla_{B')}\phi+\phi^2\Phi_{ABA'B'}\}$$

$$=\frac{1}{2}C\{4\nabla_a\phi\nabla^a\phi-g_{ab}\nabla_c\phi\nabla^c\phi-2\phi\nabla_a\nabla_b\phi+\frac{1}{6}R\phi^2g_{ab}-\phi^2R_{ab}\}$$

となる。Cは正の定数であるため、要求される条件

$$T_a{}^a=0,\quad \nabla^aT_{ab}=0,\quad \hat{T}_{ab}=\Omega^{-2}T_{ab}$$

を満たす。

A9. ワイル・テンソルの共形スケーリング

共形スピノルΨ_{ABCD}は時空の共形曲率についての情報を表していて、共形不変である（P&R 6.8.4)。すなわち、

$$\hat{\Psi}_{ABCD}=\Psi_{ABCD}$$

である。この共形不変性と、質量のない自由空間での方程式を満たし続けるために必要とされる共形不変性との間には、奇妙な（けれども重要な）不一致があり、後者の右辺にはΩ^{-1}という係数がつく。この不一致を説明するため、ψ_{ABCD}という量を定義しよう。ψ_{ABCD}は、どこでもΨ_{ABCD}に比例しているが、そのスケールは、

$$\hat{\psi}_{ABCD}=\Omega^{-1}\psi_{ABCD}$$

という式にしたがっている。真空中の（$T_{ab}=0$での）重力子の「シュレーディンガー方程式」[A.4]（P&R 4.10.9)

$$\nabla^{AA'}\psi_{ABCD}=0$$

は共形不変である。第14章では、上の方程式は

A8. 静止質量ゼロのエネルギーテンソルのスケーリング

トレースフリーのエネルギーテンソル T_{ab} について（$T_a^{\ a} = 0$）、次のスケーリング（P&R 5.9.2）

$$\hat{T}_{ab} = \Omega^{-2} T_{ab}$$

では、保存方程式 $\nabla^a T_{ab} = 0$ は保たれることに注意されたい。なぜなら、

$$\hat{\nabla}^a \hat{T}_{ab} = \Omega^{-4} \nabla^a T_{ab}$$

であるからだ。マックスウェルの理論では、F_{ab} を使ってエネルギーテンソルを表現するが、これは、

$$T_{ab} = \frac{1}{2\pi} \varphi_{AB} \overline{\varphi}_{A'B'}$$

というスピノル形式に書き換えられる（P&R 5.2.4）。ヤン＝ミルズ理論の場合は、単に添字が増えて、

$$T_{ab} = \frac{1}{2\pi} \varphi_{AB\Theta}{}^{\Gamma} \overline{\varphi}_{A'B'} \Phi_{\Gamma}$$

となる。さきほど考察した方程式 $(\square + \frac{R}{6})\phi = 0$ で表せる質量のないスカラー場では（P&R 6.8.30）、

$$(\hat{\square} + \frac{\hat{R}}{6})\hat{\phi} = \Omega^{-3}(\square + \frac{R}{6})\phi$$

という共形不変性が得られる（P&R 6.8.32）。ここで、

$$\hat{\phi} = \Omega^{-1}\phi$$

であり、その（「新たに改良された」[A.3]）エネルギーテンソルは（P&R 6.8.36）、

だからである。

A7. ヤン＝ミルズ場

素粒子間に働く強い力と弱い力に関する理解の基礎となっているのは、ヤン＝ミルズ方程式だ。この方程式も、ヒッグス場を通じてもたらされる質量を無視できるかぎり、共形不変である。ヤン＝ミルズ場の強さは、「束曲率」というテンソル量

$$F_{ab\Theta}{}^{\Gamma}=-F_{ba\Theta}{}^{\Gamma}$$

によって記述できる。ここで（抽象）添字Θ、Γ…は、粒子の対称性と関連したU（2）、SU（3）などの内部対称群を示している。この束曲率は、スピノル量$\varphi_{AB\Theta}{}^{\Gamma}$（P&R 5.5.36）を使って、

$$F_{ab\Theta}{}^{\Gamma}=\varphi_{AB\Theta}{}^{\Gamma}\,\varepsilon_{A'B'}+\bar{\varphi}_{A'B'}{}^{\Gamma}{}_{\Theta}\,\varepsilon_{AB}$$

と表せる。ここで、ユニタリな内部対称性の群につき、下つきの内部添字の複素共役は上つきの内部添字となり、上つきの内部添字の複素共役は下つきの内部添字となる。ヤン＝ミルズ理論の場の方程式はマックスウェル理論の場の方程式とほとんど同じだが、上に示したような内部添字が付く。したがって、マックスウェル理論の共形不変性はヤン＝ミルズ方程式にもあてはまる。内部添字Θ、Γ…は、共形再スケーリングに影響されないからである。

と変換して、スピノル添字を用いて表記した一般量への∇_aの作用が、

$$\hat{\nabla}_{AA'}\phi = \nabla_{AA'}\phi,\ \hat{\nabla}_{AA'}\xi_B = \nabla_{AA'}\xi_B - \gamma_{BA'}\xi_A,$$
$$\hat{\nabla}_{AA'}\eta_{B'} = \nabla_{AA'}\eta_{B'} - \gamma_{AB'}\eta_{A'}$$

という式により生成するようにする。ここで

$$\gamma_{AA'} = \Omega^{-1}\nabla_{AA'}\Omega = \nabla_a \log\Omega$$

である。多数の下つき添字のある量の扱い方は、このような規則によって定められ、それぞれの添字に１つの項が対応する（上つき添字も同様にして扱うが、ここでは考えなくてよい)。

質量のない場$\phi_{ABC...E}$のスケーリングとして

$$\hat{\phi}_{ABC...E} = \Omega^{-1}\phi_{ABC...E}$$

を選ぶと、上述の規則を適用して、

$$\hat{\nabla}^{AA'}\hat{\phi}_{ABC...E} = \Omega^{-3}\nabla^{AA'}\phi_{ABC...E}$$

であることがわかる。一方の辺がゼロになるときには、他方の辺もゼロになるため、質量のない自由空間での方程式を満足することは共形不変であることになる。電磁場源のあるマックスウェル方程式の場合、系全体の共形不変性$\nabla^{A'B}\varphi^{A}{}_{B} = 2\pi J^{AA'}$，$\nabla_{AA'}J^{AA'} = 0$（補遺 A1 の P&R 5.1.52 および P&R 5.1.54）の共形不変性は、

$$\hat{\varphi}_{AB} = \Omega^{-1}\varphi_{AB}\quad \text{および}\quad \hat{J}^{AA'} = \Omega^{-4}J^{AA'}$$

というスケーリングについて保存される。なぜなら、

$$\hat{\nabla}^{A'B}\hat{\varphi}^{A}{}_{B} = \Omega^{-4}\nabla^{A'B}\varphi^{A}{}_{B}\quad \text{および}\quad \hat{\nabla}^{AA'}\hat{J}_{AA'} = \Omega^{-4}\nabla^{AA'}J_{AA'}$$

になる（P&R 4.10.7、4.10.8)。R が定数であるときには（重力源の質量がない場合のアインシュタイン方程式では、このような状況になる)、

$$\nabla^{CA'}\Phi_{CDA'B'}=0\text{、ここから、}\nabla^{A'}_{B}\Psi_{ABCD}=\nabla^{A}_{B'}\Phi_{CDA'B'}$$

となり、右辺の BCD の対称性が含意される。質量のない重力場について、アインシュタイン方程式を組み込むと、

$$\nabla^{A}_{B'}\Psi_{ABCD}=4\pi G\nabla^{A'}_{B}T_{CDA'B'}$$

が得られる（P&R 4.10.12 参照)。$T_{ABC'D'}=0$ であるとき、

$$\nabla^{AA'}\Psi_{ABCD}=0$$

という方程式が得られる（P&R 4.10.9)。これは、補遺 A2 の質量のない自由空間での方程式の、$n=4$（スピン 2）の場合である。

A6. 共形再スケーリング

（$\Omega>0$ で、なめらかに変化する）共形再スケーリング

$$g_{ab}\ \rightarrow\ \hat{g}_{ab}=\Omega^2 g_{ab}$$

に合わせて、

$$\hat{g}_{ab}=\Omega^{-2}g_{ab}$$
$$\hat{\varepsilon}_{AB}=\Omega\,\varepsilon_{AB},\quad \hat{\varepsilon}^{AB}=\Omega^{-1}\varepsilon^{AB}$$
$$\hat{\varepsilon}_{A'B'}=\Omega\,\varepsilon_{A'B'},\quad \hat{\varepsilon}^{A'B'}=\Omega^{-1}\varepsilon^{A'B'}$$

という抽象添字関係を採用する。演算子 ∇_a は、

$$\nabla_a\mapsto\hat{\nabla}_a$$

である場合のアインシュタイン方程式をおもに扱う。これは質量のない（つまり静止質量がゼロの）重力源に適していて、スピノル添字をもつ量 $T_{ABA'B'}=\bar{T}_{A'B'AB}=T_{ab}$ に、

$$T_{ABA'B'}=T_{(AB)(A'B')}$$

という対称性があることを教えているからだ。発散方程式 $\nabla^a T_{ab}=0$、すなわち $\nabla^{AA'}T_{ABA'B'}=0$ は、

$$\nabla^{A'}_{B'}T_{CDA'B'}=\nabla^{A'}{}_{(B}T_{CD)A'B'}$$

とも表現できる。上記のアインシュタイン方程式は（P&R 4.6.32)、

$$\Phi_{ABA'B'}=4\pi GT_{ab},\ \ R=4\Lambda$$

と書くことができる。静止質量があり、T_{ab} が

$$T_a^{\ a}=\mu$$

というトレースをもつ場合、

$$\Phi_{ABA'B'}=4\pi GT_{(AB)(A'B')},\ \ \mathrm{R}=4\Lambda+8\pi G\mu$$

という形になる。

A5.　ビアンキの恒等式

一般的なビアンキの恒等式 $\nabla_{[a}R_{bc]de}=0$ は、スピノル添字形式では（P&R 4.10.7、4.10.8)、

$$\nabla^{A}_{B'}\Psi_{ABCD}=\nabla^{A'}_{(B}\Phi_{CD)A'B'}\quad \text{および}\quad \nabla^{CA'}\Phi_{CDA'B'}+\frac{1}{8}\nabla_{DB'}R=0$$

により定義される（P&R 4.8.2)。これはR_{abcd}と同じ対称性をもつが、それに加えて、すべてのトレースが消えて、

$$C_{abc}{}^{b}=0$$

となる。スピノルを使うと、

$$C_{abcd}=\Psi_{ABCD}\,\varepsilon_{A'B'}\,\varepsilon_{C'D'}+\bar{\Psi}_{A'B'C'D'}\,\varepsilon_{AB}\,\varepsilon_{CD}$$

と書ける（P&R 4.6.41)。ここで、共形スピノルΨ_{ABCD}は完全に対称で、

$$\Psi_{ABCD}=\Psi_{(ABCD)}$$

である。R_{abcd}の残りの情報は、スカラー曲率Rとリッチ（またはアインシュタイン）テンソルのトレースフリー部分に含まれている。後者は、

$$\Phi_{ABC'D'}=\Phi_{(AB)(C'D')}=\overline{\Phi_{CDA'B'}}$$

という対称性とエルミート性をもつスピノル量$\Phi_{ABC'D'}$に含まれている。ここで、

$$\Phi_{ABA'B'}=-\frac{1}{2}R_{ab}+\frac{1}{8}Rg_{ab}=\frac{1}{2}E_{ab}-\frac{1}{8}Rg_{ab}$$

である（P&R 4.6.23)。

A4.　質量のない重力源

補遺Bでは、（対称な）重力源テンソルT_{ab}がトレースフリーで

$$T_{a}{}^{a}=0$$

$n=0$の場合の場の方程式は、ふつうは$\Box\phi=0$である。この式に出てくるダランベール演算子$\Box$は、

$$\Box=\nabla_a\nabla^a$$

によって定義される。けれども湾曲した時空では、共変微分を表す演算子∇_aが必要であり、方程式の形は、

$$\left(\Box+\frac{R}{6}\right)\phi=0$$

のほうが好ましい（P&R 6.8.30）。補遺A8で説明するように、$R=R_a{}^a$はスカラー曲率であるため、この方程式は共形不変であるからだ。

A3.　時空の曲率に関する量

（リーマン＝クリストッフェル）の曲率テンソルR_{abcd}には、

$$R_{abcd}=R_{[ab][cd]}=R_{cdab},\quad R_{[abc]d}=0$$

という対称性があり、

$$(\nabla_a\nabla_b-\nabla_b\nabla_a)V^d=R_{abc}{}^dV^c$$

によって微分係数の交換子と関連づけられる（R&P 4.2.31）。これにより、R_{abcd}の符号規約の選択が固定される。ここでは、リッチ・テンソル、アインシュタイン・テンソル、リッチ・スカラーをそれぞれ、

$$R_{ac}=R_{abc}{}^b,\quad E_{ab}=\frac{1}{2}Rg_{ab}-R_{ab},\quad \text{ただし}R=R_a{}^a$$

と定義する。ワイル共形テンソルC_{abcd}は、

$$C_{ab}{}^{cd}=R_{ab}{}^{cd}-2R_{[a}{}^{[c}g_{b]}{}^{d]}+\frac{1}{3}Rg_{[a}{}^cg_{b]}{}^d$$

$$\nabla_{[a}F_{bc]}=0、\nabla_a F^{ab}=4\pi J^b$$

となる（添字のまわりの角括弧は反対称を、丸括弧は対称を示す）。電荷・電流保存方程式は、

$$\nabla_a J^a=0$$

である。これらはそれぞれ２成分スピノル形式を用いて（P&R 5.1.52、P&R 5.1.54）

$$\nabla^{A'B}\varphi^{A}{}_{B}=2\pi J^{AA'}\quad \text{および}\ \nabla_{AA'}J^{AA'}=0$$

と書ける。電磁場源がないときには（$J^a=0$）、自由空間でのマックスウェル方程式

$$\nabla^{AA'}\varphi_{AB}=0$$

が得られる（第14章では$\nabla\mathbf{F}=0$と表した）。

A2. 質量のない自由空間での（「シュレーディンガー」）方程式

この最後の方程式は、質量のない自由空間での方程式（P&R 4.12.42）、あるいは、スピン$\frac{1}{2}n(>0)$の質量のない粒子の「シュレーディンガー方程式」[A.2]

$$\nabla^{AA'}\phi_{ABC\ldots E}=0$$

の$n=2$の場合である。ここで、$\phi_{ABC\ldots E}$はn個の添字をもち、完全に対称で、

$$\phi_{ABC\ldots E}=\phi_{(ABC\ldots E)}$$

が成り立っている。

A1．　２成分スピノル表記：マックスウェル方程式

２成分スピノル形式では、（複素２次元スピン空間につき）抽象的なスピノル添字をもつ量を用いるが、私はこれを斜体の大文字のアルファベットで表す。これには、プライムなしのもの（A、B、C……）と、プライムありのもの（A'、B'、C'……）があり、両者は複素共役をとることで交換される。各時空点における（複素化された）接空間は、プライムなしのスピン空間とプライムありのスピン空間とのテンソル積である。これにより抽象添字の同一視、

$$a=AA',\ \ b=BB',\ \ c=CC'\cdots\cdots$$

が可能になる。ここで、斜体の小文字のアルファベットで表された添字 a、b、c……は、時空の接空間を示す。具体的に言うと、接空間は上つき添字、余接空間は下つき添字である。

反対称なマックスウェル場のテンソル $F_{ab}=(-F_{ba})$ は、対称な２添字２成分スピノル $\varphi_{AB}(=\varphi_{BA})$ を用いて、

$$F_{ab}=\varphi_{AB}\varepsilon_{A'B'}+\bar{\varphi}_{A'B'}\varepsilon_{AB}$$

という２成分スピノル形式で表現できる。ここで、$\varepsilon_{AB}(=-\varepsilon_{BA}=\overline{\varepsilon_{A'B'}})$ はスピン空間の複素シンプレクティック構造を定義する量であり、抽象添字の等式

$$g_{ab}=\varepsilon_{AB}\varepsilon_{A'B'}$$

によって計量と関係づけられる。スピノルの添字は以下の決まりにしたがって上げ下げされる（ε の添字の順番は重要だ！）。

$$\xi^{A}=\varepsilon^{AB}\xi_{B},\ \ \xi_{B}=\xi^{A}\varepsilon_{AB},\ \ \eta^{A'}=\varepsilon^{A'B'}\eta_{B'},\ \ \eta_{B'}=\eta^{A'}\varepsilon_{A'B'}$$

電磁場源を電荷・電流ベクトル J_a とすると、マックスウェル方程式（第14章ではまとめて $\nabla\mathbf{F}=4\pi\mathbf{J}$ と表現した）は、

補遺 A
共形再スケーリング、2成分スピノル、マックスウェルとアインシュタインの理論

ここで紹介する詳細な方程式のほとんどは2成分スピノル表記を用いている。これは絶対に必要というわけではなく、代わりに、もっとおなじみの4階テンソル表現を用いてもうまくいく。しかし、2成分スピノル形式を用いると、共形不変特性を表現するときに単純になるだけでなく（A6参照）、質量のない場の伝播や、それを構成する粒子のシュレーディンガー方程式について考えるときに、より体系的に概観することができる。

ここで用いる表記法は、抽象添字記法の使用を含めて、私とリンドラーが1984年に第1巻、1986年に第2巻を出版した共著書［A.1］と基本的に同じである。ただし、当時は宇宙定数を「λ」、スカラー曲率の大きさを「Λ」という文字で表していたが、本書ではそれぞれ「Λ」と「$\frac{1}{24}$R」で表す。以下、リンドラーとの共著書の方程式を参照してほしいときには「P&R」と書くことにする。実際、必要な方程式はすべてP&Rの第2巻に書いてある。本書で用いるアインシュタイン・テンソルE_{ab}は、P&Rで用いたアインシュタイン・テンソル「$R_{ab}-\frac{1}{2}Rg_{ab}$」に「−」の符号をつけたものであるため（リッチ・テンソルR_{ab}の符号はP&Rと同じ）、アインシュタイン方程式は（第12章と第17章で示したように）

$$E_{ab}=\frac{1}{2}Rg_{ab}-R_{ab}=8\pi GT_{ab}+\Lambda g_{ab}$$

となる。

マ行

タ行

サ行

カ行

索　　引

〈著者略歴〉

ロジャー・ペンローズ

1931年、英国生まれ。数学者、数理物理学者。ケンブリッジ大学で博士号取得。オックスフォード大学教授職等を歴任。王立協会会員。1994年、ナイトに叙任。S.ホーキングとブラックホールの特異点定理を証明、宇宙の構造モデルとして量子重力理論とツイスター理論を提唱。主な著書に『皇帝の新しい心』、共著に『ホーキングとペンローズが語る時空の本質』など。

〈訳者略歴〉

竹内薫（たけうち・かおる）

1960年、東京都生まれ。サイエンス作家。東京大学教養学部教養学科卒業（科学史・科学哲学専攻）、東京大学理学部物理学科卒業、マギル大学大学院博士課程修了（高エネルギー物理学理論専攻）。

宇宙《うちゅう》の始《はじ》まりと終《お》わりはなぜ同《おな》じなのか

ロジャー・ペンローズ

竹内《たけうち》 薫《かおる》 訳

発　行　2014. 1 .25

3　刷　2020.10.30

発行者　佐藤隆信

発行所　株式会社新潮社　郵便番号162-8711　東京都新宿区矢来町71
電話：編集部　03-3266-5411
読者係　03-3266-5111
http://www.shinchosha.co.jp

印刷所　錦明印刷株式会社

製本所　大口製本印刷株式会社

ISBN978-4-10-506591-1 C0044